信息素养文库 · 高等学校信息技术系列课程规划教材

MS Office2010 高级应用案例教程

周凤石　周如意　编著

【微信扫码】
本书导学，领你入门

南京大学出版社

内容提要

本书主要针对江苏省计算机等级考试“MS Office 高级应用(二级)”,并根据最新的考试大纲组织编写。主要介绍 MS Office 2010 办公自动化系列软件,包括字处理软件 Word、电子表格软件 Excel、演示文稿制作软件 Power Point 和数据库管理软件 Access。另外还介绍了 VBA 程序设计基础以及其在 Excel 中的应用。本书内容涵盖了“江苏省计算机等级考试二级 Office”的内容,每个章节在系统地介绍知识点的同时,配有相当数量的应用实例,这些实例大都来自于近 2 年江苏省计算机等级考试二级 Office 真题,采用图文结合的方式,详尽地给出每个实例的具体操作步骤。

本书既可作为高等院校计算机办公自动化高级应用课程的教材,也可作为计算机一级和二级 Office 等级考试的培训教材。

图书在版编目(CIP)数据

MS Office 2010 高级应用案例教程 / 周凤石,周如意编著. — 南京:南京大学出版社,2018.1

(信息素养文库)

高等学校信息技术系列课程规划教材

ISBN 978-7-305-19761-1

Ⅰ. ①M… Ⅱ. ①周… ②周… Ⅲ. ①办公自动化—应用软件—高等学校—教材 Ⅳ. ①TP317.1

中国版本图书馆 CIP 数据核字(2017)第 317910 号

出版发行 南京大学出版社
社　　址 南京市汉口路 22 号　　邮　编 210093
出 版 人 金鑫荣

丛 书 名 信息素养文库·高等学校信息技术系列课程规划教材
书　　名 MS Office 2010 高级应用案例教程
作　　者 周凤石　周如意
责任编辑 黄　伟　王南雁　　编辑热线 025-83597482

照　　排 南京理工大学资产经营有限公司
印　　刷 南京京新印刷有限公司
开　　本 787×1092 1/16 印张 14.75 字数 370 千
版　　次 2018 年 1 月第 1 版　2018 年 1 月第 1 次印刷
ISBN 978-7-305-19761-1
定　　价 36.90 元

网　　址:http://www.njupco.com
官方微博:http://weibo.com/njupco
微信服务号:njuyuexue
销售咨询:(025)83594756

前　言

随着计算机及信息技术的飞速发展，计算机应用已经深入到各行各业，尤其是办公自动化软件，已经成为人们日常工作、学习和生活中不可缺少的工具。微软的办公自动化套装软件Office，涵盖了从文字处理、电子表格与数据分析、演示文稿设计、桌面型数据库管理等日常办公应用的各个方面，已经广泛应用于行政、财务、人事、金融、产品宣传等众多领域。

作为计算机应用基础的一个部分，Office尤其是Word的基础操作与应用，实际上在中学阶段，学生大多已经接触并初步熟悉。然而，对于Office中一些相对高级的应用，普遍比较陌生，更谈不上真正掌握。所以，从2015年起，江苏省计算机等级考试(二级)新增设了一门“MS Office高级应用”语种，并制订出相应的考试大纲，旨在帮助学生掌握MS Office高级应用技能，从而更加灵活地运用Office软件应对各类就业岗位的新要求。

1. 本书特色

❖ 以理解为目的

Office高级应用包含一些短时间内不易理解的知识点，对此，作者用尽量通俗的语言与叙述方式，深入浅出地为读者讲解其中的原理，让读者不仅知其然，更能知其所以然。如果只是满足于会做，而并没有真正理解为什么要这样做，那么往往做过即忘，无法真正掌握。只有对理论知识充分理解，以理解指导实践，才能在实际操作中得心应手、应用自如，并充分发挥。

❖ 理论与实例结合

本书大多数知识点，都配以实例讲解，图文并茂，提供操作素材，读者可对照书中操作步骤，一步步练习。通过实际操作，读者可逐步理解相关的知识与原理。

❖ 注重细节，指出易犯错误

细节决定成败，看似不经意的一步操作，实际上往往决定着成败。所以本书在实例讲解中，特别强调操作细节，并在实例后面给出专门提示用以指出常犯的错误。

❖ 贴近考试大纲

本书紧扣江苏省计算机等级考试(二级)-MS Office高级应用考试大纲，同时又兼顾到那些不在大纲范围内但实际工作中难免遇到的内容。

❖ 突出重点难点

围绕江苏省计算机等级考试(二级)-MS Office高级应用考试大纲，以2010版Office为操作环境，以近2年江苏省考试真题为操作实例，精讲考点，突出重点与难点，深入分析典型案例，抓住重点难点，并提供实战训练，因而本书非常适合广大高校学生的学习与备考。

❖ 配备二维码

本书还配套有不少网络资源，内容包括导学、习题解答、其它相关资源等，能够让学习者随时随地用手机观看。这些网络资源以二维码的形式在书中呈现，无需下载与注册，只需用微信扫描即可查阅。

2. 本书结构

第1章，介绍Word 2010中的高级概念与知识点，通过实例学习来掌握Word文档尤其是长文档的编辑与排版技术；

第 2 章，介绍 Excel2010 中的概念与知识点，包括几十个常用函数的使用和 Excel 数据分析与处理；

第 3 章，介绍 PowerPoint2010 中的概念与知识点，帮助读者学习并掌握如何制作演示文稿；

第 4 章，介绍 Access2010 中的概念与知识点，通过实例学会桌面型数据库管理系统的初步应用；

第 5 章，介绍 VBA 编程中的相关知识，让读者初步熟悉并掌握 Office 系列软件中，如何使用 VBA 编程来简化那些重复性操作；

第 6 章，Office2010 综合应用，介绍宏的概念及其应用、Excel 与 Access 之间的数据转换等。

3. 本书编者

本书由沙洲职业工学院周凤石老师担任主编，第 1，2，3，4 章由周凤石编写，第 5，6 章由周如意编写。另外沙洲职业工学院计算机应用基础教研室的各位老师，给本书提出了许多宝贵的建议，在此一并表示感谢！

由于时间仓促，书中难免有不足和疏漏之处，恳请广大读者批评指正，不吝赐教。

编　者

2017 年 12 月

目 录

【微信扫码】更多资源

第 1 章　Word 编辑排版

1.1　设置文本格式

使用 Word 对文稿进行编辑排版，主要工作就是进行各种格式的设置，包括：文本格式、段落格式、页面格式。

先来介绍一下最简单的文本格式设置。文本格式指的是给文本指定字体、字号、加粗、倾斜、下划线、上下标、字间距、字符缩放等。

设置文本格式时，必须先选中想要设置格式的文本，然后再设置相应的格式。

有时需要设置一个或多个段落的文本格式，我们可以使用下面几种方法：

选中单个段落：

方法一：拖动鼠标选中。

方法二：鼠标置于页面左侧，当鼠标指针变成 时，双击，即可选中当前段落。

方法三：在要选择段落的任意位置处，鼠标连击三次，即可选中当前段落。

选择多个不连续的段落：按住 Ctrl 不放，然后利用上述三种方法之一。

设置文本格式，需要使用“开始”选项卡下“字体”组中的“工具栏”按钮（见图 1－1），或者字体格式对话框（见图 1－2）。

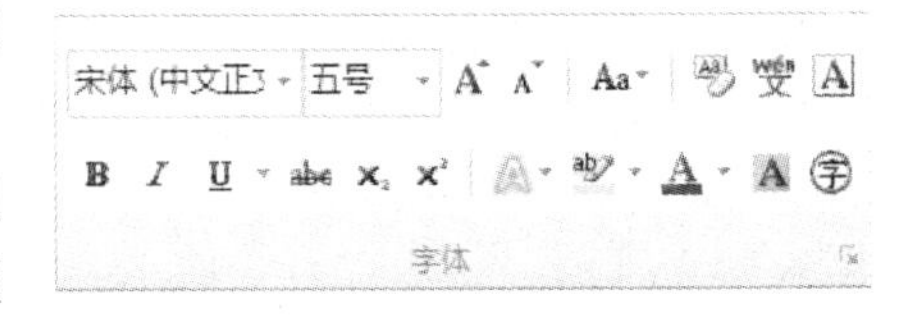

图 1－1　字体设置工具栏

要打开图 1－2 的“字体”格式对话框，只要单击字体设置工具栏右下角的 按钮，或者按快捷键 Ctrl＋D 即可。

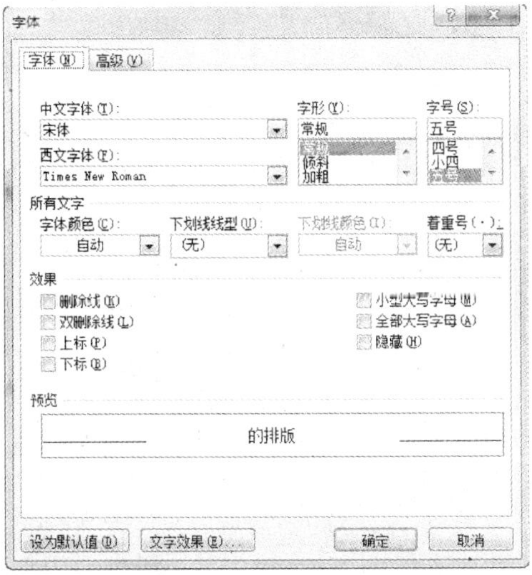

图 1－2　字体格式对话框

1.2　设置段落格式

1.2.1　什么是段落

所谓段落，即文章的自然段，其外观特征是：段落开始时，必须另起一行。

对于 Word 电子文稿而言，要另起一行，只需要按下〈Enter〉键，就会在当前光标处插入一个小弯箭头 ↵ ，同时光标之后的文字就会另起一行。

Word 中每个段落的最后都有一个这样的小弯箭头，称为段落标记，代表一个段落的结束，而且段落格式信息就保存这个段落标记中。

注 意

只要看到一个小弯箭头，就意味着这是一个段落，而不管前面是否有文字。如果一个段落中没有任何文字，只有一个小弯箭头，那么它就是一个空白段落。

段落标记的显示/隐藏：

段落标记并非总能看得见，这取决于 Word 选项的"显示"下，"段落标记"复选框是否打勾（见图 1－3），同时也受段落格式工具栏右上角的"显示/隐藏编辑标记"按钮（见图 1－4）影响。具体而言：

当图 1－3 中的"段落标记"复选框打上勾后，无论图 1－4 中的"显示/隐藏编辑标记"按钮是否被按下，总能显示段落标记；

当图 1－3 中的"段落标记"复选框去掉勾后，图 1－4 中的"显示/隐藏编辑标记"按钮被按下时，显示段落标记，弹起时则隐藏段落标记。

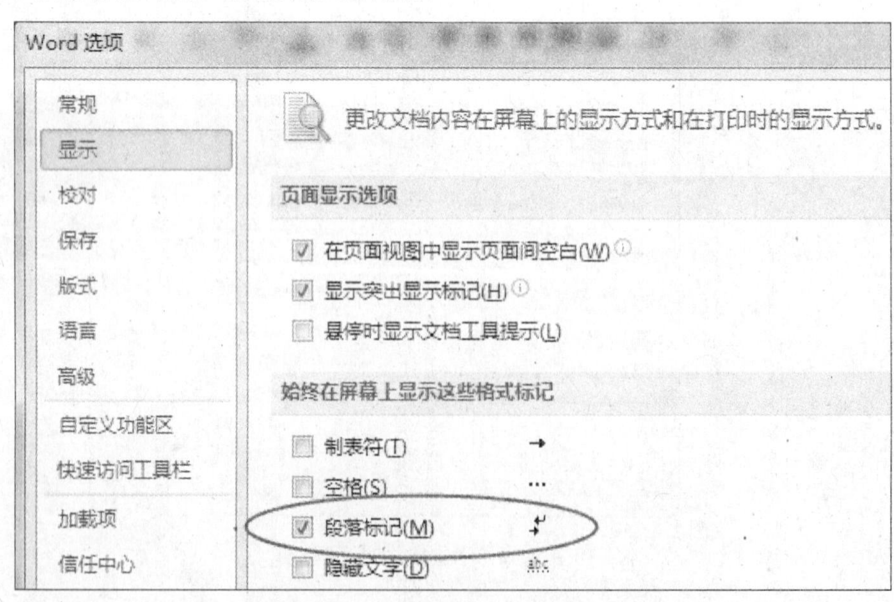

图 1－3　Word 选项——段落标记

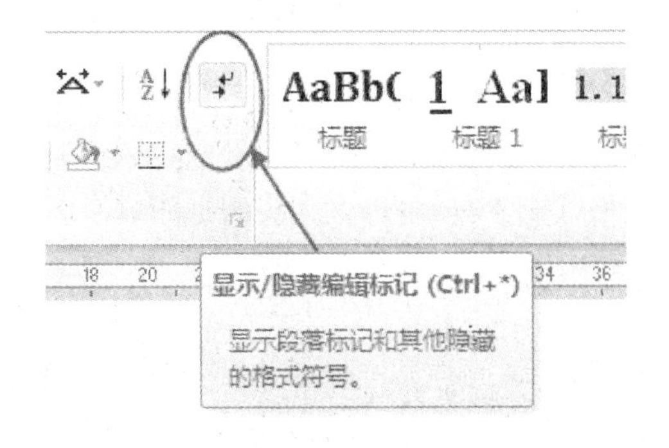

图 1 - 4　段落标记的显示/隐藏

1.2.2　什么是段落格式的设置

段落格式的设置是指设置整个段落的外观，包括段落缩进、段落对齐、段落间距、行间距、首字下沉、分栏、项目符号以及边框和底纹等设置。

1.2.3　设置段落格式

要单独设置某个段落的格式，无需全部选中该段落文字，而只要将光标置于该段落中，然后利用“开始”选项卡下的段落格式工具栏(见图 1 - 5)或者利用“段落”格式对话框(见图 1 - 6)来设置段落格式。

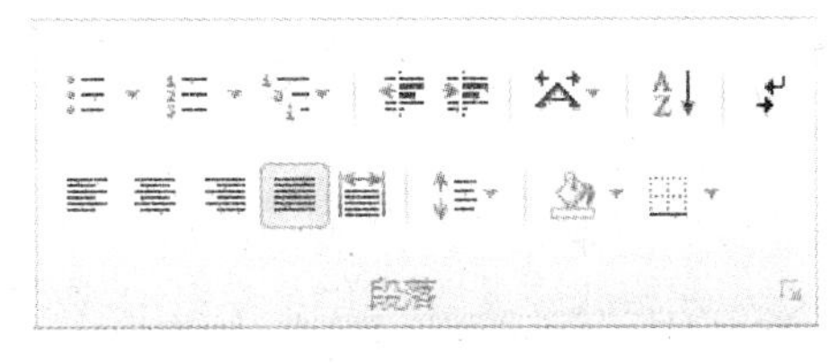

图 1 - 5　段落格式工具栏

点击“开始”选项卡下的“段落”组右下角的按钮，即可打开“段落”格式对话框。

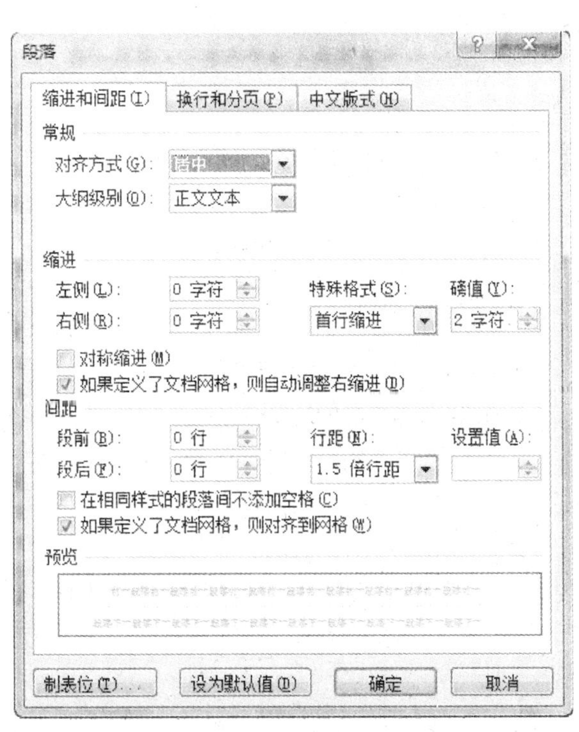

图 1 - 6　段落格式对话框

1.2.4 学会使用格式刷

格式刷能够从已经设置好格式的文本或段落中获取格式，然后“应用”到你想要设置格式的文本或段落上。熟练使用格式刷工具，可以大大提高工作效率。

1. 使用格式刷设置文本格式

【实例 1－1】 打开素材文件：虫洞.docx，要求将正文第 2 段文字（“早在 19 世纪 50 年代……吸去周围所有能量。”）的格式设置为与第 1 段相同。

操作步骤：

步骤 1：打开素材文件，用鼠标选中第 1 段中的一些文本。文本长短不限，甚至只要一个字就可以；

步骤 2：点击“开始”选项卡下“剪贴板”组中的“格式刷”按钮，鼠标指针变为，此时鼠标指针已经获取了“第 1 段文本”的格式；

步骤 3：用鼠标选择第 2 段文字，即：用上述刷子去刷第 2 段文字，最后释放鼠标左键即可看到，第 2 段文字的格式已经与第 1 段完全相同了。

2. 使用格式刷设置段落格式

上述【实例 1－1】使用格式刷，只是将第 2 段的文本格式刷成了与第 1 段相同，但段落格式并没有改变。那么，如何使用格式刷来刷段落格式呢？

用格式刷设置段落格式，操作更简单，只要将光标置于已经设置好格式的段落中（无需选中整个段落），然后点击格式刷，再在需要设置相同格式的段落任意处单击一下就行了。

使用格式刷，除了可以设置文本与段落格式外，也可用来设置 Word 自选图形的格式，操作步骤与设置段落格式几乎相同。

1.2.5 大纲级别的使用

1. 什么是大纲级别？

用于为文档中的段落（通常是文章的各级标题）指定等级结构（1 级至 9 级）的段落格式。

2. 大纲级别的作用

设定了大纲级别后，就可以：

◆ 在大纲视图中编辑文档；

◆ 通过文档结构图（Word2010 中称为“导航窗格”）来快速定位到想要编辑的文档位置（见图 1－7）；

◆ 根据那些已经设定大纲级别的文章各级标题，自动生成目录。

对于包含几百页的长文档的编辑，使用大纲级别，一方面可以对整篇文档的结构一览无余；另一方面又可以快速定位到想要编辑的文档位置，非常方便。

如何设置大纲级别？下面通过一个实例进行演示。

【实例 1－2】 打开素材文件：设置大纲级别.docx，要求根据图 1－7 的文档结构图，设置文档各标题的大纲级别。

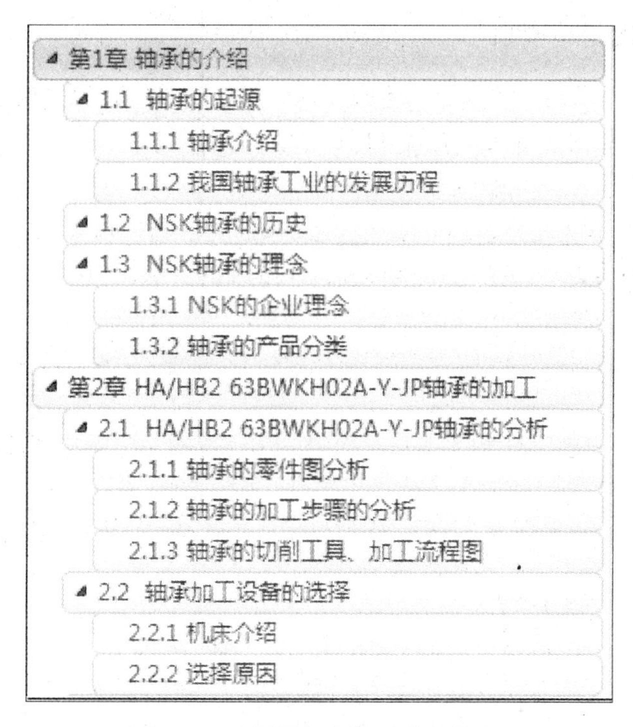

图1-7　文档导航窗格(文档结构图)

操作步骤：

步骤1：打开素材文件，光标置于第一个章标题段落中(无需选中整个段落)；

步骤2：打开“段落”格式对话框(见图1-9)，在“大纲级别”下拉列表中，选择级别，最后单击确定。

步骤3：仿照步骤2，设置各级章标题、节标题、小节标题的大纲级别。

设置好大纲级别之后，打开“视图”选项卡，勾选“导航空格”复选框(见图1-8)后，就可以在Word窗口左侧，看到一个如图1-7所示的导航空格。

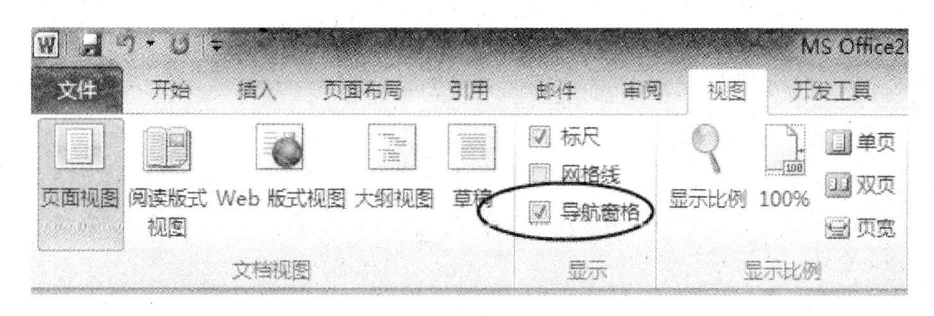

图1-8　显示导航窗格

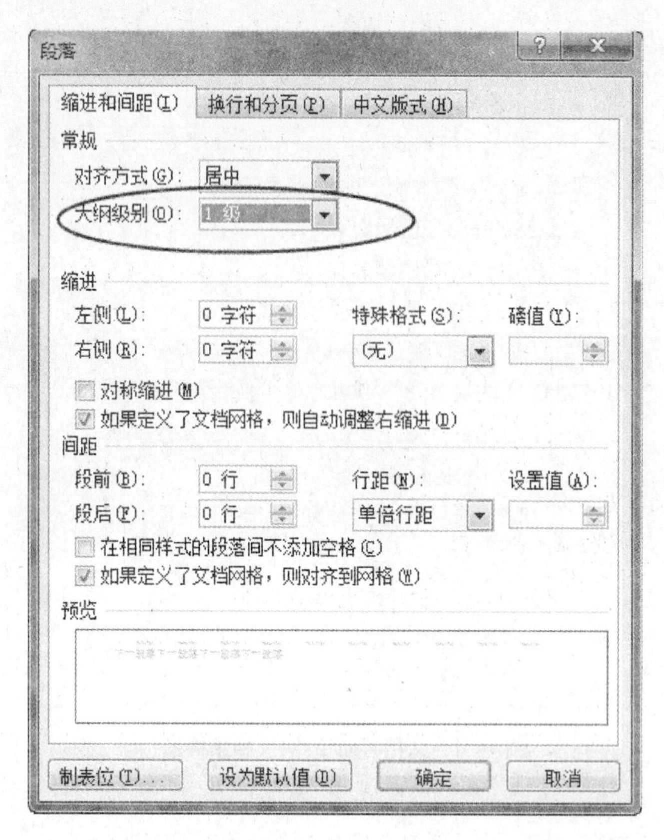

图 1－9　设置大纲级别

3. 利用大纲视图编辑文档

默认情况下，Word 以"页面视图"方式让用户对文档进行编辑。

单击"视图"选项卡下"文档视图"组中的"大纲视图"按钮(见图 1－10)，就可以将正在编辑的 Word 文档切换到大纲视图。在此视图下，同样可以对文档进行编辑，同时可以利用"大纲"选项卡下的各个工具栏按钮，进行诸如：按大纲级别对文本进行折叠、展开；调整标题的大纲级别(提升或者降级)的操作(见图 1－11)。

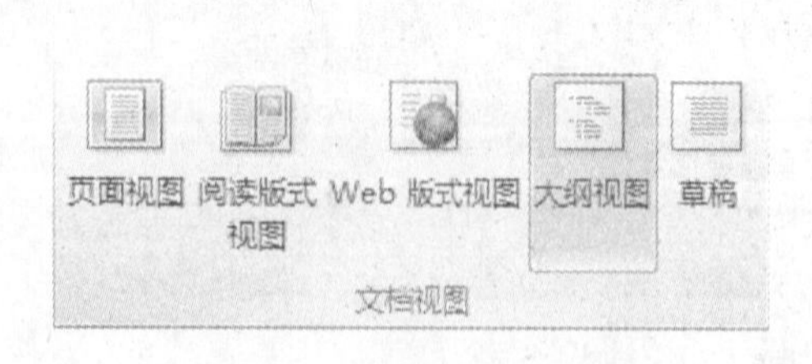

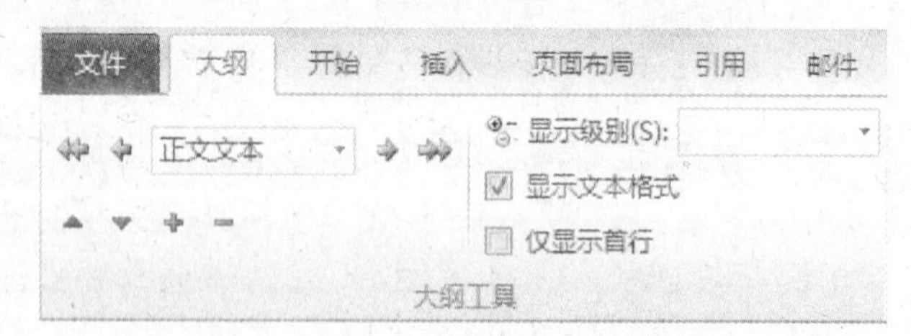

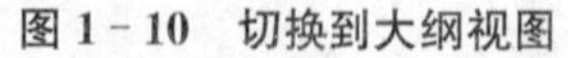

图 1－10　切换到大纲视图　　　　图 1－11　大纲视图下的工具栏按钮

1.2.6　段间距、行间距及缩进

通过图 1－6 段落格式对话框，可以设置段落的各种缩进格式、段前段后间距，包括：首行缩进、悬挂缩进、左缩进、右缩进、首行缩进及段前、段后间距等。

可以通过图 1－12 与图 1－13 对这些概念一目了然，在此不再举例赘述。

落。五四运动后，欧洲戏剧传入中国，中国现代话剧兴起，当时称“爱美剧”
“白话剧”或“真新剧”，1928 年由戏剧家洪深提议定名“话剧”。著名话剧
有《威尼斯商人》等。
段前空2行
右缩进2个字符
一种以对白和动作为主要表现手段的戏剧。最早出现在辛亥革命
前夕，当时称作“新剧”或“文明戏”。新剧于辛亥革命后逐渐衰落。
“五四”运动以后，欧洲戏剧传入中国，中国现代话剧兴起，当时称
“爱美剧”和“白话剧”。它通过人物性格反映社会生活。话剧中的
对话是经过提炼加工的口语，必须具有个性化，自然，精炼，生动，
优美，富有表现力，通俗易懂，能为群众所接受的特点。郭沫若的
《屈原》、老舍的《茶馆》、曹禺的《雷雨》、苏叔阳的《丹心谱》等，
都是我国著名的话剧。
左缩进3个字符
段后空3行
话剧是在本世纪初才由外国传入中国的。中国早期话剧的第一个剧本是 1907 年
由中国留学日本东京的曾孝谷根据美国小说改编的《黑奴吁天录》。现代著名话

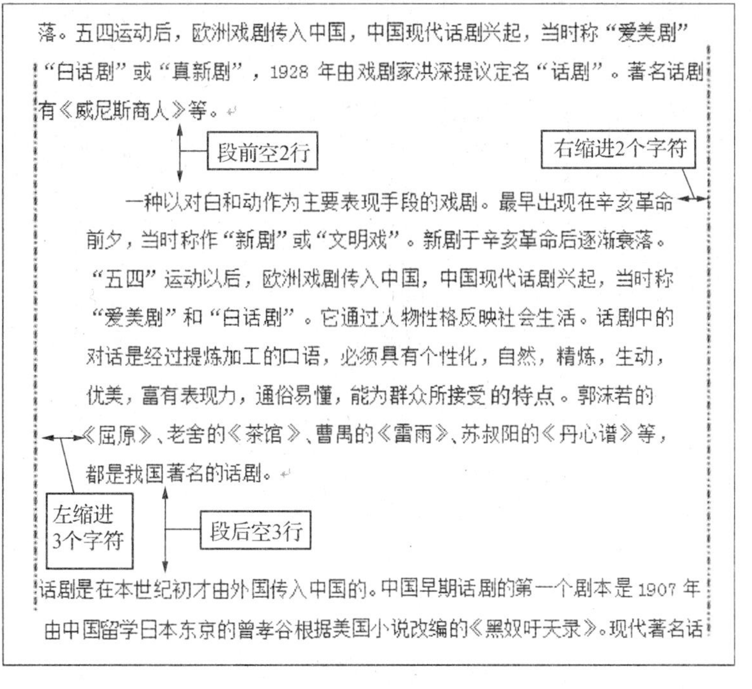

图 1－12 段落的左右缩进、段前段后间距

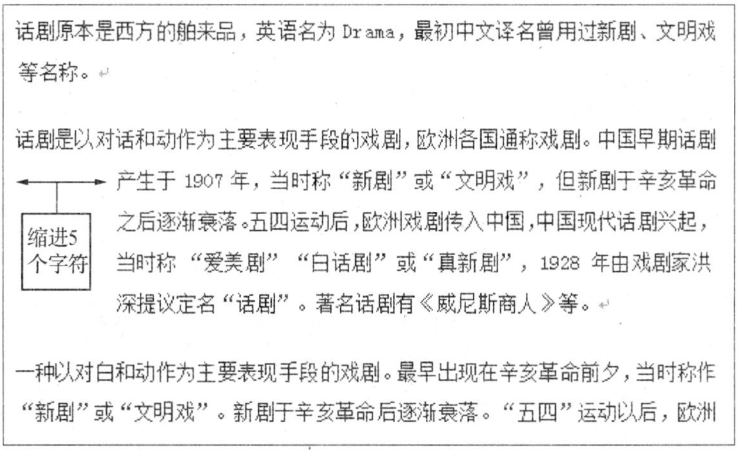

话剧原本是西方的舶来品，英语名为 Drama，最初中文译名曾用过新剧、文明戏
等名称。
话剧是以对话和动作为主要表现手段的戏剧，欧洲各国通称戏剧。中国早期话剧
产生于 1907 年，当时称“新剧”或“文明戏”，但新剧于辛亥革命
之后逐渐衰落。五四运动后，欧洲戏剧传入中国，中国现代话剧兴起，
当时称“爱美剧”“白话剧”或“真新剧”，1928 年由戏剧家洪
深提议定名“话剧”。著名话剧有《威尼斯商人》等。
缩进5个字符
一种以对白和动作为主要表现手段的戏剧。最早出现在辛亥革命前夕，当时称作
“新剧”或“文明戏”。新剧于辛亥革命后逐渐衰落。“五四”运动以后，欧洲

图 1－13 段落的悬挂缩进

1.2.7 段内换行和强制分页

1. 段内换行

每个段落结束时，按下〈Enter〉键，即可产生一个段落标记，同时 Word 自动另起一行，开始一个新的段落，这就是段落换行。

另有一种换行称为“段内换行”，即：如果想让文字换行显示但又希望这些文字与换行前文字保持在同一段落，则就要用到段内换行。

段内换行的方法是按快捷键：Shift＋Enter。按下此快捷键后，就会在当前光标处产生一个向下的箭头 ↓ ，称之为段内换行符（见图 1 - 14）。段内换行符之后的文字就会另起一行，但又与之前的文字保持在同一段落。

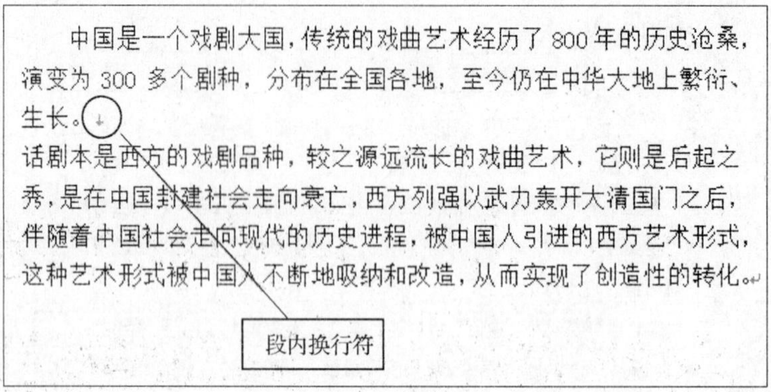

中国是一个戏剧大国，传统的戏曲艺术经历了 800 年的历史沧桑，演变为 300 多个剧种，分布在全国各地，至今仍在中华大地上繁衍、生长。↓
话剧本是西方的戏剧品种，较之源远流长的戏曲艺术，它则是后起之秀，是在中国封建社会走向衰亡，西方列强以武力轰开大清国门之后，伴随着中国社会走向现代的历史进程，被中国人引进的西方艺术形式，这种艺术形式被中国人不断地吸纳和改造，从而实现了创造性的转化。

段内换行符

图 1 - 14　段内换行符

2. 强制分页

有时我们希望某个段落从新的一页开始，譬如：一本书的每一章的章标题，都应该从新的一页开始，而不应该接到上一章的末尾（见图 1 - 15）。很多人的做法就是通过按多个〈Enter〉键来插入多个空白段落，使得章标题位于下一页的顶部。

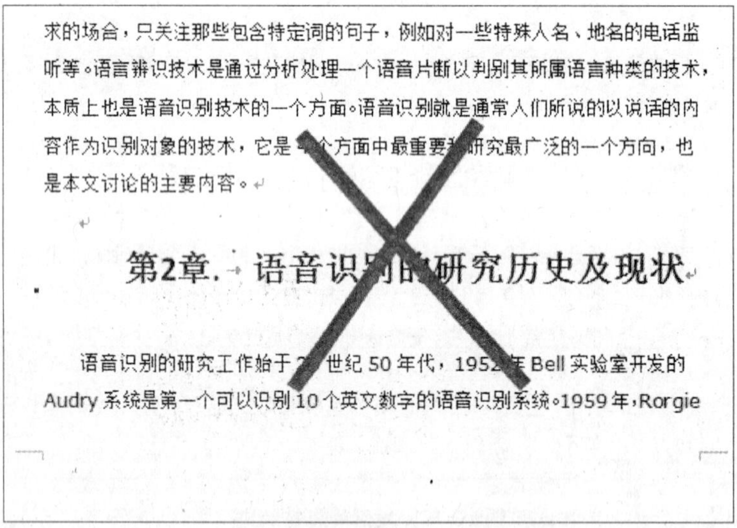

求的场合，只关注那些包含特定词的句子，例如对一些特殊人名、地名的电话监听等。语言辨识技术是通过分析处理一个语音片断以判别其所属语言种类的技术，本质上也是语音识别技术的一个方面。语音识别就是通常人们所说的以说话的内容作为识别对象的技术，它是三个方面中最重要和研究最广泛的一个方向，也是本文讨论的主要内容。

第2章. 语音识别的研究历史及现状

语音识别的研究工作始于 20 世纪 50 年代，1952 年 Bell 实验室开发的 Audry 系统是第一个可以识别 10 个英文数字的语音识别系统。1959 年，Rorgie

图 1 - 15　章标题接到了上一章的末尾

然而，这种做法表面上没有问题，但再次修改该文档时，就会发现：

当前面增加内容时，本来位于下一页顶部的章标题，跑到了下面几行；而当删除前面的内容时，章标题又会跑到上一页。

那么，如何让这个章标题始终保持在下一页的顶部呢？答案是：在上一章的末尾插入一个强制分页符！具体方法是按快捷键：Ctrl＋Enter。

插入这个强制分页符后，无论前面是增加还是删除文章内容，这个章标题将始终保持在新的一页的开始位置（见图 1 - 16）。

本质上也是语音识别技术的一个方面。语音识别就是通常人们所说的以说话的内容作为识别对象的技术，它是 4 个方面中最重要和研究最广泛的一个方向，也是本文讨论的主要内容。

分页符

第2章. 语音识别的研究历史及现状

语音识别的研究工作始于 20 世纪 50 年代，1952 年 Bell 实验室开发的 Audry 系统是第一个可以识别 10 个英文数字的语音识别系统。1959 年，Rorgie 和 Forge 采用数字计算机识别英文元音和孤立词，从此开始了计算机语音识别。

图 1－16　章标题从新的一页开始

另一种更好的方法是：

通过段落格式对话框，给章标题设置“段前分页”格式（见图 1－17）。设置“段前分页”格式后，Word 会自动在章标题前插入一个看不见的分页符，从而使得章标题从新的一页开始。

这种方法，之所以比插入强制分页更好，是因为这是一种段落格式，所以可以包含在标题样式中，这样，只要是采用该标题样式的所有章标题，都会自动从新的一页开始，而无需多次用手工方式去插入强制分页符了。

段落

缩进和间距(I)　换行和分页(P)　中文版式(H)

分页

孤行控制(W)

与下段同页(X)

段中不分页(K)

段前分页(B)

格式设置例外项

取消行号(S)

取消断字(D)

文本框选项

紧密环绕(R):

无

预览

示例文字 示例文字

制表位(T)...　设为默认值(D)　确定　取消

图 1－17　设置段前分页格式

1.2.8 孤行控制、与下段同页、段中不分页

孤行控制:作用是确保段落的首行与最后一行,不会与整个段落分开而单独出现在另一页上。设置了孤行控制的段落,在同一页面内至少要有两行。

与下段同页:作用是确保应用了此设置的段落,与它下面的一个段落始终保持在同一页面。利用此功能,可设置图片下面(或者表格上面)的题注始终与图片(或表格)保持在同一页面上(见图 1-18)。

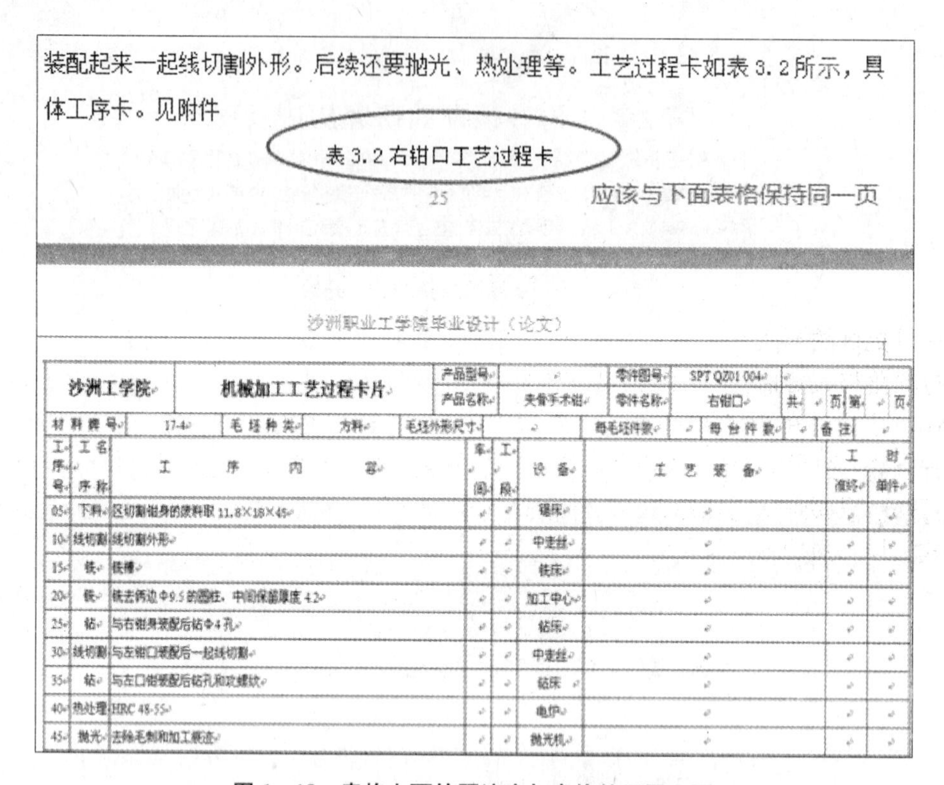

装配起来一起线切割外形。后续还要抛光、热处理等。工艺过程卡如表 3.2 所示,具体工序卡。见附件

表 3.2 右钳口工艺过程卡

25

应该与下面表格保持同一页

沙洲职业工学院毕业设计(论文)

沙洲工学院 机械加工工艺过程卡片 产品型号 零件图号 SPT QZ01 004 产品名称 夹骨手术钳 零件名称 右钳口 共 页 第 页

材料牌号 17-4 毛坯种类 方料 毛坯外形尺寸 每毛坯件数 每台件数 备注

工序号	工序名称	工序内容	车间	工段	设备	工艺装备	工时 准终	工时 单件
05	下料	区切割钳身的废料取 11.8×18×45			锯床			
10	线切割	线切割外形			中走丝			
15	铣	铣槽			铣床			
20	铣	铣去两边 Φ9.5 的圆柱,中间保留厚度 4.2			加工中心			
25	钻	与右钳身装配后钻 Φ4 孔			钻床			
30	线切割	与左钳口装配后一起线切割			中走丝			
35	钻	与左口钳装配后钻孔和攻螺纹			钻床			
40	热处理	HRC 48-55			电炉			
45	抛光	去除毛刺和加工痕迹			抛光机			

图 1-18 表格上面的题注应与表格处于同一页

段中不分页:作用是确保段落中所有的内容都将在同一页面上,而不会让一个段落横跨两页。

1.2.9 项目符号和自动编号

1. 项目符号

项目符号是放在文本前的某个小图形符号(见图 1-19),起到列表与强调的作用。合理使用项目符号和编号,可以使文档的层次结构更清晰、更有条理。

本文主要内容:

◆ 网络应用程序开发的历史回顾
◆ 什么是 ASP ?
◆ Microsoft.NET:软件技术领域一场新的革命
◆ 动态网页开发技术—ASP.NET
◆ 动态网页实例演示

图 1-19 项目符号示例

项目符号也属于一种段落格式，所以，要添加项目符号，只要将光标置于段落中任意位置（无需选中整个段落），然后选择“开始”选项卡下“段落”组中的“项目符号”按钮（见图 1-20），选取某个你喜欢的小图形符号即可。

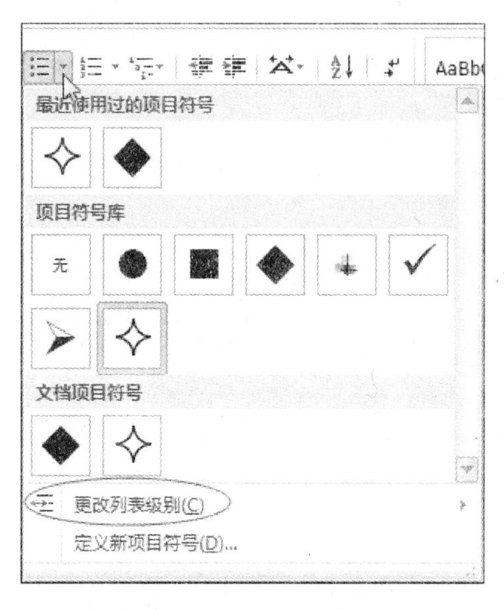

图 1-20　添加项目符号

如果要为多个段落同时添加相同的项目符号，则可以同时选中多个段落，一次性为其添加项目符号。

项目符号可以有多个层次级别（最多允许 9 个级别）（见图 1-21）。

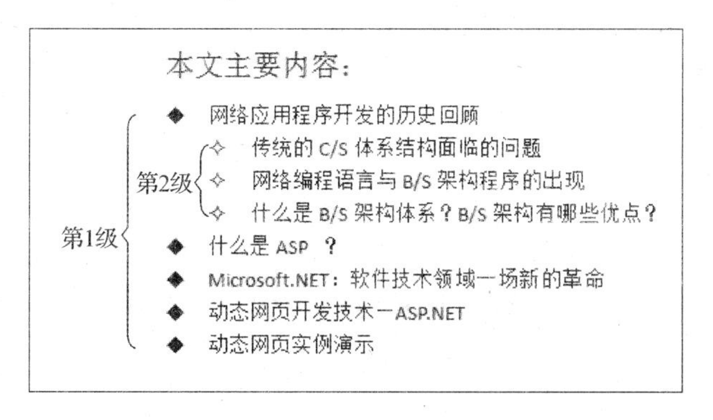

图 1-21　项目符号的层次级别

通过使用图 1-20 中的“更改列表级别”，就可以将当前项目符号进行“升级”或“降级”，也可使用快捷键 TAB（升级）或 Shift+TAB（降级），具体方法是：

将光标置于项目符号的后面同时又是文字的前面（见图 1-22），然后按 TAB 或 Shift+TAB。

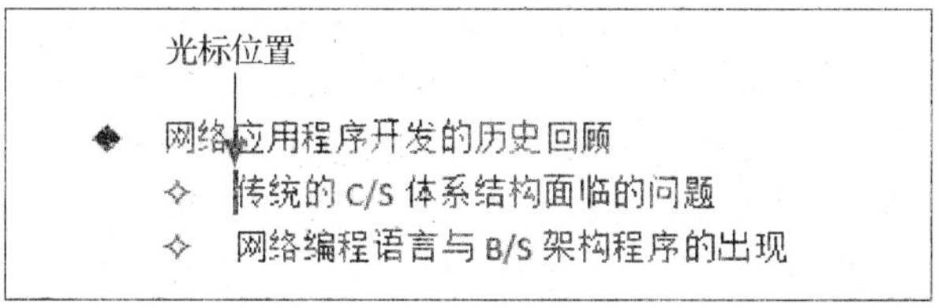

图 1-22　项目符号的升级或降级

如果对项目符号库中的符号不满意，则用户可以点击图 1－20 中的“定义新项目符号(D)…”，打开“定义新项目符号”对话框（见图 1－23），选择自己喜欢的图形符号甚至是图片。

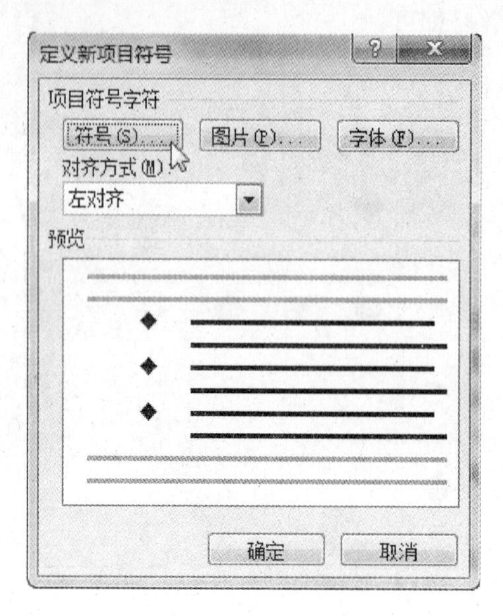

图 1－23 定义新项目符号

注 意

所谓“项目符号库”，是指用户曾经定义过的各种项目符号的集合。当用户要使用项目符号时，可以直接利用“项目符号库”中的这些项目符号，以省去重新定义项目符号的麻烦。

2. 自动编号

Word 的自动编号，对于那些不熟悉这一功能的用户来说，可能会觉得非常讨厌甚至令人抓狂，然而，一旦真正掌握了该功能，就会发现使用起来确实非常方便，而且对于编辑几百页的长文档而言，自动编号能让你事半功倍；反之，如果只会用手工编号，则一旦需要改动，就可能是噩梦的开始！

(1) 单级自动编号

自动编号本质上与项目符号没有什么区别，只是用数字序列（如：1、2、3…或一、二、三…）替代小图形符号。

要添加单级自动编号，可以使用以下方法：

方法一：输入一个数字（如输入“1”），然后在后面跟上一个英文句号（或中文顿号、中文空格、TAB 键等），再输入文字，最后按回车键，Word 会自动将输入的数字转换为自动编号，同时，在下一行会自动出现紧接着的一个编号。

方法二：将光标置于欲添加自动编号的段落中，选择“开始”选项卡下“段落”组中的“编号”按钮，然后从“编号库”中选择某种形式的编号即可（见图 1－24）。如果“编号库”中不存在你所需的编号形式，则可以使用“定义新编号格式…”功能（见图 1－25），创建新的自动编号格式。

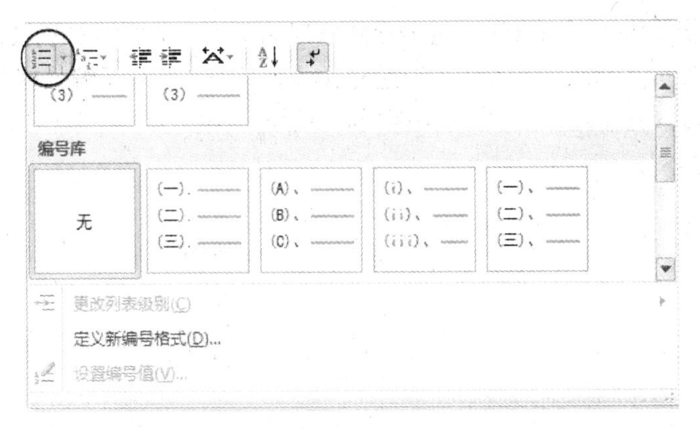

图 1-24 从编号库中选择所需的自动编号

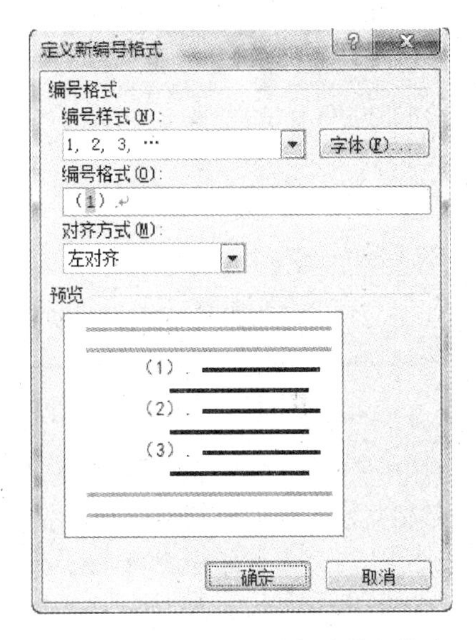

图 1-25 自定义新的自动编号格式

(2) 多级自动编号

与项目符号一样,自动编号也可以定义层次级别(见图 1-26),具体做法与多级项目符号相同,通过使用图 1-24 中的"更改列表级别"或者使用快捷键 TAB 与 Shift+TAB 来提升或下降编号级别。

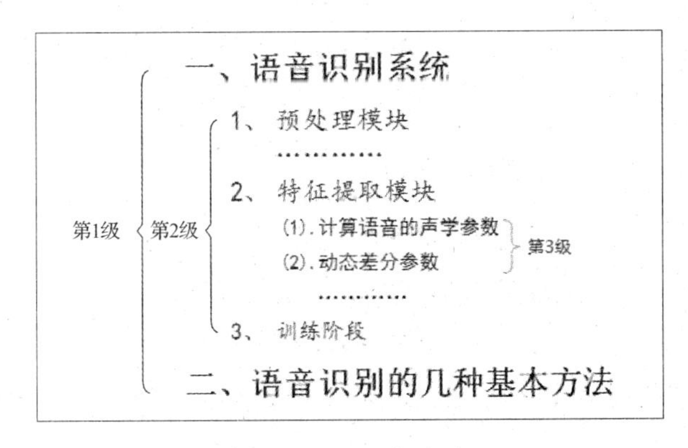

图 1-26 多级自动编号

当我们将某个级别的编号降级时，通常看到出现如图 1－27 所示的下级编号格式，这些默认的编号格式不一定是你所喜欢的，你可以通过图 1－25 的“定义新编号格式”对话框来改变这些默认的编号格式，例如：像图 1－26 中那样，1 级编号用“一、二、三、…”；2 级编号用“1、2、3、…”；3 级编号用“(1).(2).(3).…”。

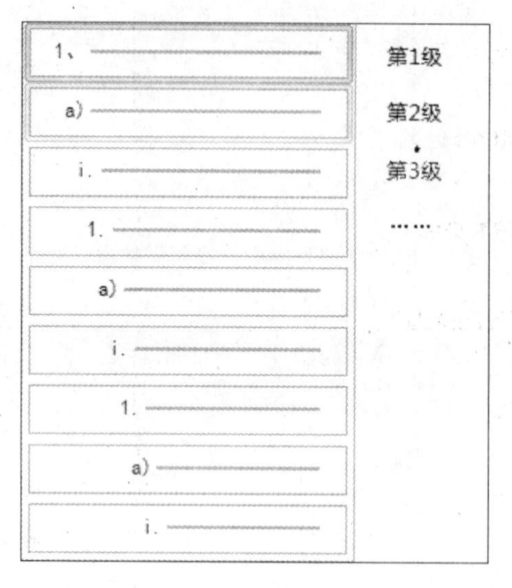

图 1－27 级自动编号级别(1～9 级)

(3) 定义新的多级列表

多级自动编号中，有一种特殊的自动编号，Word 中称为“多级列表”，其特点是：下级编号中包含所有上级编号，中间通常用一个点“.”来分隔，且级别从左至右依次下降(见图 1－28)。这种形式的自动编号在长文档编辑排版中十分常见，必须熟练掌握。

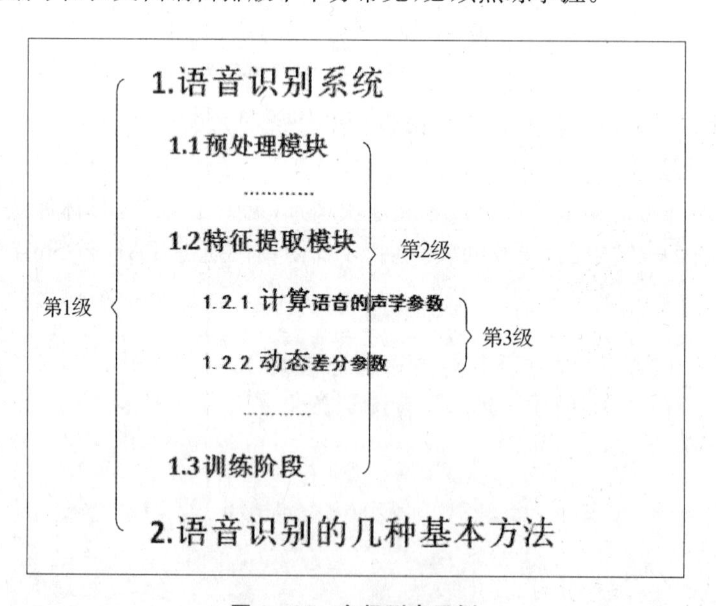

图 1－28 多级列表示例

【实例 1－3】 打开素材文件：多级列表.docx，按图 1－29 所示为文章标题设置多级列表。

1 绪论

文章内容

1.1 背景介绍

文章内容

1.1.1 xxxx单位简介

文章内容

1.1.2 项目来源

文章内容

1.1.3 现存系统的问题

文章内容

1.2 系统目标和意义

文章内容

1.2.1 目标

文章内容

1.2.2 意义

文章内容

2 系统分析

文章内容

2.1 需求分析

文章内容

2.2 可行性分析

文章内容

2.2.1 管理可行性

文章内容

2.2.2 经济可行性

文章内容

2.2.3 技术可行性

文章内容

2.3 业务流程

3 系统设计

3.1 系统平台设计

3.2 功能结构设计

3.3 编码设计

3.4 数据库设计

3.5 接口设计

4 系统实施

5 结论

图1-29 多级列表实例

操作步骤：

步骤1：打开素材文件，同时选中“绪论”“背景介绍”“××××单位简介”这3个标题，见图1-30；

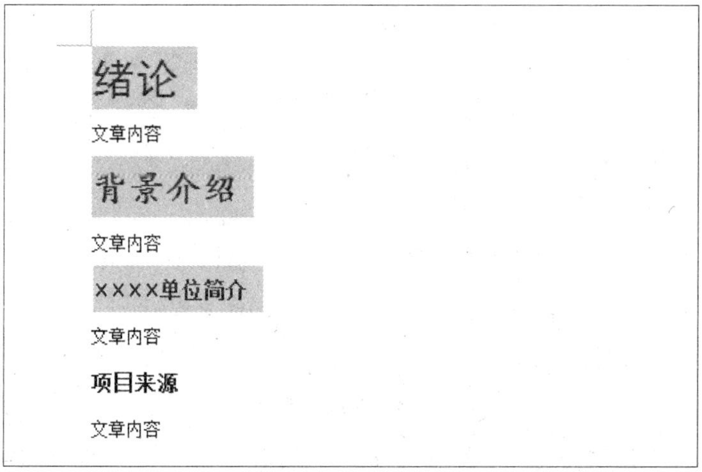

绪论

文章内容

背景介绍

文章内容

××××单位简介

文章内容

项目来源

文章内容

图1-30 同时选中三个标题

步骤 2：点击“开始”选项卡下的段落格式工具栏中的“多级列表”按钮，然后选择“定义新的多级列表(D)...”(见图 1－31)，打开如图 1－32 所示的对话框；

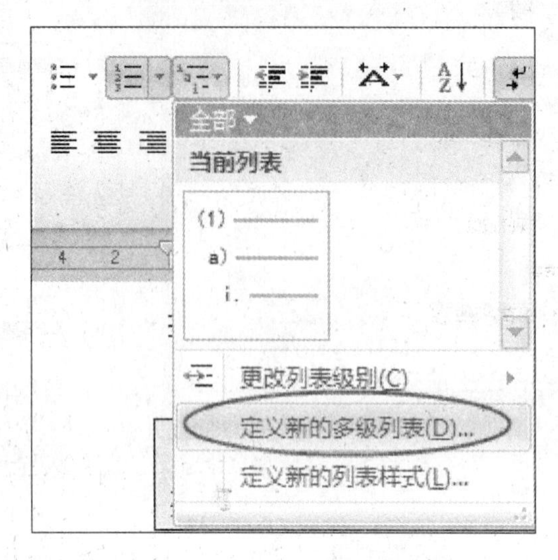

图 1－31　定义新的多级列表

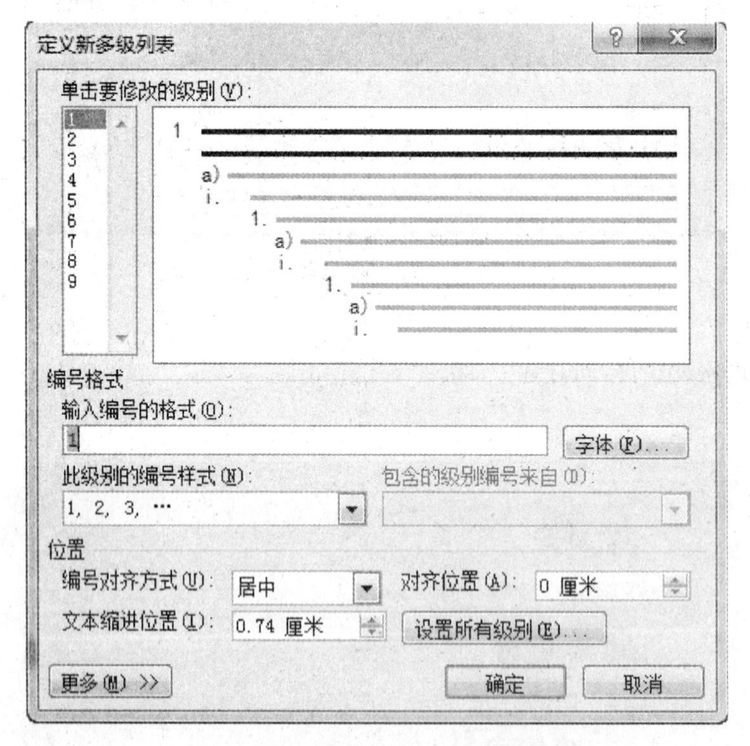

图 1－32　多级列表之级别 1 的格式

步骤 3：在图 1－32 对话框中，分别点击“单击要修改的级别(V)”列表框中的“2”与“3”，如果在“输入编号的格式(O)”中看到图 1－33 与图 1－34 所示的编号格式，则表明无需修改，接下来直接单击“确定”按钮即可；

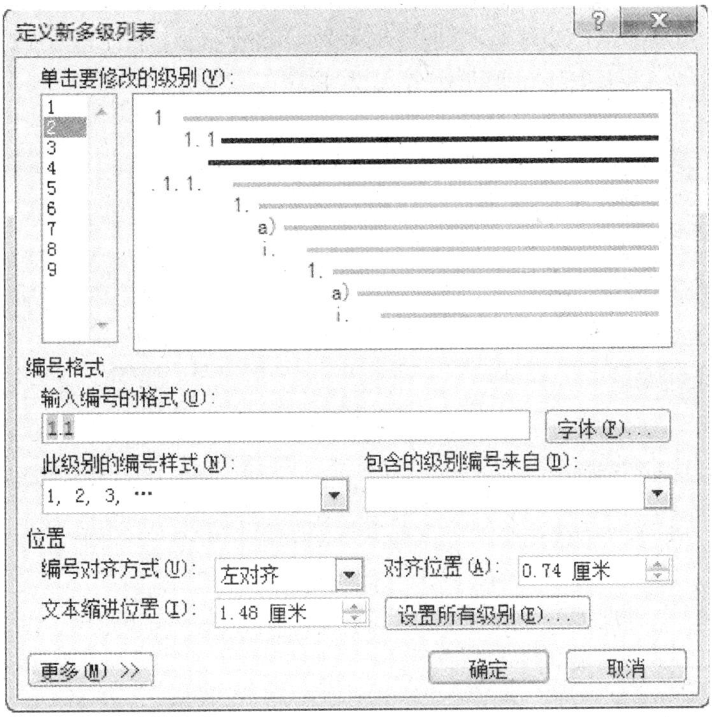

图 1 - 33　多级列表之级别 2 的格式

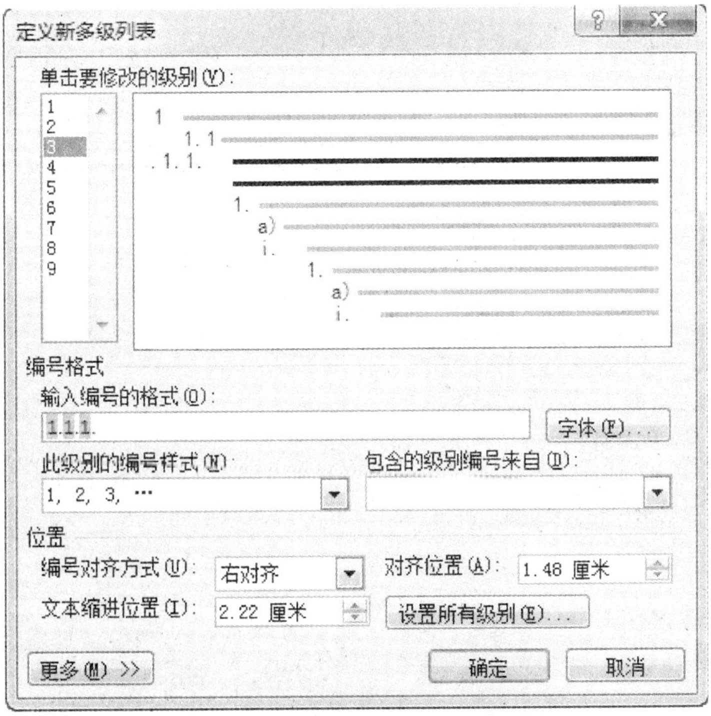

图 1 - 34　多级列表之级别 3 的格式

步骤 4:在上一步的最后单击“确定”按钮后,可以看到如图 1－35 所示的结果;

步骤 5:将光标置于“背景介绍”之前自动编号“2”之后,然后按下 TAB 键,编号“2”降级为“1.1”,同时“××××单位简介”前的编号“3”变成了“2”(见图 1－36);

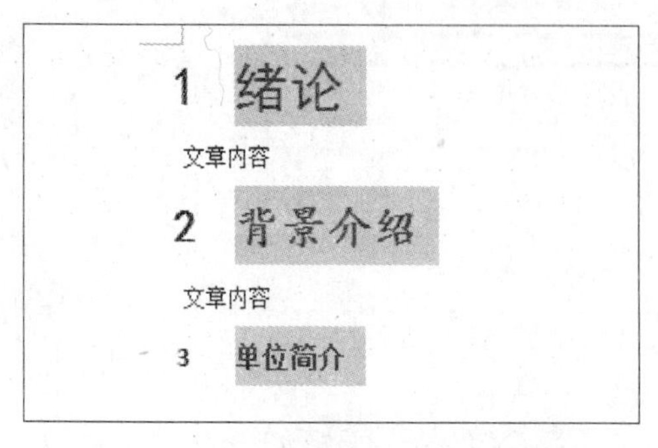

图 1－35 多级列表未完成形态之一

1 绪论
文章内容
1.1 背景介绍
文章内容
2 单位简介
文章内容

图 1－36 多级列表未完成形态之二

步骤 6:再将光标置于“××××单位简介”之前自动编号“2”之后,然后按下 TAB 键,编号“2”降级为“1.2”。再按下 TAB 键,“1.2”就变成了“1.1.1”;

步骤 7:上述三个级别标题的自动编号设置完成后,其余标题的自动编号,只要使用格式刷刷一遍,即可完成所有标题的自动多级编号。

至此,大功告成!

如果希望将“1 绪论”改为“第 1 章绪论”,则可以在如图 1－37 所示的“定义新多级列表”对话框中,在“1”的前后分别输入“第”字与“章”字即可。

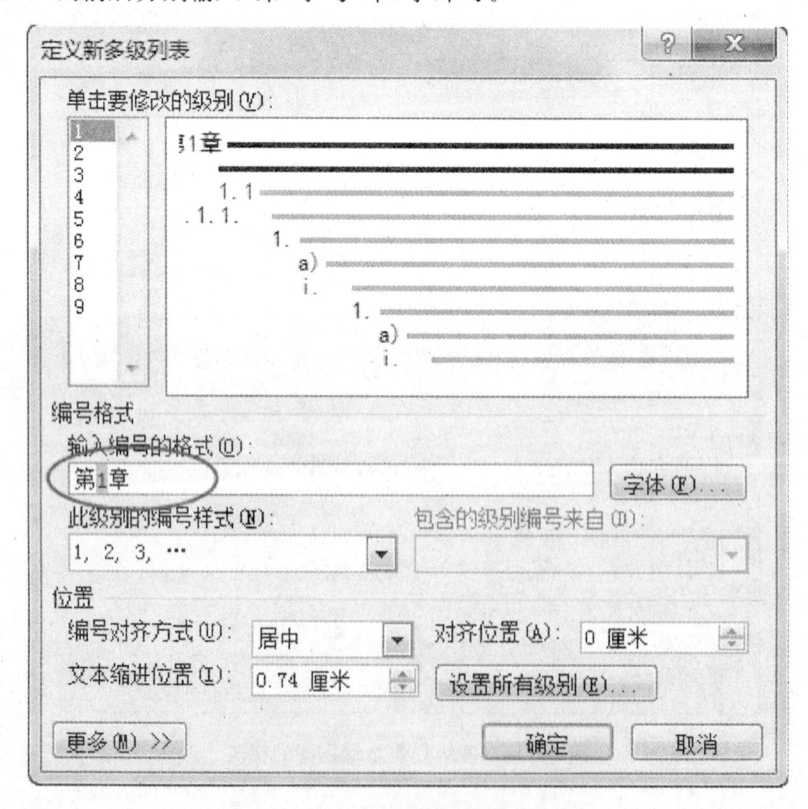

图 1－37 修改多级列表的编号格式

注 意

在图 1-32 所示的“定义新多级列表”对话框中，“输入编号的格式(O)”下的带灰色底纹的编号不可手动输入，因为它是一种称为“域”的变量。

如果不小心删除了这种带灰色底纹的编号，可以使用图 1 38 中的“此级别的编号样式(N)”与“包含的级别编号来自(D)”两个下拉列表来重新生成。

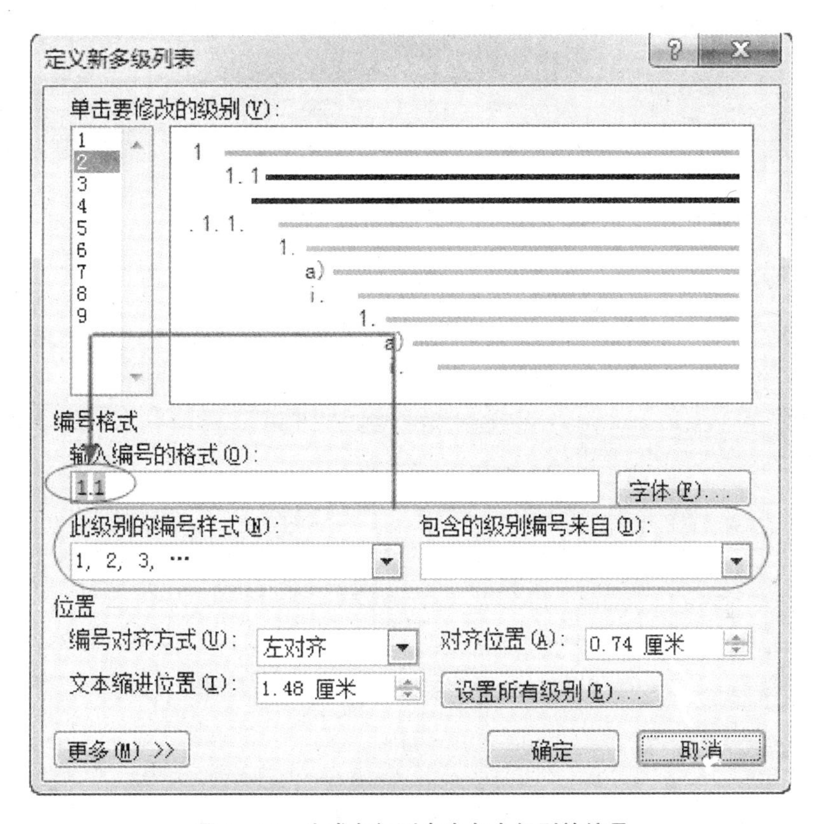

图 1-38 生成多级列表中各个级别的编号

1.3 页面设置

1.3.1 页面的基本设置

页面设置就是设置 Word 文档的页面格式，如：页边距、纸张大小、页眉页脚的位置等。可以通过“页面布局”选项卡下的页面设置按钮，打开“页面设置”对话框(也可以通过双击水平或垂直标尺来打开)(见图 1-39)。

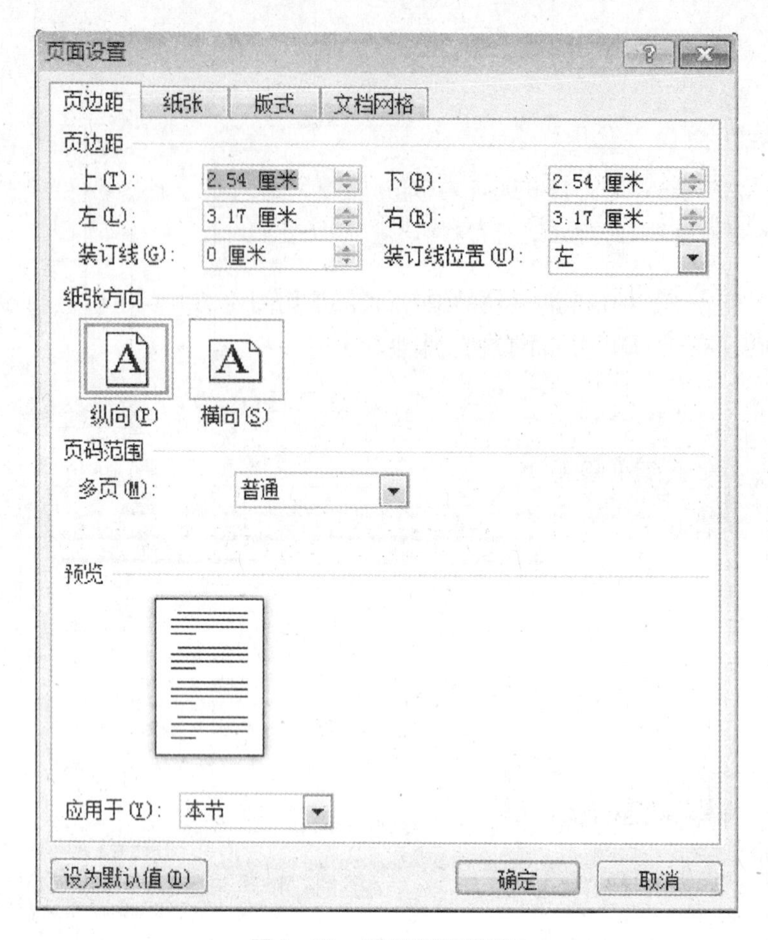

图 1-39　页面设置对话框

基本的页面设置包括：纸张大小、纸张方向、装订线及装订线位置、页边距、页眉页脚、每页行数、每行字符数等。这些内容相对比较简单，在此不再一一赘述。

1.3.2　给文档分节

1. Word 中节的概念

在进行 Word 文档排版时，经常需要对同一个文档中的不同部分采用不同的版面设置，例如：设置不同的页面方向、页边距、页眉和页脚、重新分栏排版等。这时，如果直接通过“页面设置”对话框来进行页面设置，就会引起整个文档所有页面的改变。

怎么办呢？这就需要对 Word 文档进行分节。同一个节只能设置同一种页面格式，而不同的节则可以设置不同的页面格式。

默认方式下，Word 将整个文档视为一“节”，故对文档的页面设置是应用于整篇文档的。若需要在一页之内或多页之间采用不同的版面布局，只需插入“分节符”将文档分成几“节”，然后根据需要设置每“节”的页面格式即可。

2. 怎样给文档分节

给文档插入“分节符”的步骤如下：

步骤 1：单击需要插入分节符的位置；

步骤 2：单击“页面布局”菜单中的“分隔符”命令，打开“分隔符”对话框；

步骤 3：在“分节符”类型中选择需要的分节符类型（见图 1－40）。

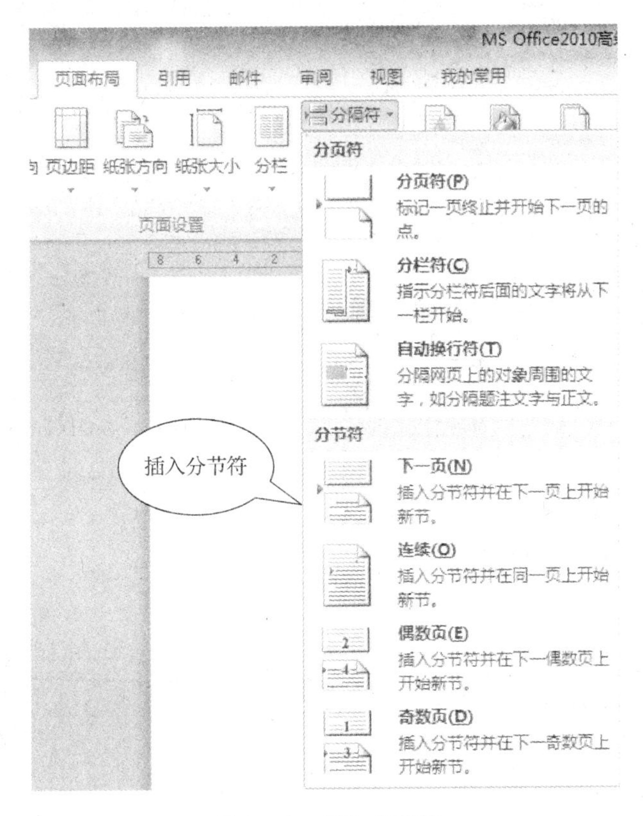

图 1－40　插入分节符

- “下一页(N)”：分节符后的文本从新的一页开始；
- “连续(O)”：新节与其前面一节同处于当前页中；
- “偶数页(E)”：分节符后面的内容转入下一个偶数页；
- “奇数页(D)”：分节符后面的内容转入下一个奇数页。

插入“分节符”后，要使当前“节”的页面设置与其他“节”不同，只要在图 1－39 的“页面设置”对话框中，“应用于(Y)”下拉列表框中，选择“本节”选项即可。

分节后的页面设置可更改的内容有：页边距、纸张大小、纸张的方向（纵横混合排版）、打印机纸张来源、页面边框、垂直对齐方式、页眉和页脚、分栏、页码编排、行号、脚注和尾注等。

3. 实例

【实例 1－4】　打开素材文件：聆听你的声音.docx，要求从第 3 页开始，在页面底端插入页码，页码格式为：第 X 页，水平居中。

操作步骤：

步骤 1：将光标置于第 2 页的末尾（“人机交互”之后），单击“页面布局”选项卡，单击“分隔符”，选择下拉菜单中的“下一页(N)”，此时，在第 2 页末尾插入一个分节符（见图 1－41）。然后删除分节符后多出的一个空白页；

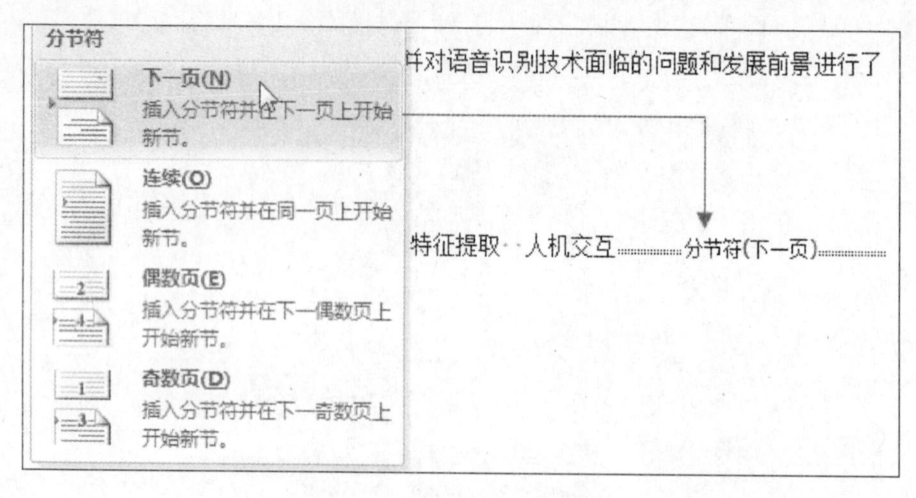

图 1-41 插入“下一页”分节符

步骤 2：在第 3 页的页脚处双击，进入页脚编辑状态，然后单击“设计”选项卡下的“链接到前一条页眉”，使该按钮弹起（见图 1-42）；

注 意

“链接到前一条页眉”的意思是：本节与上一节采用相同的页眉页脚。所以如果希望本节的页眉页脚与前一节不同，则必须使该按钮弹起，此为设置不同的页眉页脚之关键！

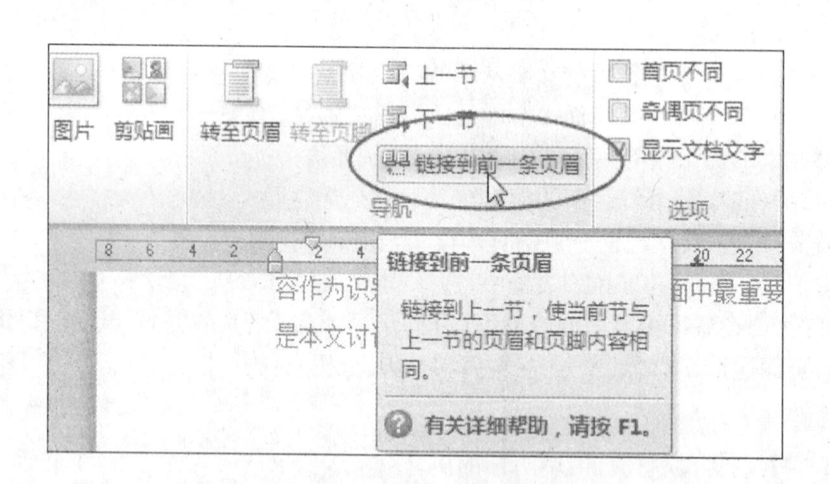

图 1-42 使“链接到前一条页眉”按钮弹起

步骤 3：单击“设计”选项卡下的“页码”按钮，选择“页面底端(B)”/“普通数字 2”（见图 1-43）。此时，可以看到，页脚处出现数字：“3”；

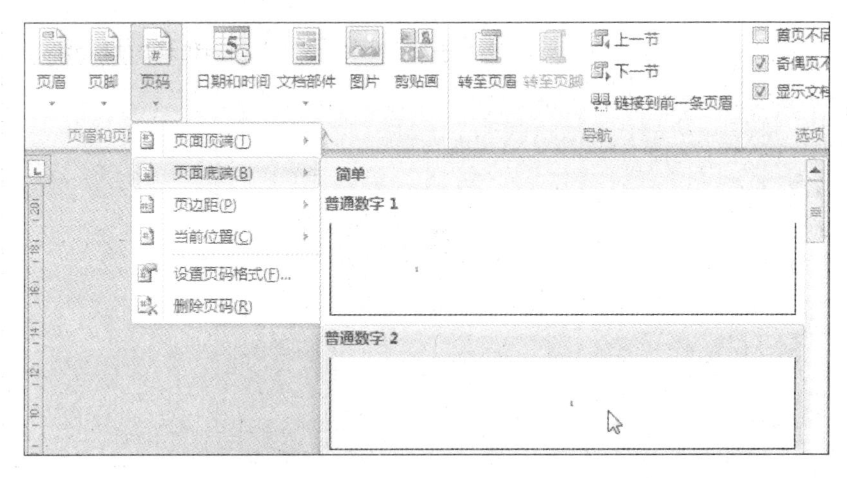

图1-43 插入页码

步骤4:再次单击“设计”选项卡下的“页码”按钮,选择“设置页码格式(F)...”,打开“页码格式”对话框,将“续前节(C)”改为“起始页码(A)”,并从“1”开始(见图1-44);

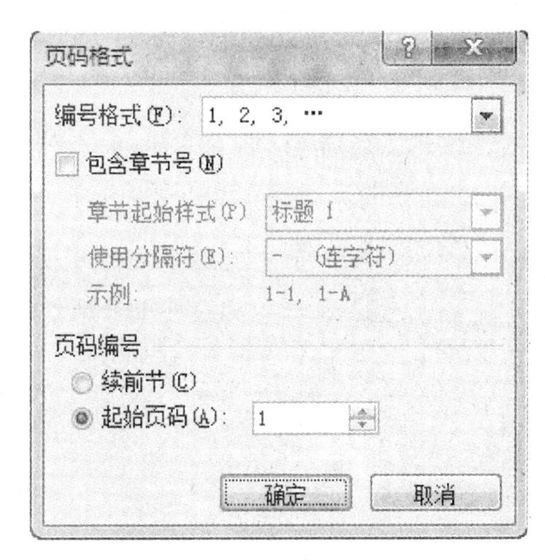

图1-44 设置页码格式

步骤5:在页码“1”的左右分别输入“第”和“页”;

步骤6:最后,单击“设计”选项卡下的“关闭页眉和页脚”按钮,退出页眉页脚编辑状态。

【实例1-4】中,有一个值得注意的问题是:插入的分节符类型,必须使用“下一页(N)”,而不能使用“连续(O)”! 原因如下:

插入“连续”分节符后,由于新的节是同一页开始的,所以此分节符之前的内容属于前一节,而此分节符之后的内容则属于下一节,也就是说,一个页面横跨了两个节! 导致的一个奇怪现象是:从第3页开始插入页码时,页码将会从2开始编号,而不是从1开始!

那么,编号为1的那一页哪里去了呢? 答案是:页号为1的那一页其实就是第2页的连续分节符后面的那半页。

结论:插入分节符时,除非特别需要,否则一律使用“下一页”分节符,而不要用“连续”分节符。另外,“奇数页”与“偶数页”分节符也尽量少用。

4. 关于分栏

默认情况下,文档只有一栏,但是有时需要将整篇文档或文档中的一部分,分为两栏甚至多栏。

对整篇文章进行分栏:直接执行“页面布局”选项卡下的“分栏”命令即可。

对文章中的某个段落进行分栏:选中该段落,然后执行“页面布局”选项卡下的“分栏”命令。此时你会发现,该段落的前后Word分别自动地插入两个“连续分节符”(见图1-45)。给某个段落分栏,因为分栏也是属于一种页面格式,只有不同的节才可以设置不同的分栏方式。

情、塑造人物和表达主题的。其中有人物独白，有观众对话，在特定的时间、空间内完成戏剧内容。↵ ……分节符(连续)……

中国是一个戏剧大国，传统的戏曲艺术经历了800年的历史沧桑，演变为300多个剧种，分布在全国各地，至今仍在中华大地上繁衍、生长。话剧本是西方的戏剧品种，较之源远流长的戏曲艺术，它则是后起之秀，是在中国封建社会走向衰亡，西方列强以武力轰开大清国门之后，伴随着中国社会走向现代的历史进程，被中国人引进的西方艺术形式，这种艺术形式被中国人不断地吸纳和改造，从而实现了创造性的转化。↵ ……分节符(连续)……

中国传统戏曲是结合了中国音乐、舞蹈、服装、做派等多种艺术方式，

图 1-45　给某个段落分栏

1.3.3　设置页眉(脚)

设置页眉(脚)通常是利用“插入”选项卡下的“页眉”“页脚”命令来实现，也可在页眉、页脚处双击鼠标直接进入编辑状态，然后开始添加相应的内容。

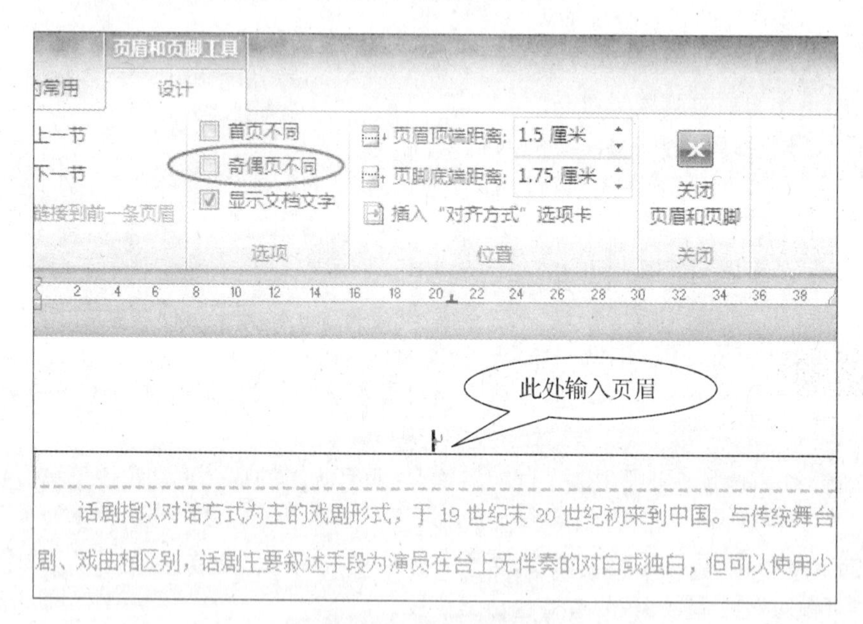

图 1-46　设置页眉

如果要设置奇偶页不同的页眉(脚)，则只需在图1-46中的“奇偶页不同”复选框上打勾，然后分别设置奇数页页眉(脚)与偶数页页眉(脚)。

如果要对文档的某几页单独设置不同的页眉、页脚，则同样需要进行分节方可实现。

【实例 1-5】　打开素材文件：聆听你的声音.docx，要求除封面之外，其余页眉设置为“聆听你的声音——浅谈人机交互中的语音识别技术”，页码格式为：宋体五号，水平居中。

操作步骤：

步骤1：打开素材文件，将光标置于第1页的末尾(“07级软件(2)班”之后)，单击“页面布

局”选项卡，单击“分隔符”，选择下拉菜单中的“下一页(N)”，此时，在第 1 页末尾插入一个分节符，然后删除分节符后多出的一个空白页；

步骤 2：在第 2 页(摘要页)的页眉处双击鼠标，进入页眉编辑状态，再单击“设计”选项卡下的“链接到前一条页眉”，使该按钮弹起(此为关键步骤)；

步骤 3：在第 2 页(摘要页)的页眉处，输入：聆听你的声音——浅谈人机交互中的语音识别技术，并设置文本为五号宋体、水平居中。

1.4　文档注释——脚注、尾注、题注及交叉引用

1.4.1　脚注

脚注，顾名思义就是位于页面底部的页脚处的一段文字，通常用于给正文中的一些专业名词或专业术语、人名地名等进行注释或补充说明(见图 1-47)。

添加脚注的具体操作步骤为：

步骤 1：将光标置于正文中需要添加脚注的地方；

步骤 2：单击“引用”选项卡下的“插入脚注”按钮(或者按快捷键 Alt+Ctrl+F)(见图 1-48)，正文中当前光标处文字的右上角出现一个编号“1”，同时页面底部出现一条水平线，然后在水平线下方输入脚注文字(见图 1-47)。

的优秀剧目有《家庭恩怨记》、《社会钟》、《空谷兰》、《梅花落》、《珍珠塔》、《恨海》等。到 1928 年，经著名的戏剧家洪深[1]提议，将这种主要运用对话和动作表情来传情达意的戏剧样式定名为“话剧”。从此，这个由西方传入中国的剧种，才有了一个大家认可的正式名称。话剧艺术具有如下几个基本特点：

舞台性——古今中外的话剧演出都是借助于舞台完成的，舞

[1] 洪深(1894 年 12 月 31 日—1955 年 8 月 29 日)，学名洪达，字伯骏，号潜斋，别号浅哉，江苏武进人，中国电影戏剧理论家、剧作家、导演。

图 1-47　添加脚注

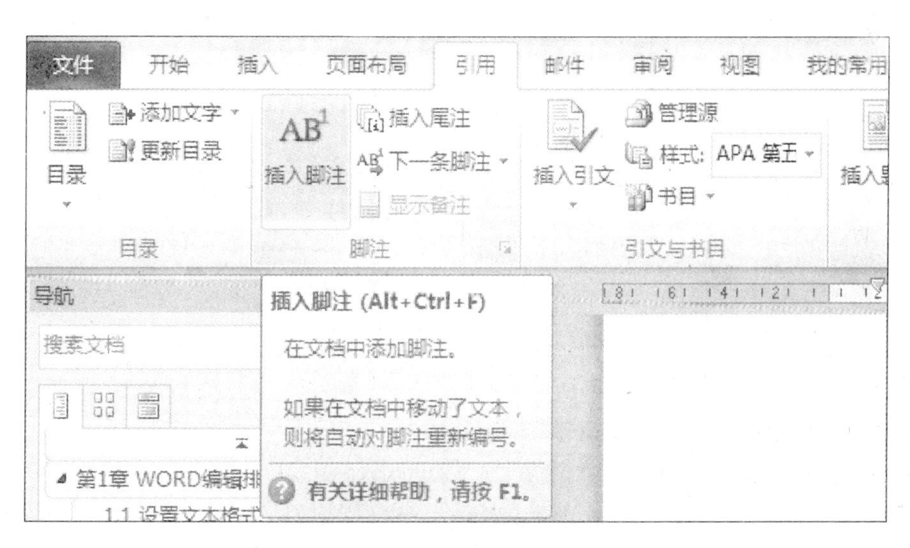

图 1-48　添加脚注

默认情况下，脚注从 1 开始进行编号。可以通过“脚注和尾注”格式对话框修改脚注或尾注的编号样式，譬如，将编号改为带圆圈的数字。

打开“脚注和尾注”格式对话框的方法是：在脚注处单击鼠标右键，在弹出的快捷菜单（见图 1-49）中选择“便笺选项(N)”即可看到如图 1-50 所示的“脚注和尾注”格式对话框。

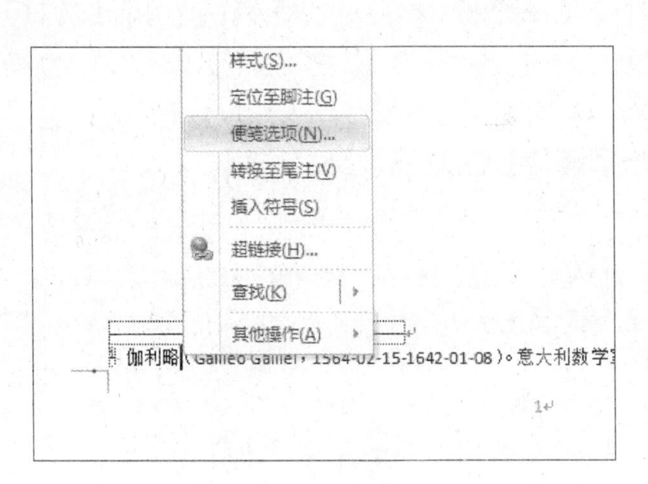

图 1-49 便笺选项

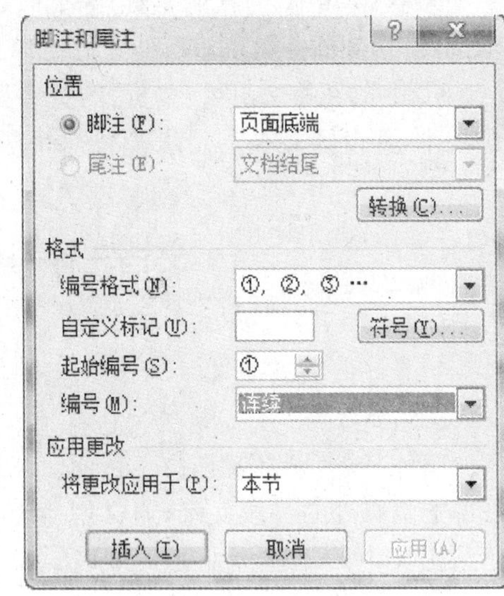

图 1-50 设置脚注和尾注格式

通过上述对话框，可以设置脚注编号是否连续、每页重新编号、每节重新编号等。若要删除脚注，只要删除正文中的脚注编号，页面底部的脚注文本就会自动删除。

1.4.2 尾注

尾注与脚注基本相同，只不过注释内容不是插入到页面底部，而是添加到整篇文档的最后。

插入尾注以及格式设置与脚注的操作几乎相同，在此不再赘述。

1.4.3 题注

1. 什么是题注

所谓题注，就是给图片、表格、图表、公式等项目下方（或上方）添加的一行带编号的文字，用于描述这些项目。

使用题注功能可以保证长文档中图片、表格或图表等项目能够顺序地自动编号。如果移动、插入或删除带题注的项目时，Word 会自动更新题注的编号，而且一旦某一项目带有题注，还可以对其进行交叉引用。

2. 怎样插入题注

给图片、表格、图表等添加题注的具体步骤为：

步骤 1：将光标置于想要添加题注的图片下方（或表格上方）；

步骤 2：单击“引用”选项卡下的“插入题注”工具栏按钮（见图 1-51），打开“题注”对话框（见图 1-52）；

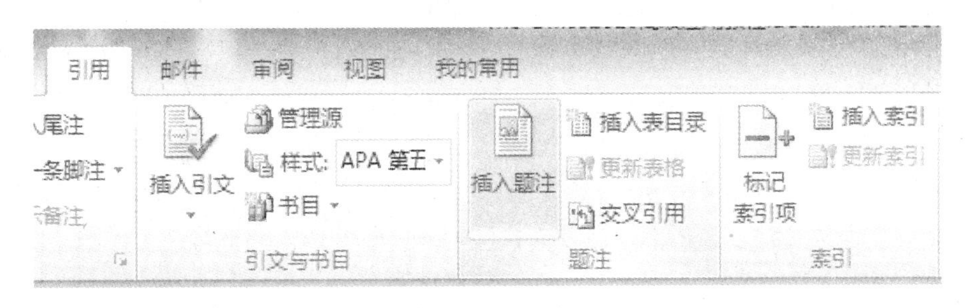

图 1－51　添加题注

图 1－52　题注对话框

步骤 3：在图 1－52“题注”对话框中，选择“标签(L)”下拉列表框中的标签文字(即：题注编号前面的文字，如：图表、表格、公式等)。如果要在编号前加上章节号，则点击“编号(U)...”按钮，打开图 1－53“题注编号”对话框，选择编号格式以及分隔符；

步骤 4：默认的题注标签只有：Figure、表格、公式、实例、图表，这 5 种(见图 1－54)。如果要使用除了这 5 种标签之外的其他标签，则可以单击“新建标签(N)...”进行自定义标签；

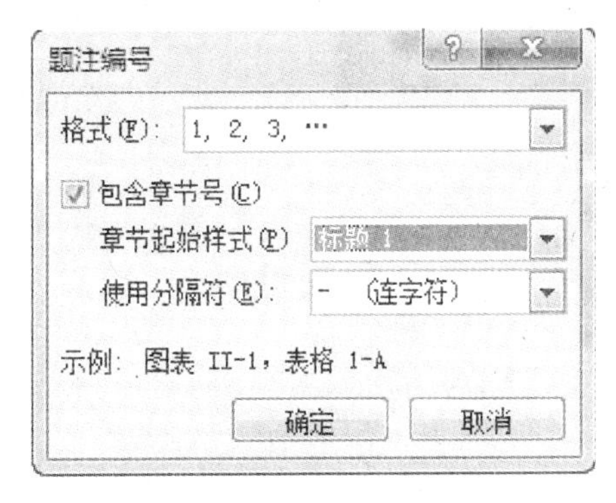

图 1－53　题注编号

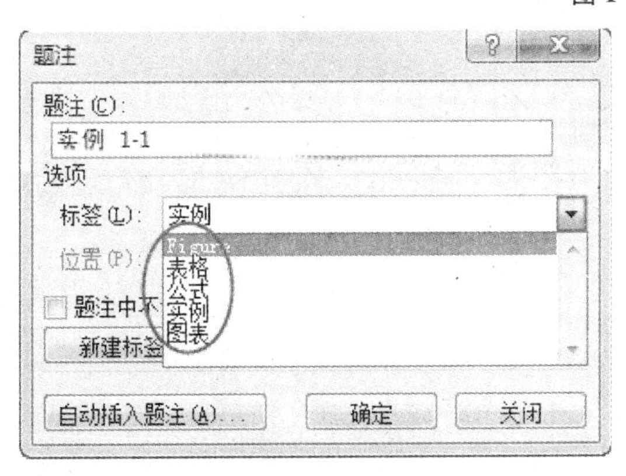

图 1－54　题注标签

步骤 5：最后单击确定按钮即可。

注意

插入题注时,可以通过复制、粘贴的办法来提高工作效率。具体方法是:选择任意一个已经添加的题注中的标签及编号,然后复制;以后在需要添加题注时,只要粘贴一下,粘贴后编号并不会自动更新,需要更新时,只要按 Ctrl+P 进行预览一下就行了。

3. 插入题注时需注意的问题

插入题注时,如果需要包含章节号,那么必须预先对章节号使用多级列表编号,同时将章节号链接到 Word 内置的"标题 1"~"标题 9"样式(见 1.6 节),否则 Word 将弹出如图 1-55 所示的对话框来提醒用户,同时如果强行插入,则会显示"图表 0-1"或者"图表 错误! 文档中没有指定样式的文字。"

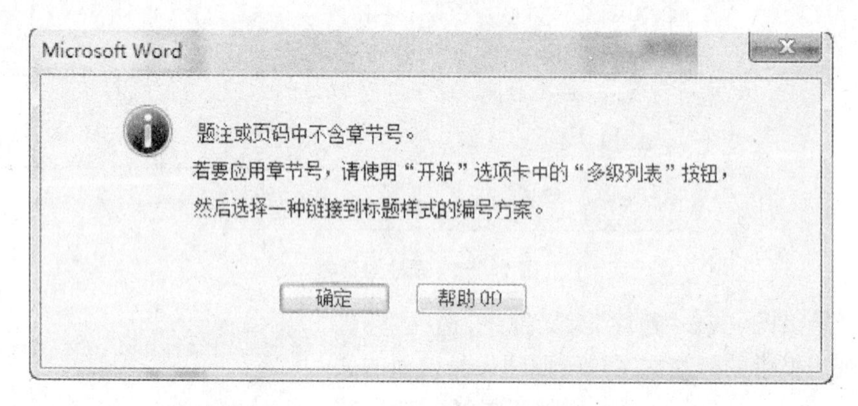

图 1-55 插入题注时出现的错误

1.4.4 交叉引用

1. 什么是交叉引用

所谓交叉引用,就是在文档的一个位置引用文档另一个位置的内容,类似于网页中的超链接。在一些长文档中,交叉引用经常可以见到,如:"见图 3-5""见表 2-4""请参阅第 2 章第 1 节"等。

2. 如何插入交叉引用

下面通过一个实例来演示如何在 Word 文档中添加交叉引用。

【实例 1-6】 打开素材文件:虫洞.docx,在图 1-56 所示位置插入交叉引用"见图 1"。

操作步骤:

步骤 1:打开素材文件,在"虫洞"两个字后输入一对括号,括号中输入"见"字;

步骤 2:将光标置于"见"字后面,点击"引用"选项卡下的"交叉引用"按钮,打开图 1-57 的"交叉引用"对话框;

步骤 3:在图 1-57 的"交叉引用"对话框中,"引用类型(I)"下拉列表框中选择"图";在"引用哪一个题注(W)"列表框中选择"图 1 虫洞";在"引用内容(R)"下拉列表框中选择"只有标签和编号",然后点击"插入(I)"。

1 “虫洞”的概念 交叉引用

“虫洞”（见图 1）的概念最早于 1916 年由奥地利物理学家路德维希·弗莱姆提出，并于 20 世纪 30 年代由爱因斯坦及纳森·罗森加以完善，因此，“虫洞”又被称作“爱因斯坦－罗森桥”。一般情况下，人们口中的“虫洞”是“时空虫洞”的简称，它被认为是宇宙中可能存在的“捷径”，物体通过这条捷径可以在瞬间进行时空转移。但爱因斯坦本人并不认为“虫洞”是客观存在的，所以，“虫洞”在后来的几十年中，都被认为只是个“数学伎俩 ”。

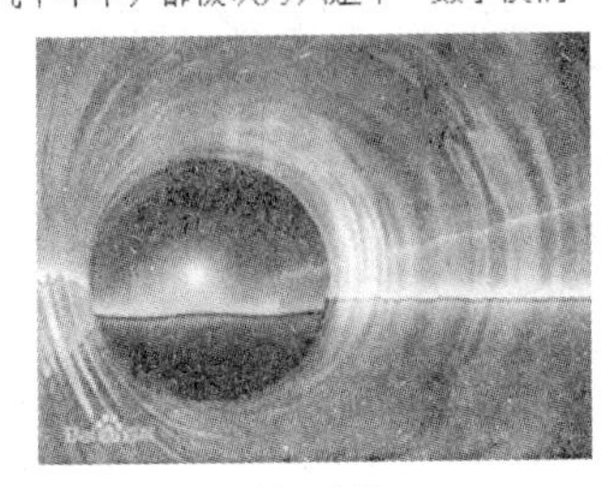

图 1 虫洞

早在 19 世纪 50 年代，已有科学家对“虫洞”作过研究，由于当时历史条件

图 1－56 交叉引用实例

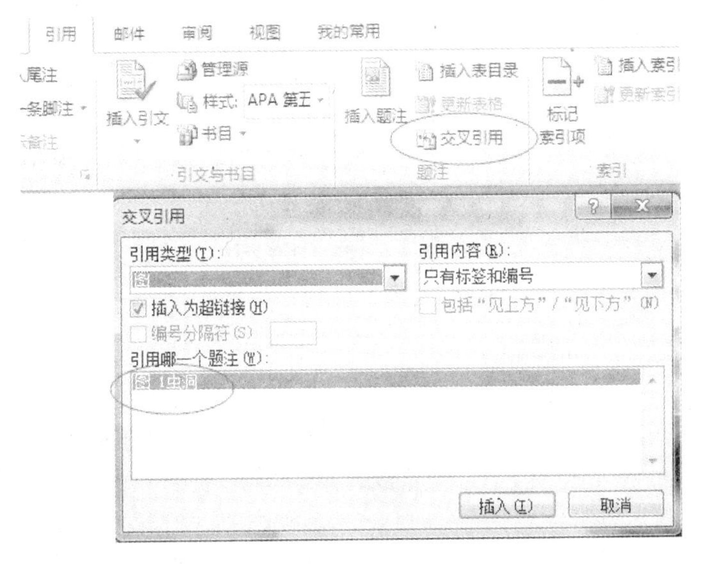

图 1－57 插入交叉引用

3. 为什么要使用交叉引用

使用交叉引用的好处是：由于交叉引用是一种 Word 域，所以当被引用的编号、文字等发生改变时，引用处的编号、文字也会自动跟着改变，无需用户手动更改，这样可以避免前后不一致的现象发生。

譬如，上述实例中，如果题注“图 1 虫洞”变成了“图 2 虫洞”，那么只要按下 Ctrl＋P 对文档进行打印预览，交叉引用“（见图 1）”就会自动变为“（见图 2）”。

另外，按住 Ctrl 键并单击交叉引用，可以像网页超链接那样跳转被引用处，为读者的阅读带来很大方便。

交叉引用不仅可以在正文中插入，也可以在页眉、页脚中插入。最常见的是页眉中插入各章节的标题。

4. 哪些对象可以被引用

并不是 Word 中所有的对象都可以被交叉引用，能够被引用的对象只能是以下几种：

自动编号项、采用标题样式的文字、书签、题注、脚注、尾注等，见图 1-58 中的“引用类型”。

譬如：手动编号无法被引用、没有设置为“标题 1”～“标题 9”样式的章节标题也无法被引用。

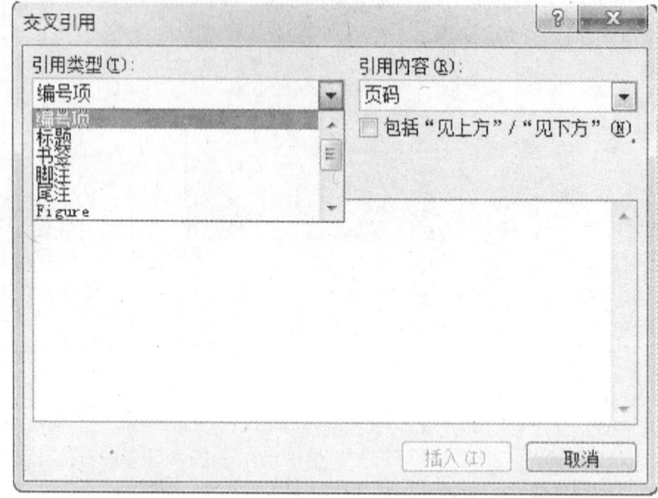

图 1-58　交叉引用的引用类型

1.5　目录和索引

1.5.1　目录

目录通常是长文档不可缺少的部分，有了目录，用户就能很容易地知道文档中有什么内容，如何查找内容等。Word 提供了自动生成目录的功能，使目录的制作变得非常简便，而且在文档发生了改变以后，还可以利用更新目录的功能来适应文档的变化。

要创建目录，必须先标注或定义目录项，这样 Word 才能知道根据哪些条目来创建目录。Word 中标注或定义目录项的方式有以下三种：

- 给目录中的标题设置大纲级别
- 给目录中的标题设置标题样式
- 创建目录项域

1. 利用大纲级别生成目录

对于一篇长文档，通常都应该给各级标题设置相应的标题级别（Word 中称为大纲级别），以体现出该文档的层次结构，方便读者阅读。设置大纲级别，可参见 1.2.5 大纲级别的使用。

设置好大纲级别后，就可以通过“引用”选项卡下的“目录”工具按钮，自动生成目录，见图 1-59 自动生成目录。

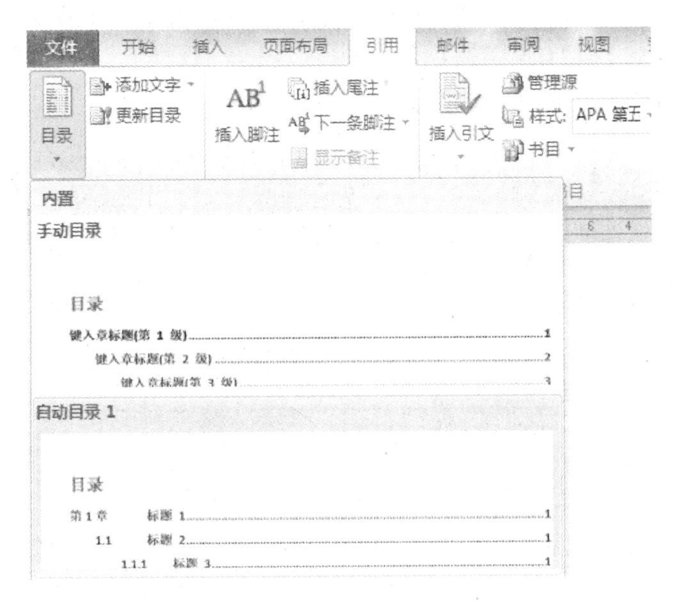

图 1-59　自动生成目录

2. 利用标题样式生成目录

利用标题样式生成目录，本质上也是通过大纲级别来实现的，因为 9 个级别的标题样式中包含了相应的 9 个大纲级别。

具体操作方法是：将文章的各级标题设置为“标题 1”～“标题 9”的样式，设置完成后即可使用图 1-59 所示方法，自动生成目录。

大多数情况下只需使用“标题 1”～“标题 3”三个标题样式就足够了。详情可参见 1.6 节“使用 Word 样式”。

3. 利用目录项域生成目录

有时，我们希望制作一种特殊的目录，目录项并非来自于那些具有大纲级别的文章标题，而是来自于文章中的一些专业术语、人名地名……，而我们又不希望将这些术语、人名地名设置为某个大纲级别，则此时就可以利用“目录项域”来创建目录。

所谓“目录项域”，就是由用户对文档中诸如专业术语、人名地名……做的一个标注，类似于定义一个书签。定义好目录项域之后，就可以自动生成目录了。

【实例 1-7】　打开素材文件：唐诗. docx，利用目录项域创建如下目录(见图 1-60)。

《秋词》......1
《乌衣巷》......1
《秋风引》......1
《浪淘沙》......2
《竹枝词》......2
《西塞山怀古》......2
《杨柳枝》......3
《踏歌词》......3
《华山歌》......3

图 1-60　由目录项域创建的目录

操作步骤：

步骤 1：打开素材文件，用鼠标选中第 1 首诗的标题，然后按 Alt+Shift+O，打开“标记目录项”对话框，再单击“标记(M)”按钮（见图 1-61）；

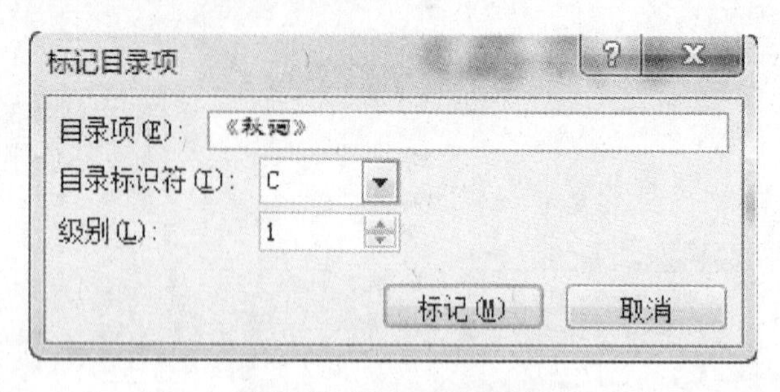

图 1-61 标记目录项

步骤 2：对于后面第 2、3、4……首诗，进行同样操作，以完成所有的目录项标记；

步骤 3：将光标置于文档上部空白处，选择“引用”选项卡下的“目录”按钮，再选择下拉菜单中的“插入目录(I)...”（见图 1-62），打开如图 1-63 所示的“目录”对话框；

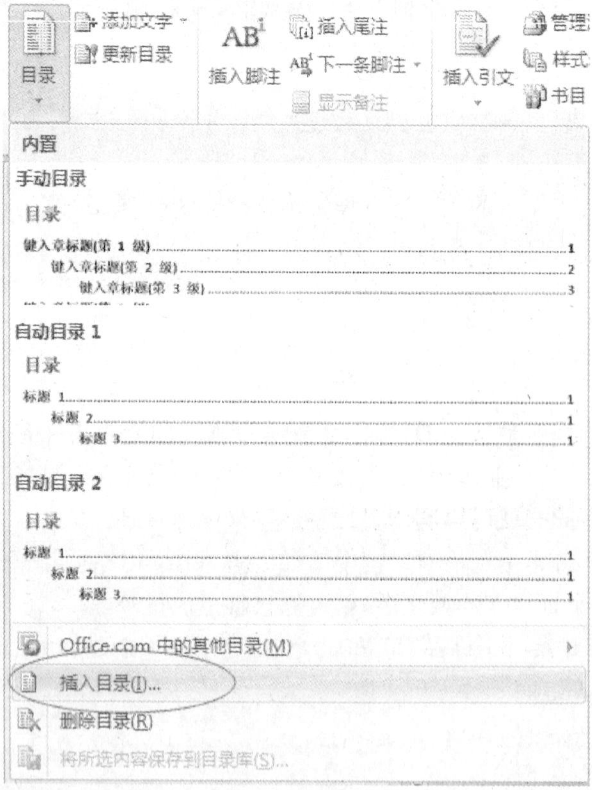

图 1-62 插入目录

步骤 4：在图 1-63“目录”对话框中，单击“选项(O)...”按钮，进一步打开“目录选项”对话框，在该对话框中，取消“样式(S)”与“大纲级别(O)”两个复选框上的“勾”，在“目录项域(E)”前的复选框中打上“勾”。然后单击确定，再次单击确定即可。

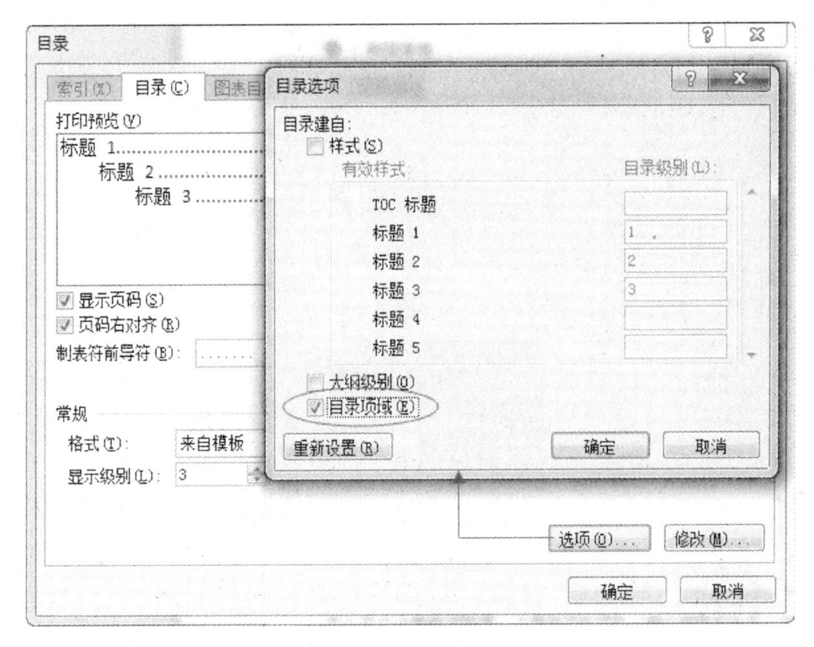

图 1－63　目录选项

1.5.2　图表目录

图表目录也是一种常用的目录，可以在其中列出图片、图表、表格、公式……的文字说明以及它们出现的页码。

创建图表目录的方法是：先为图表添加题注，然后利用“引用”选项卡下的“插入表目录”按钮来创建图表目录。下面举例说明。

【实例 1－8】　打开素材文件：霍金.docx，创建如图 1－64 所示的图表目录。

操作步骤：

步骤 1：打开素材文件，首先在文档的 4 个图片下方，添加相应的题注，以图 1 为例（见图 1－64）；

步骤 2：光标置于文档首部，然后单击“引用”选项卡下的“插入表目录”，打开图 1－65 所示的“图表目录”对话框；

步骤 3：在图 1－65 的“图表目录”对话框中，将左下角的“题注标签（L）”下拉列表框中的“图表”改为“图”，然后点击“确定”即可看到一个如图 1－64 所示的图表目录插入到了文档首部。

人物评价

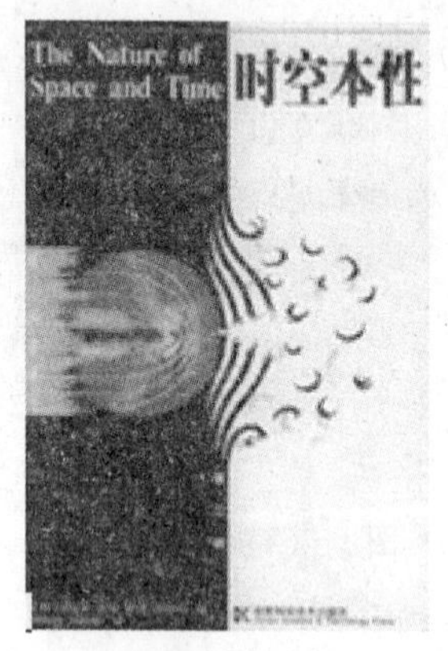

图 1 时空本性

史蒂芬·威廉·霍金是本世纪享有国际盛誉的伟人之一，出生于伽利略逝世三百周年纪念日，剑桥大学数学及理论物理学系教授，当代最重要的广义相对论和宇宙论家。荣获英国剑桥大学卢卡斯数学教席，这是自然科学史上继牛顿和狄拉克之后荣誉最高的教席。

图 1-64 图表目录之实例

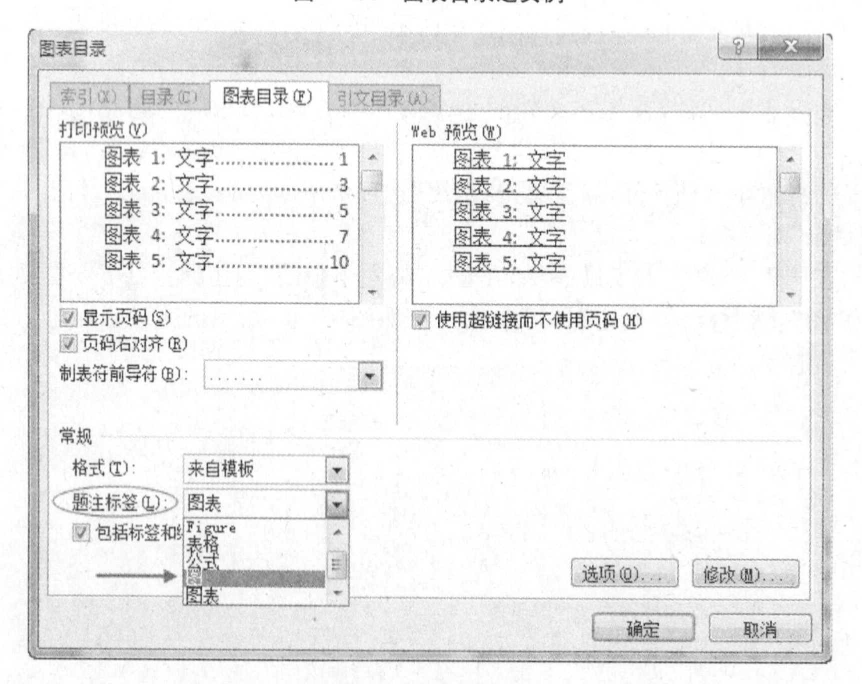

图 1-65 创建图表目录

1.5.3　引文书目(参考文献)

在撰写学术著作、毕业论文时，参考文献的引用是必不可少的部分。参考文献不仅有助于作者在有限的篇幅中阐述论著的研究背景、论点论据，同时也可使读者方便追溯相关文献资料和数据。

参考文献(或引用书目)是在创建文档时参考或引用的其他文献、书目(源)的列表，通常位于文档的末尾。Word2010 提供的引文和书目功能，可以根据你为该文档提供的源信息自动生成参考文献(或书目)。

【实例 1-9】　打开素材文件：人间词话. docx，创建如图 1-66 所示的参考书目。

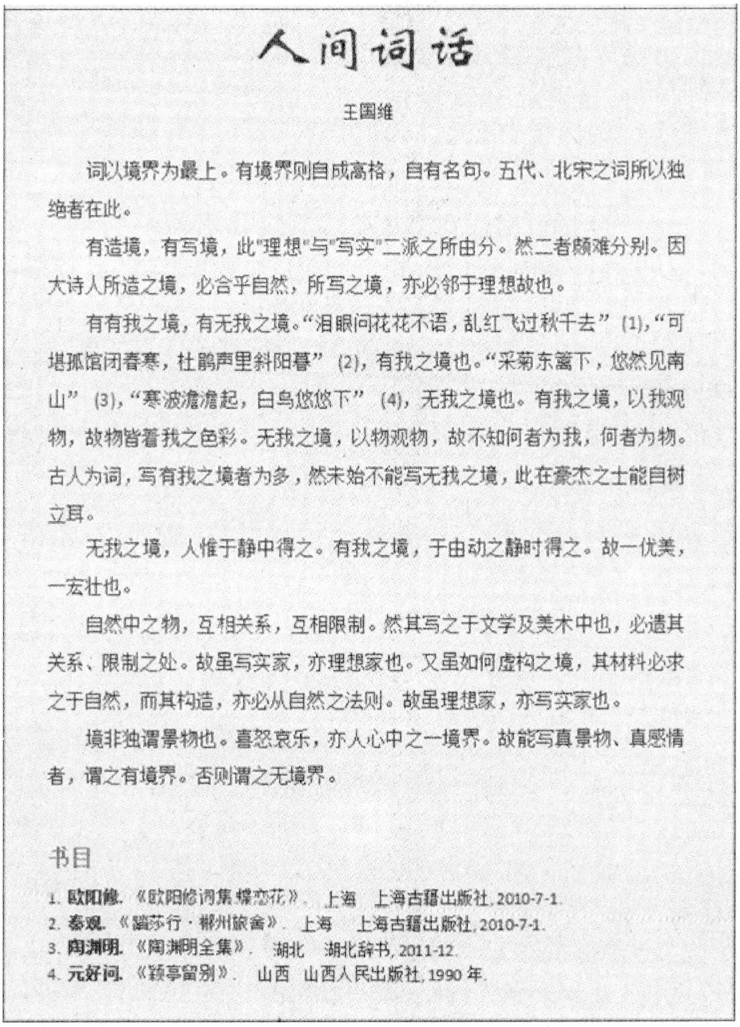

人间词话

王国维

词以境界为最上。有境界则自成高格，自有名句。五代、北宋之词所以独绝者在此。

有造境，有写境，此"理想"与"写实"二派之所由分。然二者颇难分别。因大诗人所造之境，必合乎自然，所写之境，亦必邻于理想故也。

有有我之境，有无我之境。"泪眼问花花不语，乱红飞过秋千去" (1)，"可堪孤馆闭春寒，杜鹃声里斜阳暮" (2)，有我之境也。"采菊东篱下，悠然见南山" (3)，"寒波澹澹起，白鸟悠悠下" (4)，无我之境也。有我之境，以我观物，故物皆着我之色彩。无我之境，以物观物，故不知何者为我，何者为物。古人为词，写有我之境者为多，然未始不能写无我之境，此在豪杰之士能自树立耳。

无我之境，人惟于静中得之。有我之境，于由动之静时得之。故一优美，一宏壮也。

自然中之物，互相关系，互相限制。然其写之于文学及美术中也，必遗其关系、限制之处。故虽写实家，亦理想家也。又虽如何虚构之境，其材料必求之于自然，而其构造，亦必从自然之法则。故虽理想家，亦写实家也。

境非独谓景物也。喜怒哀乐，亦人心中之一境界。故能写真景物、真感情者，谓之有境界。否则谓之无境界。

书目

1. **欧阳修.** 《欧阳修词集 蝶恋花》. 上海　上海古籍出版社, 2010-7-1.
2. **秦观.** 《踏莎行 · 郴州旅舍》. 上海　上海古籍出版社, 2010-7-1.
3. **陶渊明.** 《陶渊明全集》. 湖北　湖北辞书, 2011-12.
4. **元好问.** 《颍亭留别》. 山西　山西人民出版社, 1990 年.

图 1-66　创建参考书目

操作步骤：

步骤 1：打开素材文件，将光标定位于"…乱红飞过秋千去"的后面，然后单击"引用"菜单下的"插入引文"按钮，选择其中的"添加新源(S)..."，打开"创建源"对话框(见图 1-67)；

图 1-67 创建源

步骤 2:仿照上一步,分别在文中其他三处诗句,创建引用源;

步骤 3:将光标定位于该文档末尾,然后单击"引用"菜单下的"书目"按钮,选择其中的"书目"或者"引用作品",即可看到书目被添加到当前光标处;

步骤 4:单击"引用"菜单下的"样式"下拉列表,将原来的"APA 第五版"改为"ISO690—数字引用",即可看到文档末尾的参考书目成为如图 1-66 所示的样子;

如果以后文档中增加、删除或修改引用源,只要点击引文书目上面的"更新引文和书目"按钮,即可自动更新引文书目(见图 1-68)。

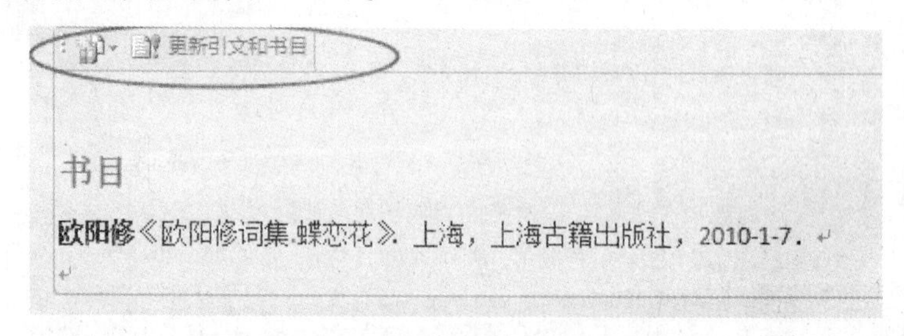

图 1-68 更新引文和书目

注 意

Word2010 中,书目编号默认为 1、2、3、……,如果希望改为带中括号的[1]、[2]、[3],可以到 http://pan.baidu.com/s/1b8Y1J4 下载文件:IEEE2006OfficeOnline.xsl,并将其复制到 Office2010 的安装目录中,具体位置是:…\Microsoft Office\Office14\Bibliography\Style,然后将书目样式改为 IEEE2006 即可。

1.5.4 索引

"目录"一般都是文档中各级标题的列表,它通常位于正文之前。目录的作用在于方便阅读者可以快速地检阅或定位到感兴趣的内容,同时比较容易了解整篇文章的结构。

而“索引”,则是以关键词为检索对象的列表,它通常位于文章封底页之前。索引的作用在于阅读者可以根据相应的关键词,比如人名、地名、概念、术语等,快速定位到正文的相关位置,获得这些关键词的更详细的信息。在很多教材中,正文最后通常都有索引,列出了重要的概念、专业术语、定理等,方便我们快速地查找这些关键词的详细信息。

【实例1-10】 打开素材文件:霍金.docx,给文档中的伽利略、牛顿、狄拉克、彭罗斯等人名,创建如图1-69所示的索引。

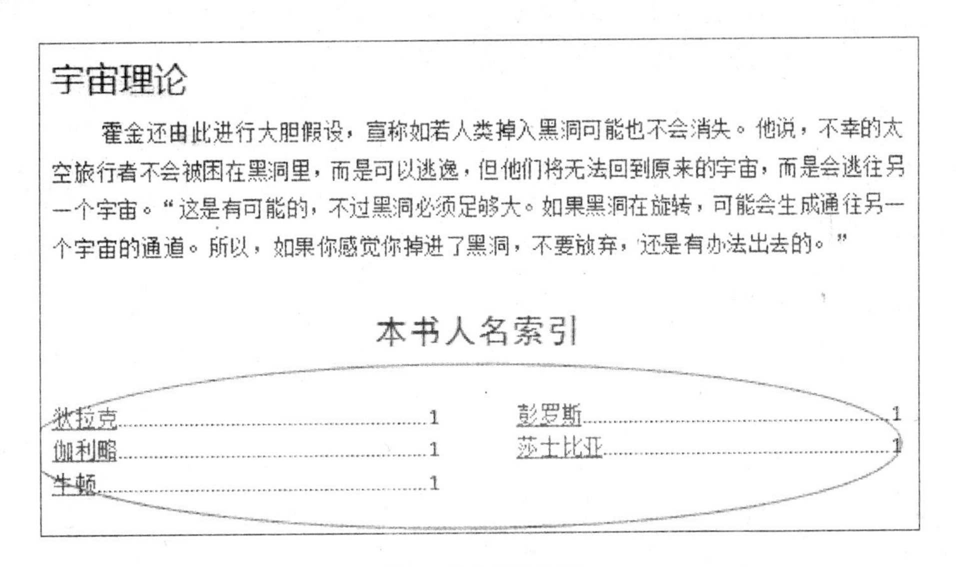

图1-69 创建索引

操作步骤:

步骤1:打开素材文件,用鼠标选中第1个人名“狄拉克”,然后按快捷键Alt+Shift+X,打开“标记索引项”对话框,再单击“标记”按钮;

步骤2:对牛顿、伽利略、彭罗斯等,用相同方法标记索引项;

步骤3:将光标置于文章最后,然后选择“引用”选项卡下的“插入索引”按钮(见图1-70),打开图1-71所示的“索引”对话框;

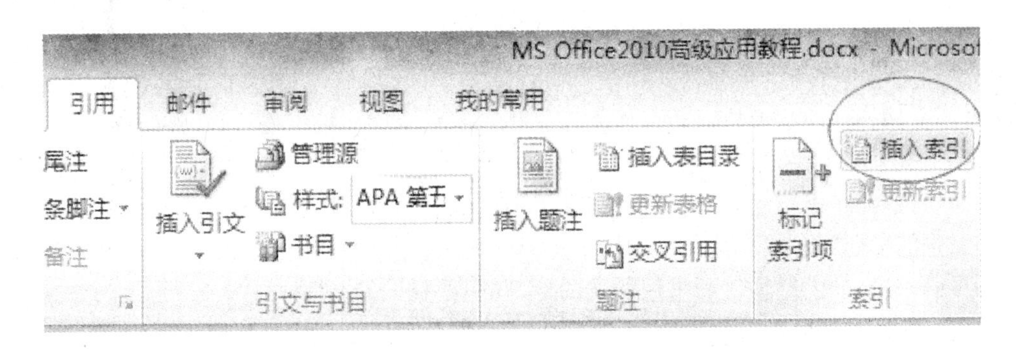

图1-70 插入索引

步骤4:图1-71所示的“索引”对话框中,选中“页码右对齐”栏数为“2”排序依据为“拼音”。然后单击确定即可。

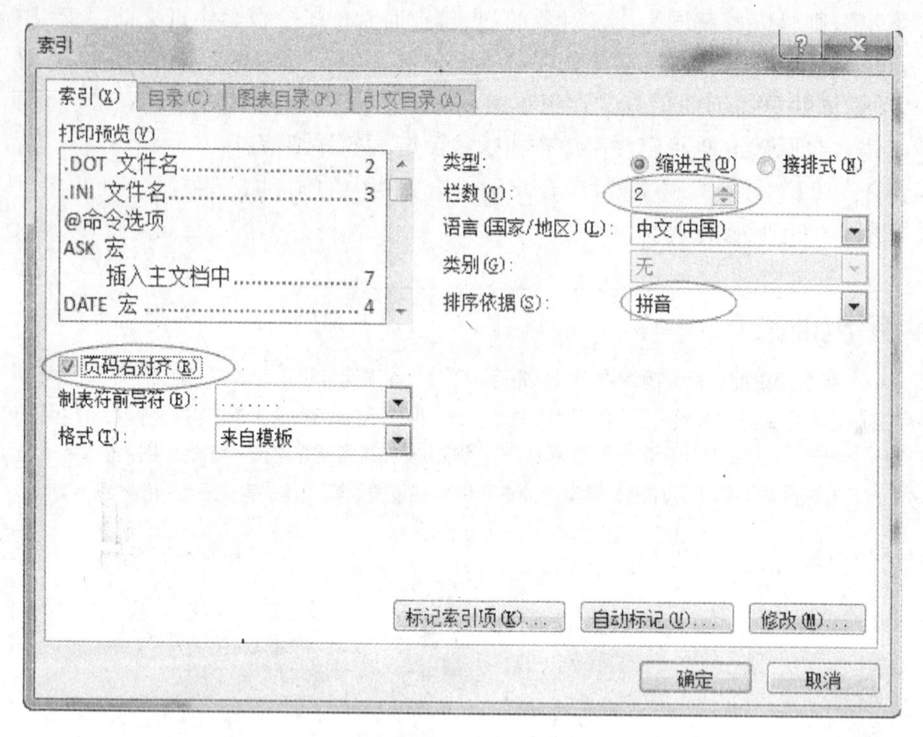

图 1-71 索引对话框

1.6 使用 Word 样式

1.6.1 什么是样式

1. 初识样式

什么是样式？所谓样式，简而言之，就是一个被命名的格式(文本格式、段落格式)的组合。

在编排一篇长文档时(如论文、著作、教材等)，需要对许多的文字和段落设置相同的格式，如果只是利用之前介绍的字体格式和段落格式编排功能，不但很费时间，让人厌烦，更重要的是，很难使文档格式前后保持一致。而使用样式则能减少许多重复操作，在短时间内排出高质量的文档。

譬如，文章的各级标题，其格式设置，如果不用样式，就必须用格式刷一次次地去“刷”，以便相同级别的标题“刷”成完全相同的格式；如果以后想更改格式，譬如想将宋体改为黑体，那么又得再刷一遍，非常麻烦。而采用样式的话，则只要修改相应的样式，所有采用了该样式的标题就会一次性自动修改。

2. 使用 Word 内置样式

Word 内置样式也称 Word 默认样式。为方便用户使用样式，Word 中已经定义了几十种样式，包括：标题 1～标题 9、正文、题注、页眉、页脚等(见图 1-72)。

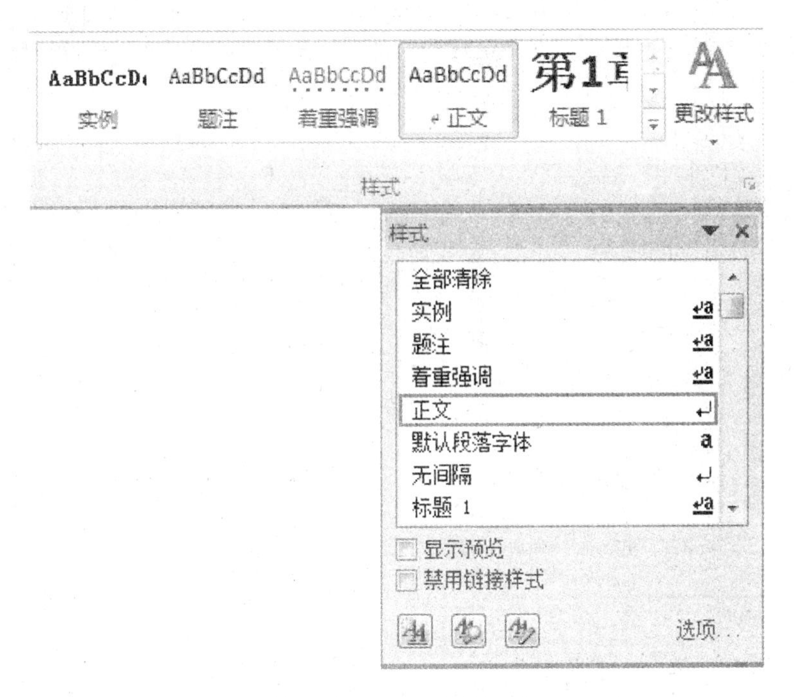

图 1－72　Word 内置样式

事实上，我们只要新建一个文档，然后开始输入文字，那么不知不觉中我们已经在使用 Word 内置的“正文”样式。

【实例 1－11】 打开素材文件：路由器.docx，将文档中的一级标题（红色字体）、二级标题（蓝色字体）分别设置为 Word 内置的标题 1 和标题 2 样式（见图 1－74）。

操作步骤：

步骤 1：打开素材文件，按住 Ctrl 键，用鼠标同时选中 4 个红色的一级标题，然后点击“样式”工具栏中的“标题 1”（见图 1－73），可以看到，4 个一级标题的格式全部改成了 Word 内置的“标题 1”样式；

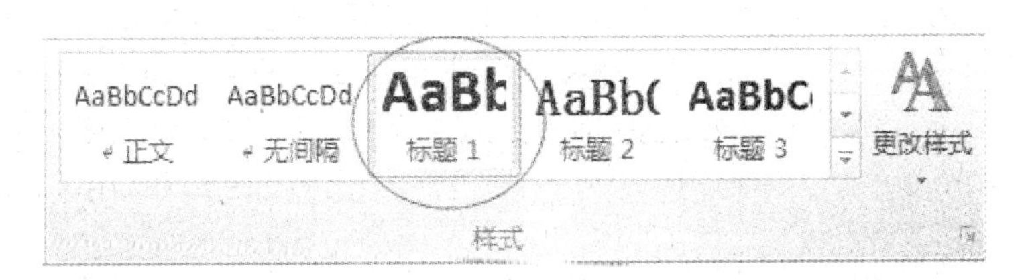

图 1－73　Word 内置样式一标题 1

步骤 2：类似，选中文章中所有蓝色的二级标题，然后点击“样式”工具栏中的“标题 2”，可以看到，所有二级标题的格式全部改成了 Word 内置的“标题 2”样式。

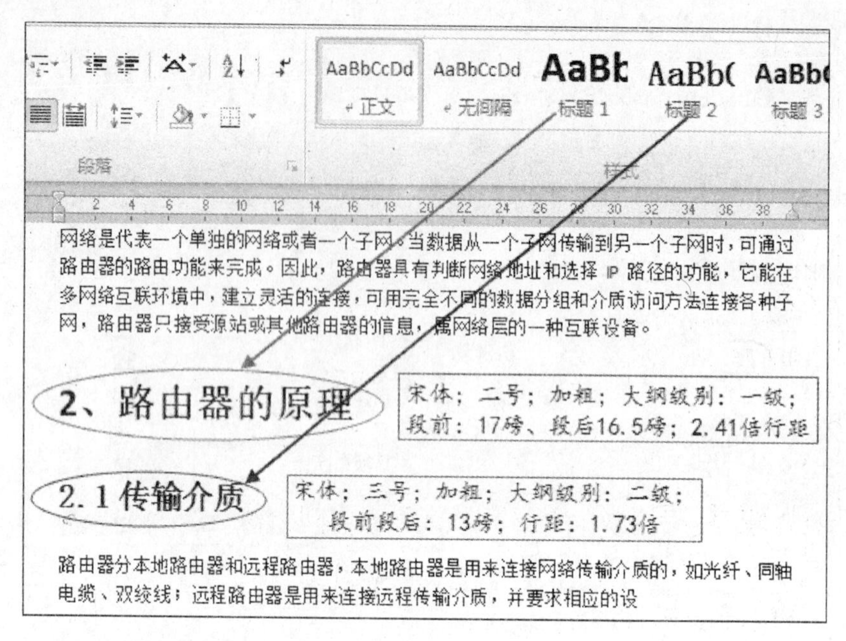

图 1-74　Word 默认的标题 1、标题 2 样式

1.6.2　修改 Word 内置样式

Word 默认样式往往不一定能符合用户的要求，譬如：上述例子中，我们希望将一级标题改为“黑体、水平居中、单倍行距、段前 24 磅，段后 24 磅”，如何实现呢？

操作步骤：

步骤 1：鼠标指向“样式”工具栏中的“标题 1”右击，打开快捷菜单，选择其中的“修改(M)...”(见图 1-75)；

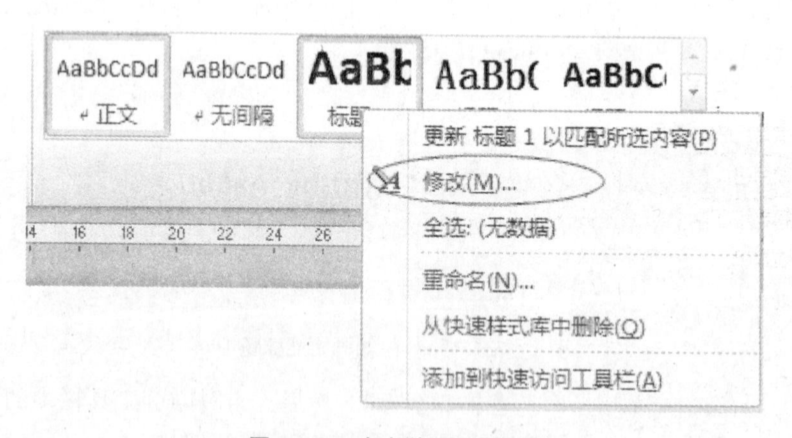

图 1-75　右击“标题 1”样式

步骤 2：在下面的图 1-76“修改样式”对话框中，将字体改变为“黑体”，改水平对齐方式为“居中”(先不要单击“确定”按钮)；

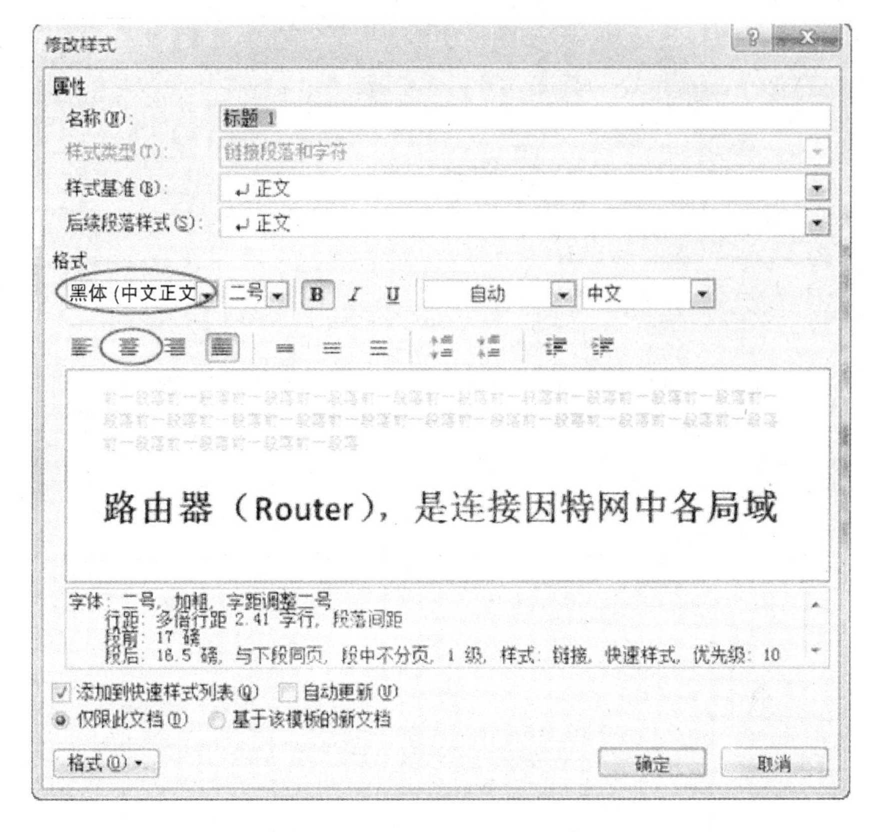

图 1－76　修改“标题 1”样式对话框

步骤 3：单击修改样式对话框左下角的“格式(O)”按钮（见图 1－77），选择其中的“段落(P)...”，打开如图 1－78 所示对话框，修改段前、段后间距与行距，然后单击确定，回到图 1－76 对话框，最后单击确定按钮即可。

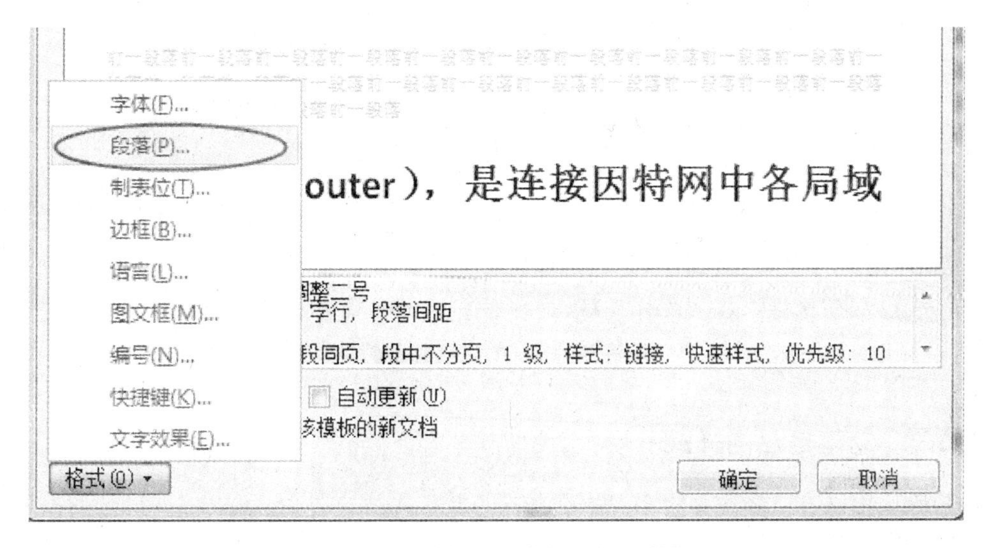

图 1－77　选择右键菜单中的“段落”

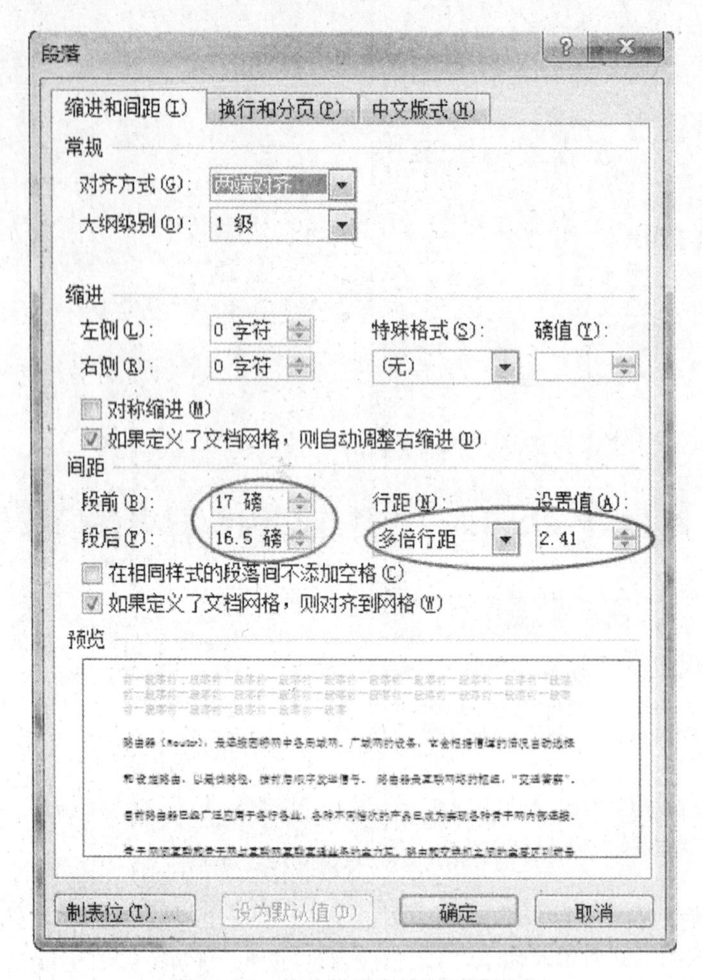

图 1－78　修改样式中的“段落”格式

经过上述几步操作，我们发现，所有一级标题的格式全都变了，这正是使用“样式”的妙处：样式一旦更改，所有使用该样式的文字、段落的格式一次性全部改变，而无需逐个去设置新的格式！（请读者仔细体会）

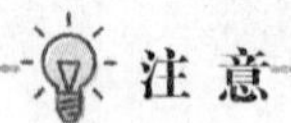

应用了样式的文本、段落，不要再用传统的办法去直接设置格式，这样会将样式中原有的格式覆盖，从而使得以后修改样式时，这些被覆盖的格式不会随着样式中格式的改变而改变！

1.6.3　创建自己的样式

用户除了可以直接修改并使用 Word 内置的默认样式之外，也可以根据自己的需要来定义新的样式。有两种方法可以创建用户自定义样式：

方法一：

单击“开始”选项卡，再单击“样式”组右下角的▫按钮，打开如图 1－79 所示的样式列表窗口,然后再单击左下角的"新建样式"按钮,打开如图1-80所示的"根据格式设置创建新样式"对话框。

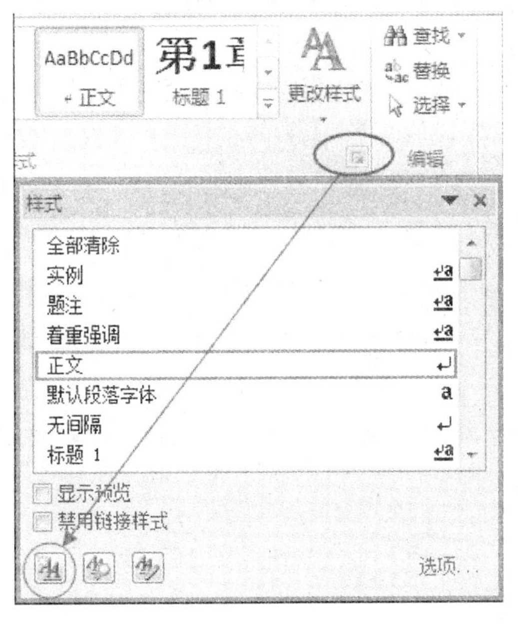

图1-79 样式列表

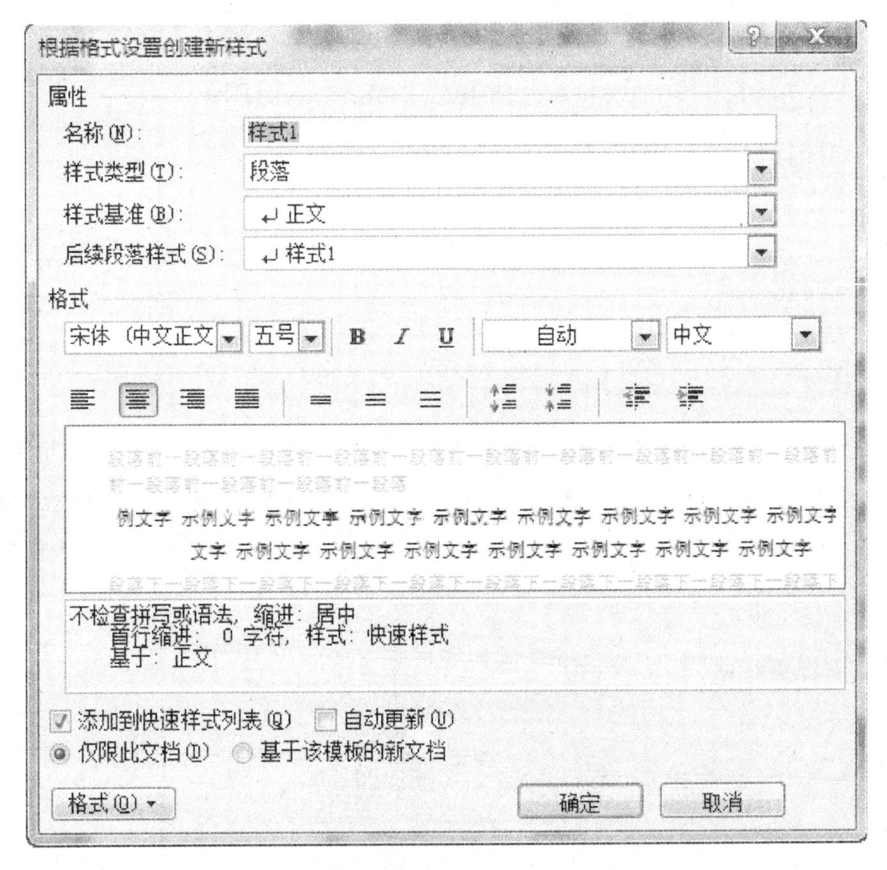

图1-80 新建样式对话框

在“根据格式设置创建新样式”对话框中，输入样式名称，设置字体、段落格式，最后单击确定即可。

注 意

使用[方法一]创建样式时，新建的样式会自动应用到当前光标所在的段落上，所以创建样式时应预先将光标置于需要应用该样式的段落中！

方法二：

随意输入一段文字，再选中它，然后使用“字体格式”与“段落格式”对话框进行格式设置，设置好之后单击“开始”选项卡下的“样式”组右下角的 ▾ 按钮，在弹出下拉列表中选择“将所选内容保存为新快速样式(Q)...”(见图 1－81)，再在图 1－82 所示对话框中，输入样式名称，最后单击确定即可。

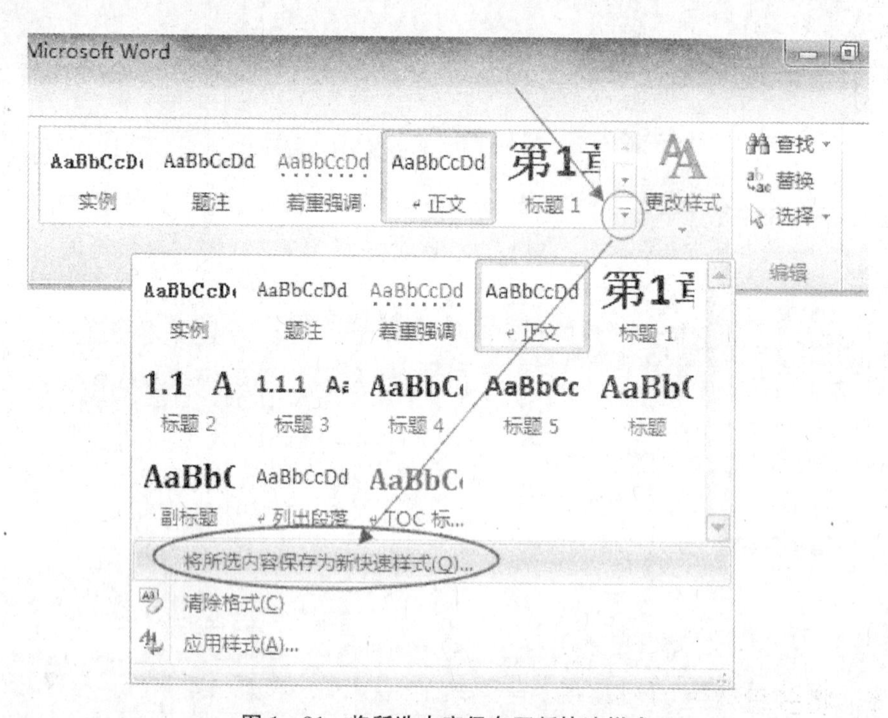

图 1－81　将所选内容保存了新快速样式

根据格式设置创建新样式

名称(N):

样式1

段落样式预览:

样式1

确定　修改(M)...　取消

图 1－82　根据格式设置创建新建样式

由于 Word 内置的默认样式几乎应有尽有，所以一般情况下，不建议用户去创建新的样式，而是尽量使用 Word 内置样式，如果内置样式不符合你的要求，可以修改这些内置样式，而且不用担心因为修改这些内置样式而影响到别的文档，因为默认情况下，对内置样式所作的修改，仅仅保存在当前文档中。

1.6.4　为标题样式添加自动编号

文章标题通常都会使用数字编号来区分章节，如："一、二、三…"或"第一章、第二章、第三章…"或使用"1、2、3…"等进行编号。Word 内置的标题 1～标题 9 样式，并不包含自动编号，所以要让标题样式包含自动编号，必须修改这些标题样式，具体方法是：

右击想要修改的标题样式，点击右键菜单中的"修改(M)..."(见图 1 - 75)，打开图 1 - 76 所示的样式修改对话框，然后单击左下角的"格式(O)..."，打开快捷菜单，选择其中的"编号(N)..."，打开如图 1 - 83 所示的"编号和项目符号"对话框，选择编号库的某个编号样式，或者选择某种项目符号。

一旦修改完成，则凡是使用此样式的标题，均会自动进行编号。

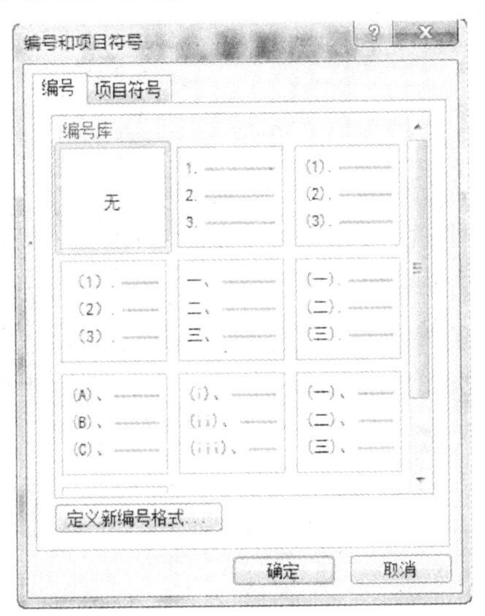

图 1 - 83　编号和项目符号

1.6.5　将多级列表(多级自动编号)链接到标题样式

在实际的长文档编辑排版中，更多使用的是多级列表(见图 1 - 28)。那么，如何将多级列表添加到 Word 内置的标题样式中呢？下面我们通过一个实例来演示操作过程。

【实例 1 - 12】　打开素材文件：多级列表.docx，给文档中的各级标题应用 Word 内置的标题样式，并添加相应的多级列表。

准备工作：

由于 Word 内置的"标题 2"与"标题 3"样式，都是"三号、宋体"，为便于区分，我们先将"标题 3"样式的字号改为"小四"。方法是，右击"样式"工具栏中的"标题 3 样式"，然后选择快捷菜单中的"修改(M)..."，打开图 1 - 76 所示的"修改样式"对话框，将字号由"三号"改为"小四"。

接下来我们开始正式为标题 1～标题 3 添加自动多级编号。

操作步骤：

步骤1：打开素材文件“多级列表.docx”，然后同时选中“绪论”“系统分析”“系统设计”“系统实施”“结论”5个一级标题，然后单击样式工具栏中的“标题1”样式；

步骤2：同时选中“背景介绍”“系统目标和意义”“需求分析”……10个二级标题，然后单击样式工具栏中的“标题2”样式；

步骤3：同时选中“××××单位简介”“项目来源”……8个三级标题，然后单击样式工具栏中的“标题3”样式；

步骤4：将光标置于一级标题“绪论”所在行（或者选中“绪论”），然后点击“段落”工具栏中的“多级列表”，再点击“定义新的多级列表(D)...”（见图1-31），打开如图1-38所示的“定义新多级列表”对话框；

步骤5：在图1-38所示的对话框中，单击左下角的“更多(M)≫”按钮，显示如图1-84所示的“定义新多级列表”对话框；

步骤6：单击左上角的列表框中的“1”，然后在右边“将级别链接到样式(K)”下拉列表框中，选择“标题1”样式；

步骤7：单击左上角的列表框中的“2”，然后在右边“将级别链接到样式(K)”下拉列表框中，选择“标题2”样式；

步骤8：单击左上角的列表框中的“3”，然后在右边“将级别链接到样式(K)”下拉列表框中，选择“标题3”样式。最后单击确定，即可大功告成。

通过上述步骤，我们可以看到，文章的三级标题与图1-29所示完全相同，只不过现在三个级别的标题不仅具有自动多级编号的功能，还分别采用了“标题1”“标题2”“标题3”样式，这就意味着，以后若要修改这些标题的文字与段落格式，无需一个个地去设置，而只要修改相应的样式即可，样式一改，所有采用该样式的标题全部会自动更改。

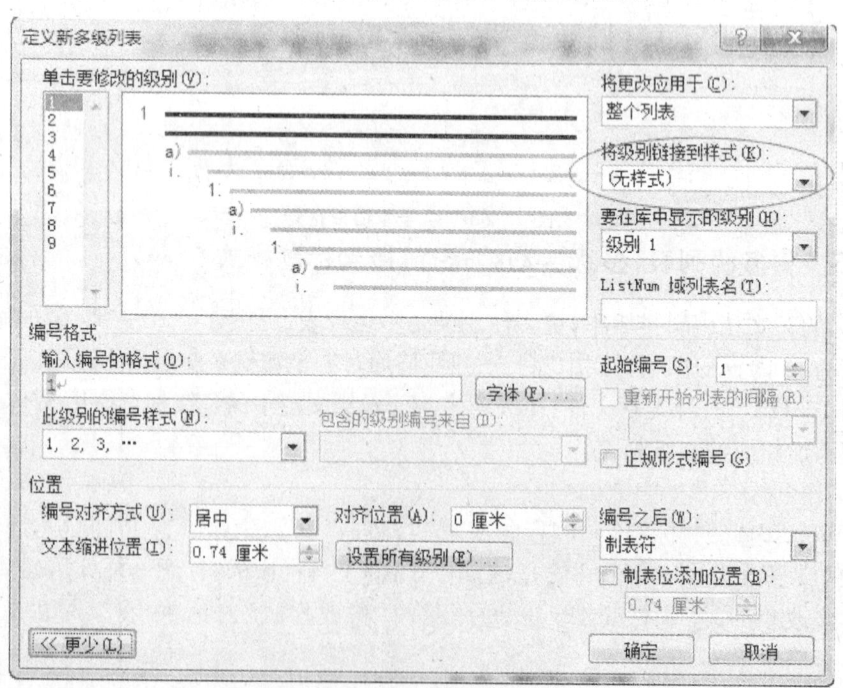

图1-84 定义新的多级列表

注 意

上述步骤(4)中,必须将光标置于“绪论”所在行,然后再点击段落工具栏中的“多级列表”,否则当单击图 1－84 中的“确定”按钮后,会使得当前光标所在段落成为“标题 1”样式并且会带上自动多级编号。

1.6.6　使用样式时需注意的几个问题

1. 已经指定了样式的段落文字,不应再用通常的方法去直接修改其字体或段落格式

譬如:文章的某一级标题,已经应用了某个样式,之后又想修改其格式,则务必通过用修改样式的方式去间接修改,而不要用通常的方法去直接修改,因为直接修改会使得样式中的同名格式无效!

下面通过实例来验证上述结论:

【实例 1－13】　直接修改格式,导致样式中的同名格式无效。

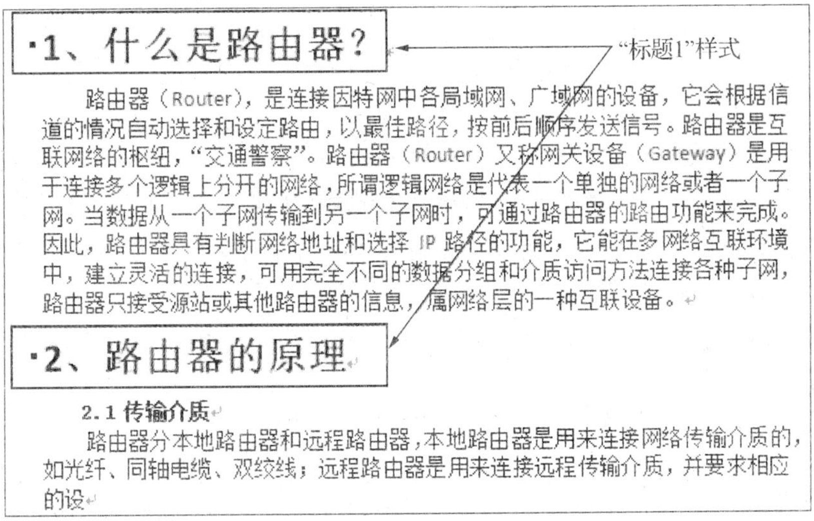

·1、什么是路由器?

“标题1”样式

路由器（Router），是连接因特网中各局域网、广域网的设备，它会根据信道的情况自动选择和设定路由，以最佳路径，按前后顺序发送信号。路由器是互联网络的枢纽，“交通警察”。路由器（Router）又称网关设备（Gateway）是用于连接多个逻辑上分开的网络，所谓逻辑网络是代表一个单独的网络或者一个子网。当数据从一个子网传输到另一个子网时，可通过路由器的路由功能来完成。因此，路由器具有判断网络地址和选择 IP 路径的功能，它能在多网络互联环境中，建立灵活的连接，可用完全不同的数据分组和介质访问方法连接各种子网，路由器只接受源站或其他路由器的信息，属网络层的一种互联设备。

·2、路由器的原理

2.1 传输介质

路由器分本地路由器和远程路由器，本地路由器是用来连接网络传输介质的，如光纤、同轴电缆、双绞线；远程路由器是用来连接远程传输介质，并要求相应的设

图 1－85　导致样式无效的一个例子

步骤如下:

步骤 1:打开素材文件“路由器.docx”,将“1、什么是路由器?”及“2、路由器的原理”这两个标题应用“标题 1”样式;

步骤 2:选中第 2 个标题“2、路由器的原理”,可以从“开始”选项卡下的“字体”工具栏中看到,其默认字号为“二号”;

步骤 3:单击“开始”选项卡,选择“字体”工具栏中字号下拉列表,选择字号大小为“二号”。此时实际上我们并没有真正改变字号大小,仍然为“二号”;

步骤 4:右击“标题 1”样式,将“标题 1”样式中的字号改为“小三”,然后确定(见图 1－86)。

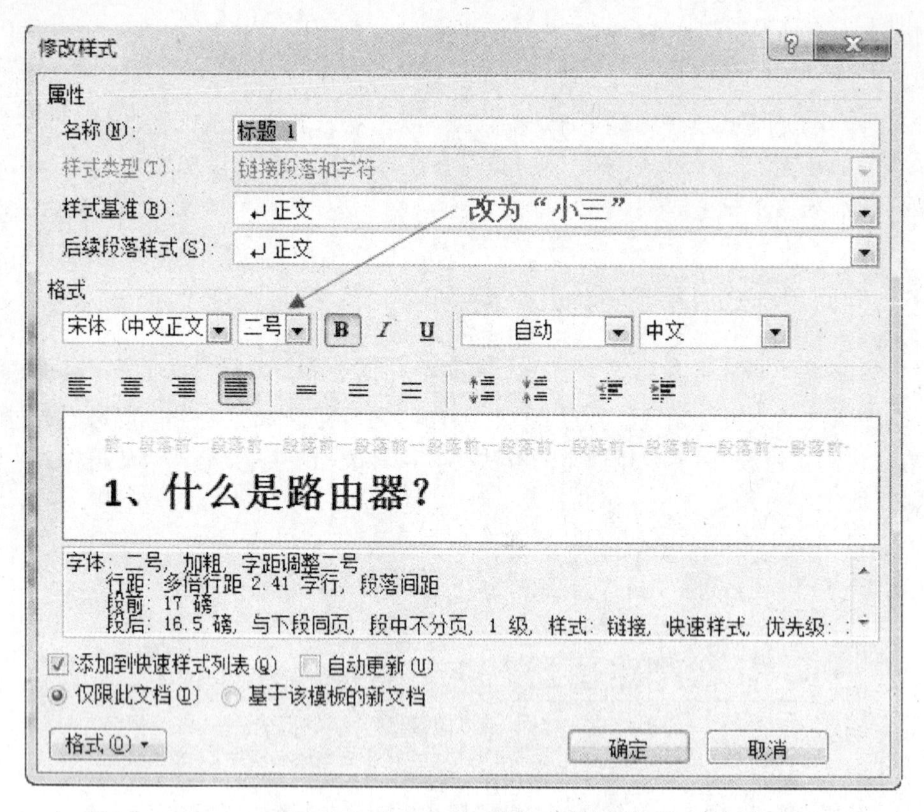

图 1-86　修改样式一字号改为“小三”

此时，你会惊讶地发现：文章的第一个标题“1、什么是路由器？”的字号变成了小三，但第二个标题“2、路由器的原理”却依然是二号！

原因何在？答案是：上述步骤 3 中，看似没有改变字号大小的那一步字号设置操作，导致“标题 1”样式中的字号无效！

2. 设置样式时，尽量不要用格式刷

要将一段文字设置为某个样式的正确方法是：将光标置于这段文字中或选中这段文字，然后单击“样式”工具栏中某个样式。

而如果用格式刷去刷，则表面上看起来被刷过的段落被设置成了所需的样式，但如果被刷之前已经更改过了某个格式，那么样式中与该格式同名的格式就会无效。

例如：对于素材文件“路由器.docx”中，我们先选中第一个标题“1、什么是路由器？”，然后单击“样式”工具栏中的“标题 1”，将它设置为“标题 1”样式。

然后再次选中标题“1、什么是路由器？”，单击格式刷，将第二个标题“2、路由器的原理”刷一下，此时可以看到，第二个标题的格式与第一个标题完全相同，而且从样式工具栏上可以看出：第二个标题也应用了“标题 1”样式。

但是，当我们将“标题 1”样式更改为字体：“华文新魏”、颜色：“蓝色”时，第一个标题的字体与颜色会跟着改变，但第二个标题只有字体发生了变化，而颜色并没有发生变化！

第二个标题的颜色之所有没有变化，是因为原始的素材文件中，标题文字已经被预先设置成了红色。

3. 尽量不要修改Word内置的“正文”样式

因为大多数Word内置样式，都是从“正文”样式派生而来的，这些派生出来的样式，其中有一些文本格式或段落格式并没有被更改(即：这些格式与“正文”样式中完全相同)，那么，一旦修改“正文”样式中的这些格式，派生样式中对应的格式也都会跟着改变。

譬如：修改“正文”样式中的“字体”“颜色”等，就会引起所有派生样式中字体、颜色的同步改变！

一种比较好的做法是：先创建一个自定义的正文样式，譬如样式名为：我的正文。该样式直接从内置的“正文”样式派生，并设置好所需的各种格式(见图1-87)。

然后，在你的这个Word中，所有正文统一使用“我的正文”样式，以后若要修改正文的字体格式、段落格式，只要对“我的正文”样式进行修改即可，这些修改并不会影响那些Word内置样式。

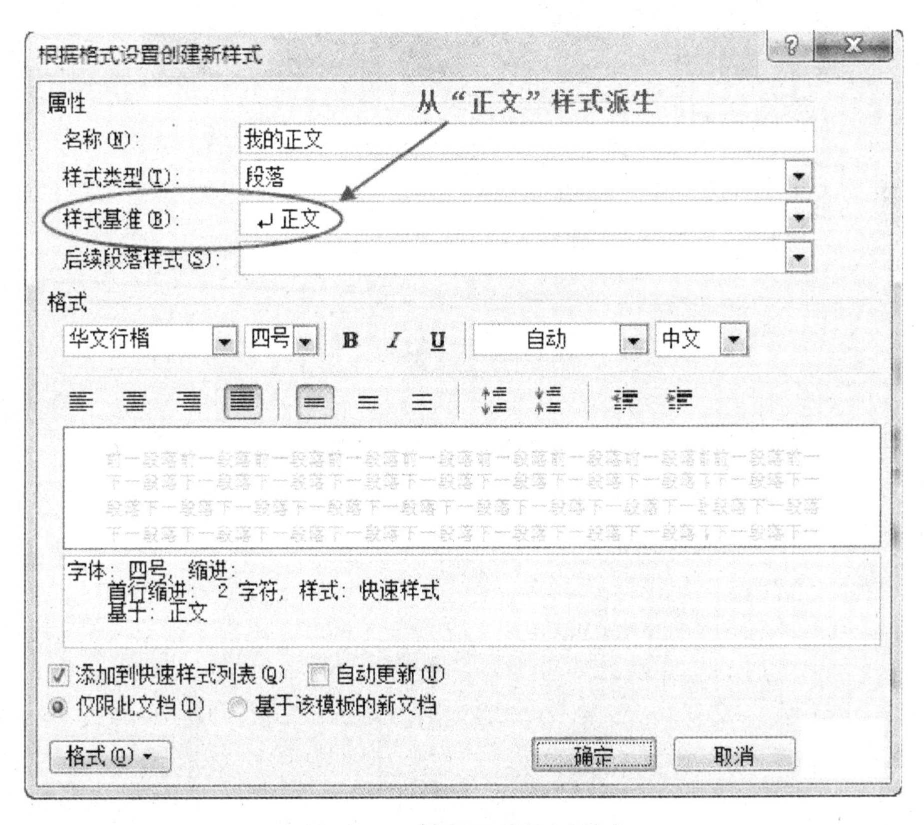

图1-87　创建“我的正文”样式

4. 尽可能使用Word内置的“标题”样式

对于著作、教材、讲义等这些动辄上百页的长文档而言，其中的题注通常都需带章节号，如：图1-2 ××××××××××××、表3-5 ××××××××××××××××等。然而，题注带章节号的前提条件是：章节号必须使用Word内置的标题样式(见图1-88)。

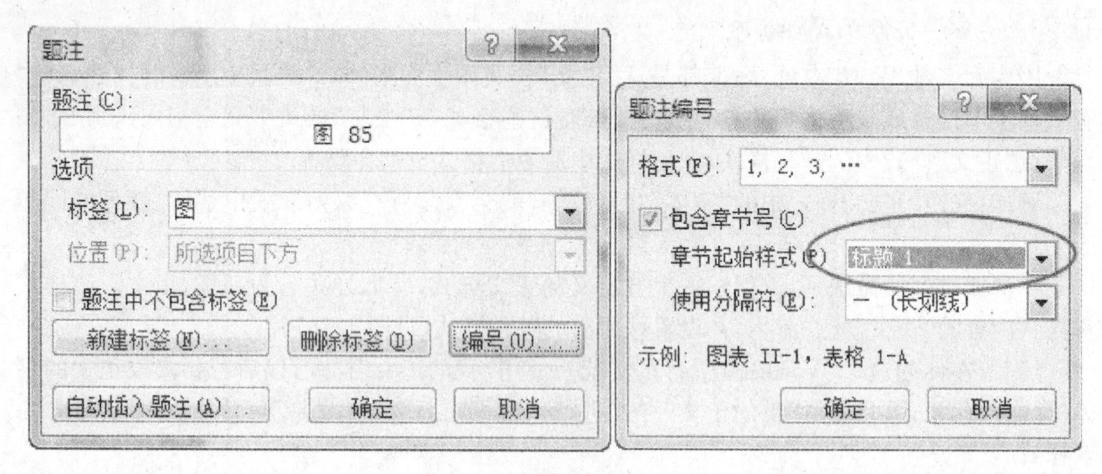

图 1-88 题注带章节号

同样,要对不带自动编号的章、节标题进行交叉引用,则章、节标题也必须使用内置的标题样式,而不能使用自定义的样式(见图 1-89)。

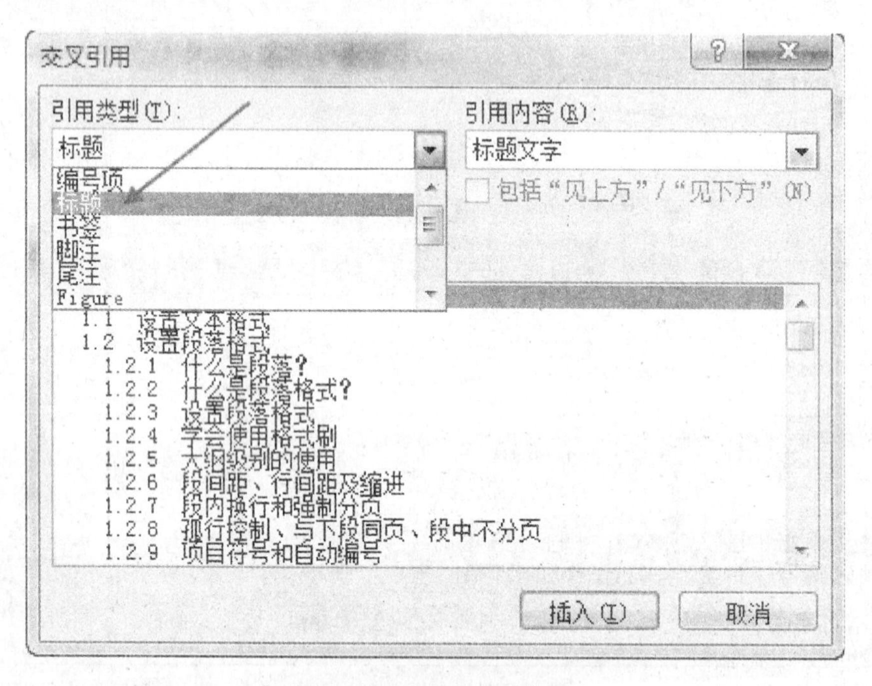

图 1-89 交叉引用的类型

Word 内置的标题样式有 9 个:标题 1～标题 9,分别包含大纲级别 1 至 9 。如果这些标题样式所包含的格式并不能完全满足用户需求,则用户可以对其进行修改,然后再应用到自己的章节标题上,尽量不要去新建。

5. 关于样式的自动更新

所谓样式的自动更新,是指在 Word 文档中,当应用了某个样式的文本或段落格式发生改变后,该样式中的格式也随着自动改变,从而使得所有应用了该样式的文本或段落都跟着一起改变。

很多用户在使用 Word 编辑文档时,往往会遇到这样令人困惑的现象:修改了段落 A 的格式，却发现段落 B 的格式也会跟着自动修改，让人莫名其妙。实际上，这就是无意中设置了样式的自动更新所致。

设置样式自动更新的操作非常简单，只要在创建或修改样式时，在如图 1－90 所示的“修改样式”对话框中，将“自动更新”打上勾即可。

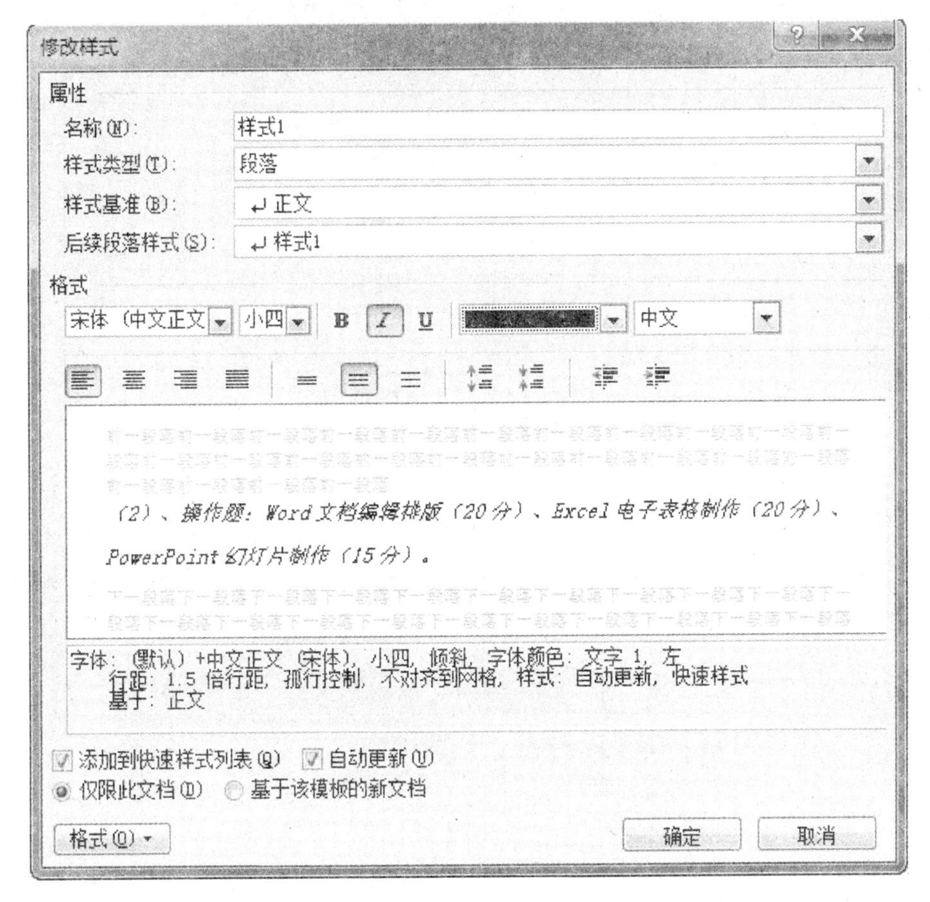

图 1－90 修改样式对话框

1.6.7 将一个 Word 文档的样式应用到另一个 Word 文档

Word 文档中定义或修改过的样式，通常都是包含在该文档中，跟着文档一起走的。这些样式，并不会出现在用户新建的 Word 文档或自动跑到已有的另一个文档中。

为减少重复劳动，我们经常需要将一个 Word 文档中的样式，应用到另一个 Word 文档中。譬如：文档 A. docx 中已经定义了一个样式，名为“样式 A”，现希望将此样式应用到另一个文档 B. docx 中。如何实现呢？

操作步骤如下：

步骤 1：打开 A. docx，并在“开始”功能区的“样式”分组中单击显示样式窗口按钮（见图 1－91）；

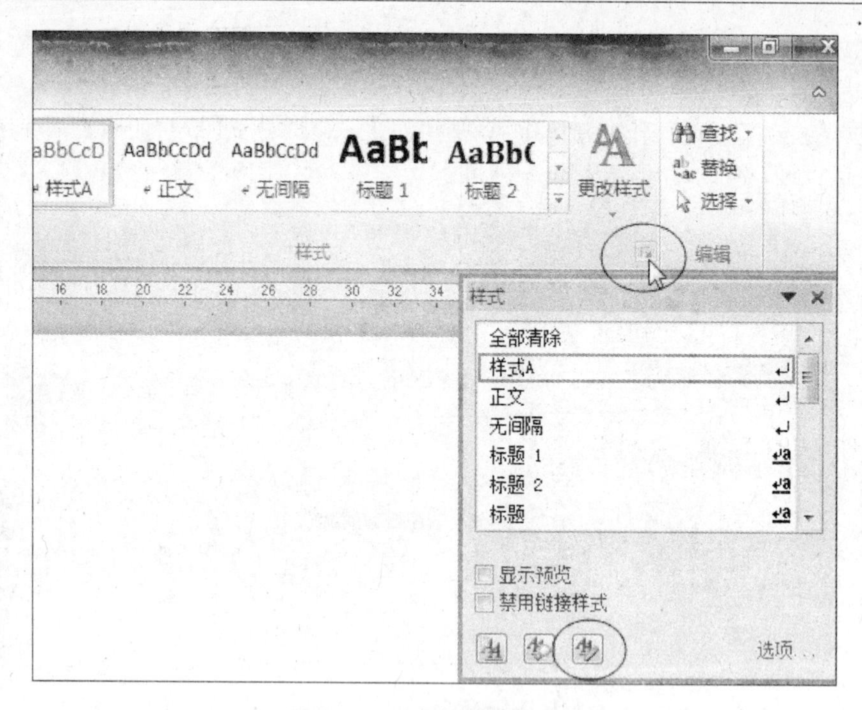

图 1-91 打开样式列表窗口

步骤 2:在打开的“样式”窗格中单击“管理样式”按钮(见图1-91),打开“管理样式”对话框(见图 1-92);

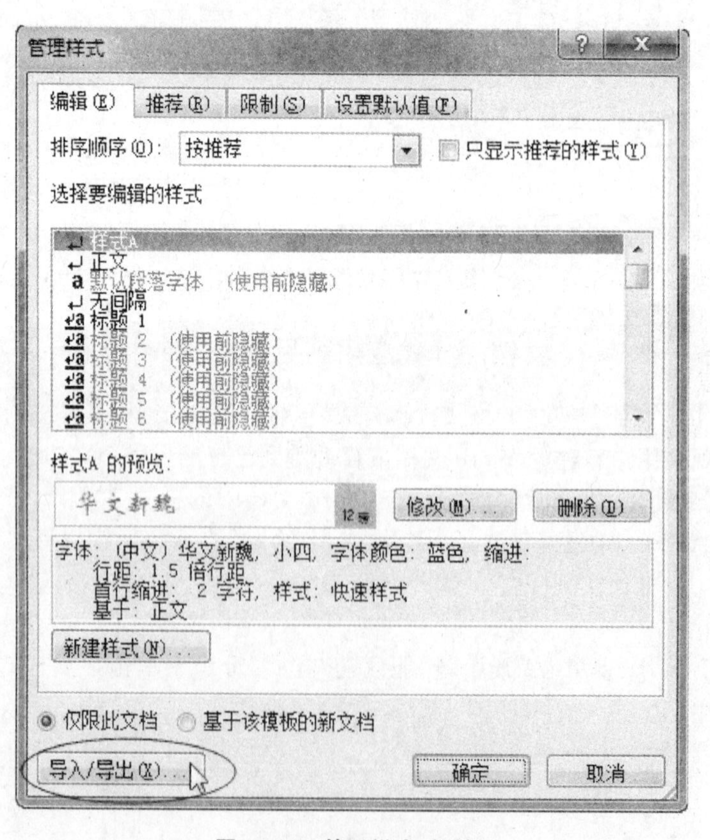

图 1-92 管理样式对话框

步骤 3：在“管理样式”对话框中，点击左下角的“导入/导出(X)...”按钮，打开如图 1-93 所示的“管理器”对话框；

步骤 4：在图 1-93 的“管理器”对话框中，点击右下方的“关闭文件(E)”按钮，该按钮变为“打开文件(E)...”；

步骤 5：单击“打开文件(E)...”按钮，选择 Word 文档“B. docx”(见图 1-94)；

步骤 6：在图 1-94 对话框中，选中左边的列表框中的“样式 A”，单击“复制”按钮，将此样式复制到文档“B. docx”中；

步骤 7：单击“关闭”按钮，并保存文档“B. docx”。

完成以上操作后，当我们打开文档 B. docx 时，可以看到，B. docx 中已经包含了“样式 A”。

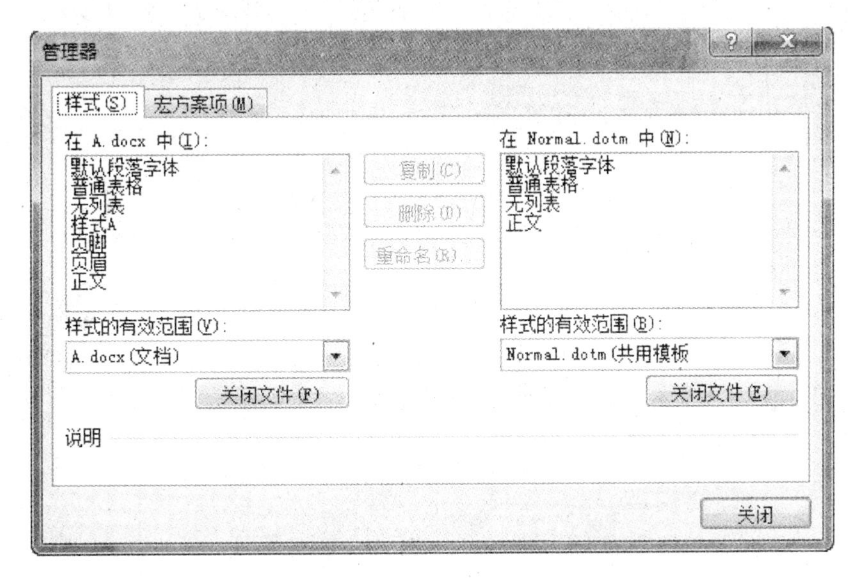

图 1-93　样式管理器之一

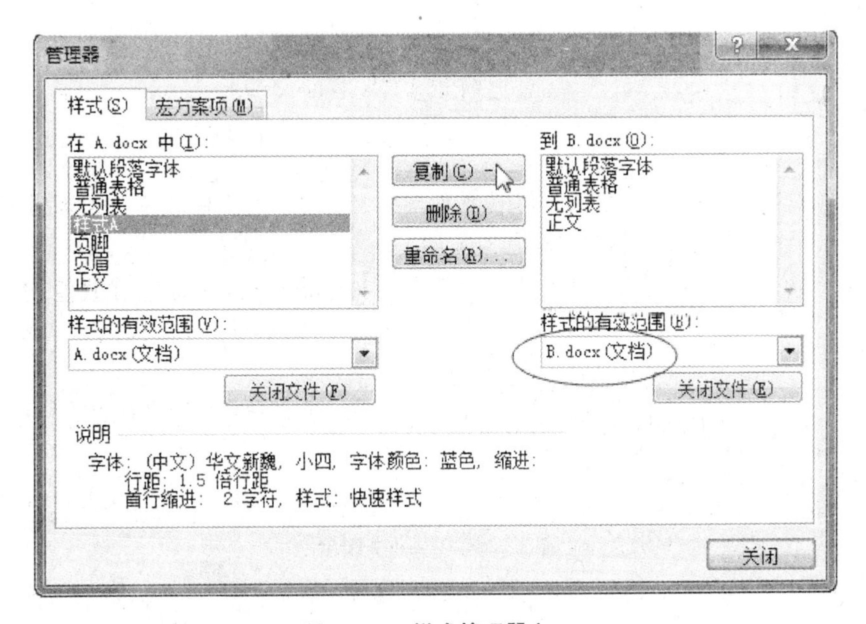

图 1-94　样式管理器之二

1.7 使用 Word 主题

Word 2010 提供了主题的功能，通过选择主题，您可以快速地改变 Word2010 文档的整体外观，包括字体、字体颜色和图形对象的效果的改变。

在 Word 2010 文档中使用主题的步骤如下：

步骤 1：打开 Word2010 文档，切换到"页面布局"功能区，并在"主题"分组中单击"主题"下拉三角按钮，打开 word 主题库，如图 1-95 所示；

步骤 2：在打开的"主题"下拉列表中选择合适的主题。当鼠标指向某一种主题时，会在 Word 文档中显示应用该主题后预览效果。

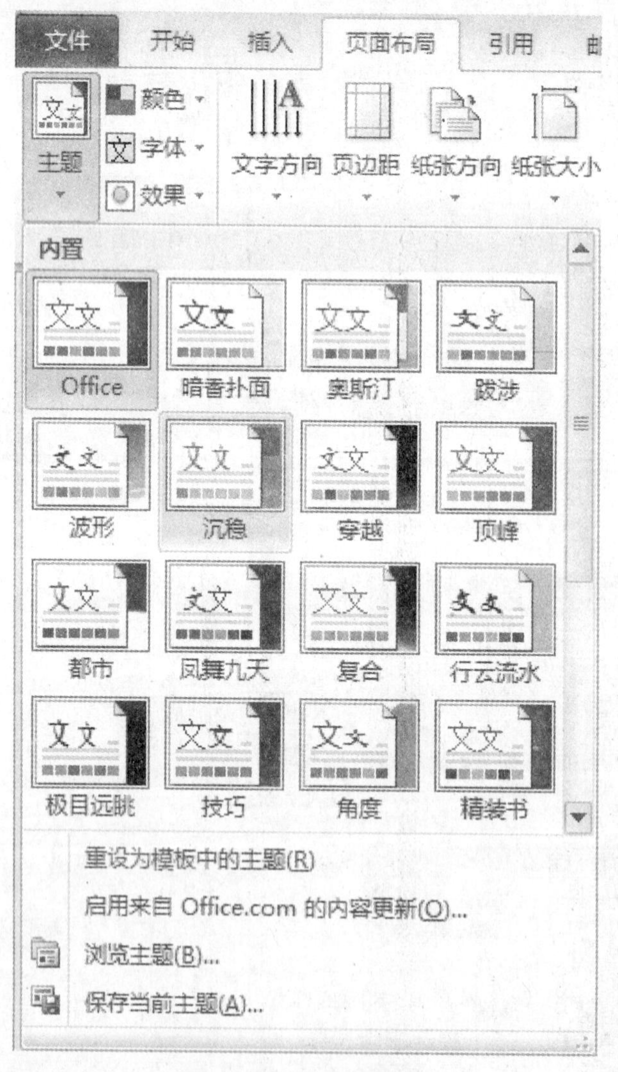

图 1-95 Word 主题库

如果希望将主题恢复到 Word 模板默认的主题，可以在"主题"下拉列表中单击"重设为模板中的主题(R)"按钮。

由于早期的版本没有主题的功能，因此Word2010中打开Word97或Word2003文档(文件后缀为.doc)，则无法使用主题，而必须将其另存为Word2007文档才可以使用主题功能。

1.8　文档审阅和修订

日常工作中，某些文件需要领导、教师、杂志社编辑等审阅才能定稿，这些人员往往需要在这些文件上进行一些批示、修改。使用Word审阅功能，我们可以轻松实现文档审阅与修改工作，大大提高办公效率。

1.8.1　修订文档

Word的修订功能，在修改电子文稿中非常实用：利用“修订”功能，审阅者可以在Word中对文档进行批改，而保留文档的原貌，作者收到修改好的文档后，对所作过的修改一目了然，而且可以有选择性地接受修改。这比传统的纸质修改更方便。

Word的修订工具，能使审阅者对文档所作的修改以不同的格式显示出来，譬如：添加的内容以红色带下划线显示；删除的内容则以红色带删除线显示(见图1-96)。

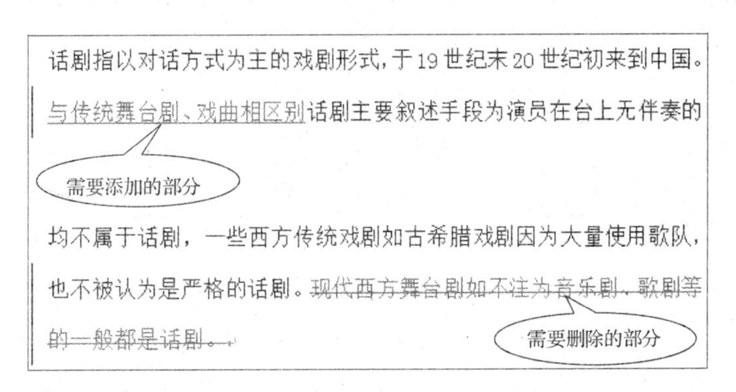

图1-96　修订模式下的文档编辑

要启用修订功能，只需切换到“审阅”菜单功能区，然后单击“修订”按钮，选择下拉菜单中的“修订(G)”，即可进入修订模式(见图1-97)。

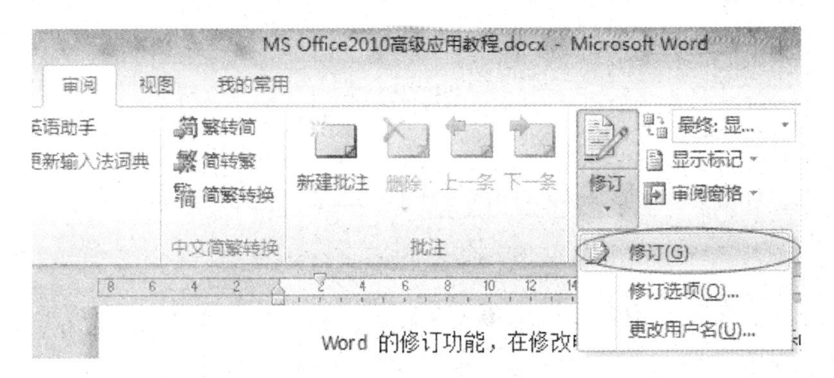

图1-97　进入修订模式

进入修订模式后，删除的文字并不真正被删除，而以红色带删除线显示，添加的文字，则以红色下划线显示；如果是修改文本或段落格式，则会在页面右侧以“批注”的形式显示(见图 1－98)。

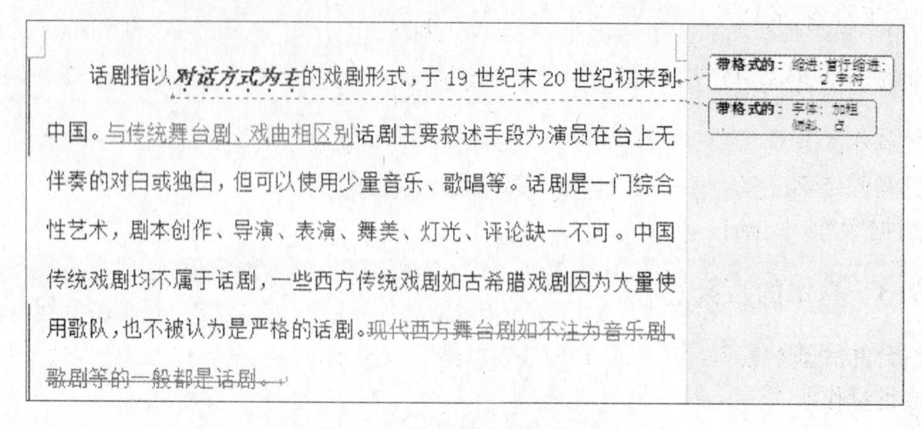

图 1－98 格式修改以批注显示

1.8.2 接受或拒绝修订

文章经过审阅者修改之后，最终交给原作者。原作者收到这个被修改过的文稿后，可以通过使用“接受修订”或“拒绝修订”功能来决定究竟是接受修改还是不接受修改。具体方法是：

将光标置于红色字体的修订处，或者选中批注，然后单击右键，选择快捷菜单中的“接受修订(E)”(或“拒绝修订(R)”)(见图 1－99)。

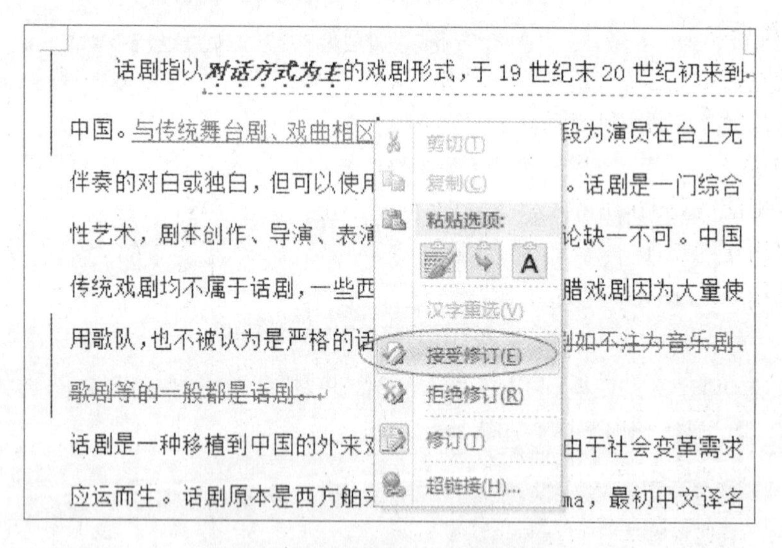

图 1－99 格式修改以批注显示

1.9 批量处理文档——邮件合并

1.9.1 基本概念和功能

“邮件合并”这个名称如果仅仅从字面上理解，容易使人产生误解。Word 中的邮件合并，并不是将电子邮箱中的邮件合并起来，而是指批量生成需要的邮件文档，以提高工作效率。

"邮件合并"功能除了可以批量生成信函、信封等与邮件相关的文档外，还可以轻松地批量制作标签、工资条、成绩单、准考证等。

1.9.2 适用范围

需要制作的数量比较大且文档内容可分为固定不变部分和变化的部分（比如打印信封，寄信人信息是固定不变的，而收信人信息是变化的），而变化的内容来自数据表（如Excel表、Access数据库等）中含有标题行的数据记录。

1.9.3 基本的合并过程

邮件合并的基本过程包括三个步骤，只要理解了这些过程，就可以得心应手地利用邮件合并来完成批量作业。

1. 建立主文档

主文档是指邮件的固定不变的部分，如信函中的通用部分、信封上的落款等。建立主文档的过程就和平时新建一个Word文档一模一样，在进行邮件合并之前它只是一个普通的文档。唯一不同的是，如果你正在为邮件合并创建一个主文档，你可能需要花点心思考虑一下，这份文档要如何写才能与数据源更完美地结合，满足你的要求（最基本的一点，就是在合适的位置留下数据填充的空间）；另一方面，写主文档的时候也可以反过来提醒你，是否需要对数据源的信息进行必要的修改，以符合书信写作的习惯。

2. 准备数据源

数据源就是数据记录表，其中包含着相关的字段和记录内容。一般情况下，我们考虑使用邮件合并来提高效率正是因为我们手上已经有了相关的数据源，如Excel表格、Word中的表格、Outlook联系人或Access数据库。如果没有现成的，我们也可以从头新建一个数据源。

需要特别提醒的是，在实际工作中，我们可能会在Excel表格中加一行标题，如图1-100所示。如果要用作数据源，应该先将其删除，得到以标题行（字段名）开始的一张Excel表格，因为我们将使用这些字段名来引用数据表中的记录。

	A	B	D	E	F
1	通信录			必须删除此行	
2	姓名	性别	准考证号	联系电话	通信地址
3	朱显达	男	121310826	15951061923	泗洪县黄山北路5号新星中等
4	朱陈宇	男	120540330	18963698056	江苏省张家港市锦丰镇建车
5	陈嘉祥	男	120540411	13812981134	张家港市帝景豪苑24幢2204
6	刘佳栋	男	120912130	18962063555	射阳县合德镇发鸿街501号
7	王慧琳	女	120911730	15051347677	江苏省盐城市城南新区伍佑
8	陈海英	男	120911320	13024485166	江苏省射阳县发鸿街501号
9	陈峰	男	120911729	13912506489	江苏省盐城市城南新区伍佑
10	郭铭泰	男	120912422	13851158109	射阳县合德镇发鸿街501号
11	陈海峰	男	120911706	15189389908	江苏省盐城市城南新区伍佑
12	苏红梅	女	120610221	13814662734	南通市通州区二甲职业中学

图1-100 删除数据表的标题行（首行）

3. 将数据源合并到主文档中

利用邮件合并工具，我们可以将数据源合并到主文档中，得到我们的目标文档。合并完成的文档的份数取决于数据表中记录的条数。

1.9.4 应用示例

下面我们将通过几个实例来实践一下邮件合并的操作。

【实例 1-14】 利用邮件合并功能，批量制作如图 1-101 所示的准考证。

<table>
<tr><th colspan="5">江苏省 2015 年中小学教师资格证基础理论考试准考证</th></tr>
<tr><td>姓名</td><td>陈威</td><td>性别</td><td>男</td><td rowspan="5">贴照片</td></tr>
<tr><td>身份证号</td><td colspan="3">513021198508230131</td></tr>
<tr><td>准考证号</td><td colspan="3">120911712</td></tr>
<tr><td>联系电话</td><td colspan="3">15851227847</td></tr>
<tr><td>工作单位/通信地址</td><td colspan="3">江苏省盐城市城南新区伍佑街道通榆南路 23 号</td></tr>
<tr><td>考试种类
(填写代码)</td><td>A</td><td colspan="3">注：A 代表中等职业学校、高级中学、初级中学教师资格各类；
B 代表小学教师资格各类；C 代表幼儿园教师资格种类。</td></tr>
</table>

图 1-101 利用邮件合并功能制作准考证

准备工作：

新建 Excel 工作簿(取名为：考生信息表. xlsx)，如图 1-100 所示，包含：姓名、性别、身份证号、准考证号、联系电话、工作单位/通信地址、考试种类，共 7 个字段。然后录入所有考生信息，备用。

接下来我们正式开始利用邮件合并功能，批量制作准考证。

操作步骤：

步骤 1：建立主文档。新建 Word 文档，然后制作如所示的一张表格；

<table>
<tr><th colspan="5">江苏省 2015 年中小学教师资格证基础理论考试准考证</th></tr>
<tr><td>姓名</td><td></td><td>性别</td><td></td><td rowspan="5">照片
（加盖发证机构公章有效）</td></tr>
<tr><td>身份证号</td><td colspan="3"></td></tr>
<tr><td>准考证号</td><td colspan="3"></td></tr>
<tr><td>联系电话</td><td colspan="3"></td></tr>
<tr><td>工作单位/通信地址</td><td colspan="3"></td></tr>
<tr><td>考试种类
(填写代码)</td><td></td><td colspan="3">注：A 代表中等职业学校、高级中学、初级中学教师资格各类；
B 代表小学教师资格各类；C 代表幼儿园教师资格种类。</td></tr>
</table>

图 1-102 利用邮件合并功能制作准考证

步骤 2:单击 Word 的“邮件”功能区中的“选择收件人”按钮,在弹出的下拉菜单中选择“使用现有列表(E)...”(见图 1-103),打开“选取数据源”对话框(见图 1-104);

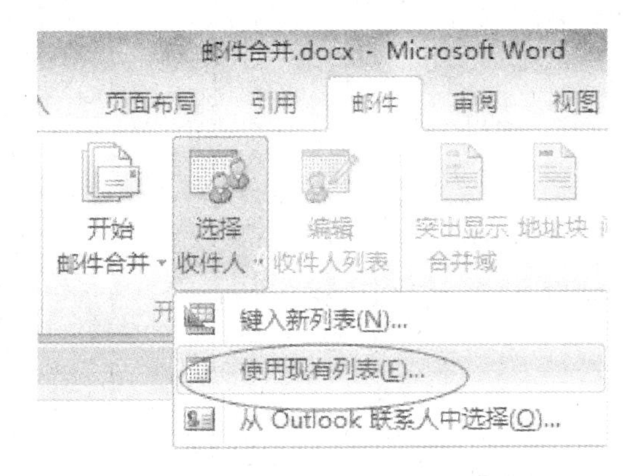

图 1-103 从现有列表中选择邮件收件人

步骤 3:在如图 1-104 所示的“选取数据源”对话框中,选择数据源“考生信息表.xlsx”,再单击“打开(O)”,显示如图 1-105 所示的“选择表格”对话框。在“选择表格”对话框中,选中考生信息所在的工作表“Sheet1”,然后单击“确定”;

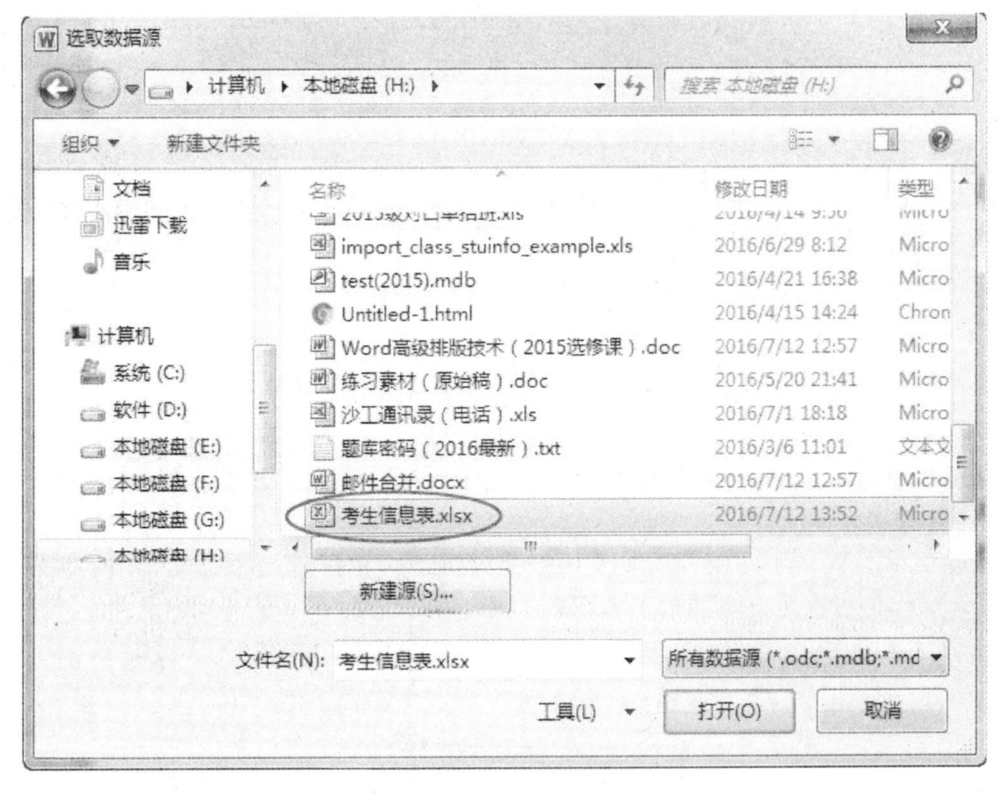

图 1-104 选取数据源

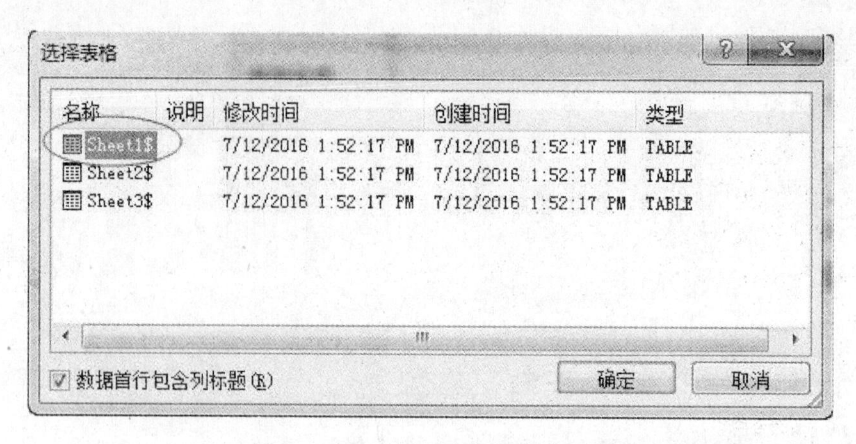

图 1-105　选择包含数据的工作表

步骤 4:将光标置于表格的“姓名”后面的空白单元格中,然后单击 Word 的“邮件”功能区中的“插入合并域”按钮,在弹出的下拉菜单中选择“姓名”(见图 1-106);

图 1-106　插入合并域(邮件中变化的部分)

步骤 5:将光标置于相应的单元格中,然后依照上一步,依次插入“性别”“身份证号”“准考证号”等字段;

步骤 6:单击 Word 的“邮件”功能区中的“完成并合并”按钮,选择下拉菜单中的“编辑单个文档(E)...”,即可看到,一转眼的工夫,Word 便为我们生成了几十张不同的准考证。

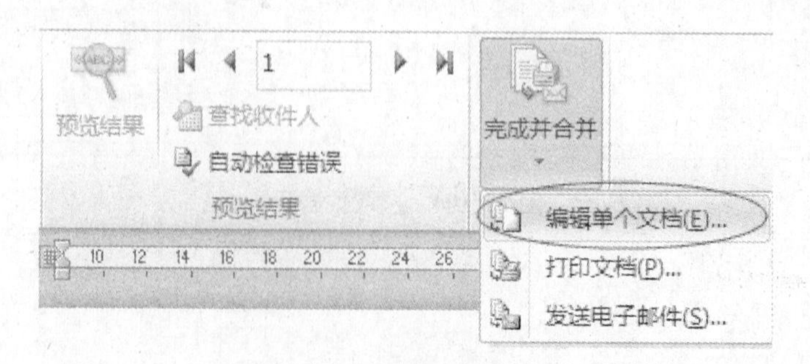

图 1-107　完成邮件合并

1.9.5　编辑收件人列表

通过“编辑收件人列表”可以预先对将要生成的目标文档中的记录进行排序、筛选等，以实现对输出记录的预处理。

例如，在上述批量打印准考证的例子中，如果要求只打印出“射阳”的考生，就可通过使用“编辑收件人列表”功能来实现。具体操作为：

步骤1：单击“邮件”选项卡下的“编辑收件人列表”，打开如图1-108所示的“邮件合并收件人”对话框；

步骤2：单击上述对话框中的“筛选(F)...”，打开如图1-109所示的“筛选和排序”对话框；

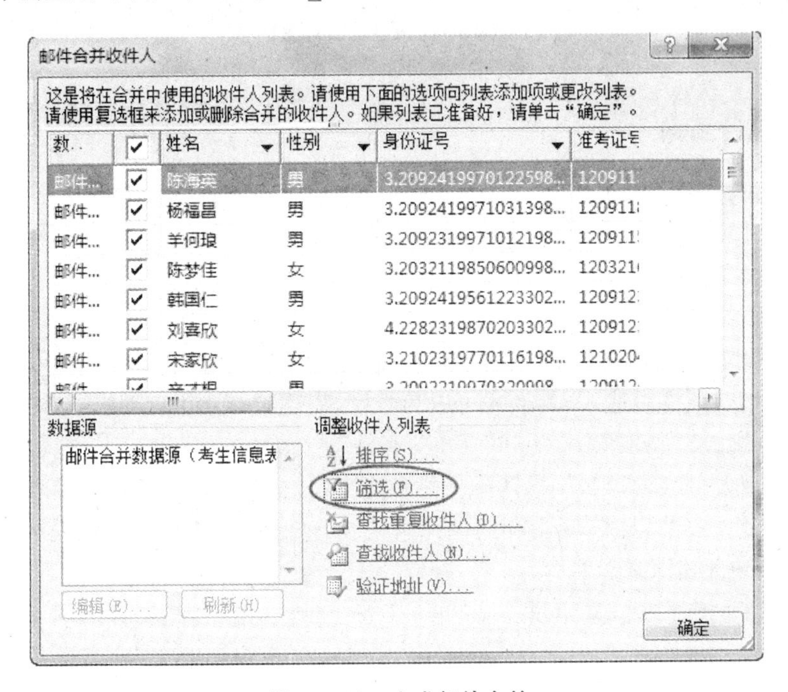

图1-108　完成邮件合并

步骤3：在“筛选和排序”对话框中，选择“域”下面的“通信地址”、“比较关系”下面的“包含”，再在“比较对象”下面的文本框中，输入：射阳。最后单击确定。

图1-109　完成邮件合并

第 2 章　Excel 电子表格应用

2.1　Excel 常用函数详解

2.1.1　统计函数

1. SUMIF 函数

主要功能：计算符合指定条件的单元格区域内的数值和。

使用格式：SUMIF(Range,Criteria,Sum_Range)

参数说明：

Range——用于条件判断的单元格区域；

Criteria 为指定条件表达式，其形式可以为数字、表达式、单元格引用、文本或函数。例如，条件可以表示为“123”“>32”“B5”“56”“78”“苹果”或 today()。Criteria 参数可以用通配符（包括问号（?）和星号（*））。问号匹配任意单个字符，星号匹配任意一串字符。

Sum_Range 可选。需要实际求和的单元格区域。如果该参数省略，则表示对第一个参数 Range 所表示的单元格区域求和。

【实例 2-1】　打开工作簿“滨海贸易员工工资. xlsx”，在工作表“各部门应发工资”中，计算出各部门应发工资。

操作步骤：

步骤 1：打开素材文件，选择“各部门应发工资”工作表，再选中 B2 单元格；

步骤 2：点击编辑栏左侧的插入函数按钮“f_x”（见图 2-1），打开“函数参数”对话框（见图 2-2）；

B2　f_x

	A	B	C	D	E
1	部门	应发工资合计			
2	公关部				
3	企划部				
4	销售部				
5					

图 2-1　SUMIF 函数应用举例——步骤 2

步骤 3：在“函数参数”对话框中，输入 Range、Criteria、Sum_Range 三个参数（见图 2-2），最后点击确定，此时可以从编辑栏中看到，B2 单元格中已经输入了如下公式：

```
=SUMIF(职工表!$E$3:$E$32,A2,职工表!$I$3:$I$32)
```

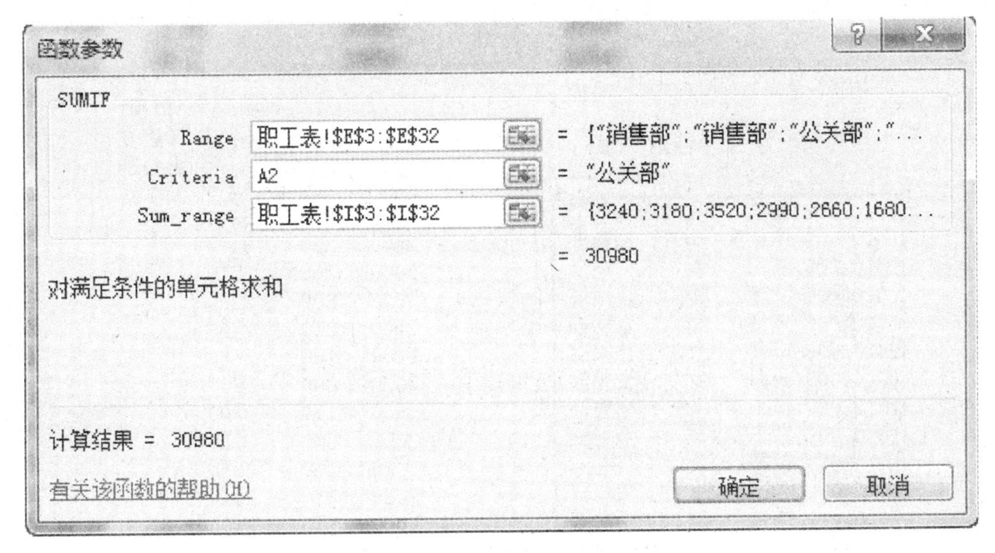

图 2-2　SUMIF 函数应用举例——步骤 3

步骤 4:利用填充柄,填充 B3 与 B4 单元格(见图 2-3)。

B2　f_x　=SUMIF(职工表!$E$3:$E$32,A2,职工表!$I$3:$I$32)

A	B	C	D	E	F	G	H
部门	应发工资合计						
公关部	30980						
企划部	29470						
销售部	28420						

图 2-3　SUMIF 函数应用举例——步骤 4

注 意

上述 SUMIF()函数中的第 1、第 3 个参数,应该使用绝对地址,否则,当进行公式填充时,由于相对地址表示的单元格区域会发生变化而使得结果错误。

特别需要指出的是:

SUMIF()函数的第 1 个参数 Range,这是用于条件判断的单元格区域,满足条件的单元格必须位于该区域中的第 1 列,否则将得不到正确的结果!

譬如:如果将第 1 个参数 Range 改为图 2-4 所示的区域,则得到的结果将变为 0 ,原因是,满足条件的单元格在 E 列,而 E 列在该区域中为第 4 列,所以 Excel 并不会统计 SUMIF()中第 3 个参数所指定的 I 列,而是向右平移 3 列,即统计的是 L 列的数据。由于 L 列为空白,所以得到结果为 0。

因此,为避免错误,通常情况下,条件区域 Range 应该保证其只有 1 列构成,而非多列!

B	C	D	E	F	G	H	I	J
滨海贸易有限公司员工工资表								
工号	姓名	性别	部门	籍贯	基本工资	津贴	应发工资	扣税（应发工资的10%）
10102001	章俊	男	销售部	海	2700	320	3240	
10102002	宋伟嘉	男	销售部	江苏	2500	250	3180	
10102003	朱密	女	公关部	江苏	3000	200	3520	
10102004	武述	男	企划部	浙江	2300	300	2990	
10102005	黄海洋	男	企划部	浙江	2100	210	2660	
10102006	李萍	女	公关部	江苏	1200	180	1680	
10102007	陈莉	女	公关部	上海	3020	200	3630	
10102008	吴小娟	女	销售部	浙江	1850	150	2200	
10102009	罗志安	男	企划部	上海	2600	300	3120	
10102010	赵敏	女	公关部	浙江	3060	240	3550	
10102011	张小华	女	销售部	上海	2020	210	2440	
10102012	李伟平	男	公关部	江苏	3010	150	3400	
10102013	王平	男	企划部	江苏	1980	160	2380	
10102014	赵英	女	公关部	上海	3000	220	3670	
10102015	林芝玲	女	企划部	江苏	3400	320	4030	
10102016	顾强	男	销售部	江苏	1680	120	2030	
10102017	王美玲	女	销售部	江苏	2540	230	3030	
10102018	宋毅	男	企划部	浙江	3610	300	4270	
10102019	徐丽平	女	公关部	上海	2420	250	2870	
10102020	张英	女	企划部	浙江	1820	160	2240	
10102021	张卫强	男	公关部	上海	2360	150	2760	
10102022	黄伟	男	销售部	江苏	2420	180	3000	
10102023	赵建明	男	公关部	江苏	2200	230	2660	
10102024	凌平芳	女	企划部	江苏	1960	260	2780	
10102025	孙小妹	女	销售部	浙江	2710	250	3190	
10102026	黄国强	男	销售部	江苏	2820	230	3330	
10102027	宋国芳	女	企划部	上海	1560	120	1880	
10102028	徐毅雄	男	公关部	浙江	2740	230	3240	
10102029	张丽	女	企划部	上海	2630	220	3120	
10102030	王慧	女	销售部	浙江	2200	260	2780	

图 2－4　SUMIF 的条件区域不能由连续的多列构成

2. AverageIF 函数

主要功能：计算符合指定条件的单元格区域内的平均值。

使用格式：AverageIF(Range,Criteria,Sum_Range)

参数说明：与 SUMIF()函数相同。

应用举例：与 SUMIF()函数相同。

与 SUMIF()函数一样，AverageIF 函数的第 1 个参数 Range，代表用于条件判断的单元格区域，满足条件的单元格必须位于该区域中的第 1 列，否则将得不到正确的结果！

3. COUNTIF 函数

主要功能：统计某个单元格区域中符合指定条件的单元格数目。

使用格式：COUNTIF(Range,Criteria)

参数说明：

Range 代表要统计的单元格区域；Criteria 表示指定的条件表达式。

应用举例：

在 C17 单元格中输入公式：= COUNTIF(B1:B13,"> = 80")，确认后，即可统计出 B1 至 B13 单元格区域中，数值大于等于 80 的单元格数目。

4. MAX 函数

主要功能：求出一组数中的最大值。

使用格式：MAX(number1，number2……)

参数说明：number1，number2……代表需要求最大值的数值或引用单元格(区域)，参数不超过 30 个。

应用举例：

输入公式：=MAX(D2:D8，70，80，90)，确认后即可显示出 D2 至 D8 单元格区域和数值 70，80，90 中的最大值。

5. MIN 函数

主要功能：求出一组数中的最小值。

使用格式：MIN(number1，number2……)

参数说明：number1，number2……代表需要求最小值的数值或引用单元格(区域)

应用举例：与 MAX()函数相同。

6. SUBSTITUTE 函数

主要功能：在文本字符串中用 New_text 替代 Old_text。

使用格式：SUBSTITUTE(Text，Old_text，New_text，[Instance_num])

参数说明：

Text：必需，需要替换其中字符的文本，或对含有文本(需要替换其中字符)的单元格的引用。

Old_text：必需，需要替换的旧文本。

New_text：必需，用于替换 Old_text 的文本。

Instance_num：可选，用来指定要以 New_text 替换第几次出现的 Old_text。如果指定了 Instance_num，则只有满足要求的 Old_text 被替换；否则会将 Text 中出现的每一处 Old_text 都更改为 New_text。

应用举例：见图 2-5。

	A	B
1	销售额数据	
2	1015年第1季度	
3	2015年第1季度	
4		
5	=SUBSTITUTE(A1,"销售额","成本")	将“销售”替换为“成本”（结果：成本数据）
6	=SUBSTITUTE(A2,"1","2",1)	用“2”替换第一个“1”（结果：2015第1季度）
7	=SUBSTITUTE(A3,"1","2",2)	用“2”替换第二个“1”（结果：2015第2季度）

图 2-5 Substitute( )函数举例

7. COUNTA 函数

主要功能：计算单元格区域中不为空的单元格的个数。

使用格式：COUNTA(value1,[value2],...)

参数说明：

value1 必需。表示要计数的值的第一个参数。

value2,... 可选。表示要计数的值的其他参数，最多可包含 255 个参数。

应用举例：

	A	B
1	销售	
2	39790	
3		
4	19	
5	22.24	
6	TRUE	
7	#DIV/0!	
8		
9		
10	=COUNTA(A1:A7)	计算单元格区域A2到A7中非空单元格的个数。（结果：6）

图 2-6 CountA()函数举例

8. Rank 函数

主要功能：返回某一数值在一列数值中的相对于其他数值的排位。

使用格式：RANK(Number,ref,order)

参数说明：

Number 代表需要排序的数值；

ref 代表排序数值所处的单元格区域，该区域通常要使用绝对地址表示；

order 代表排序方式参数(如果为“0”或者忽略，则按降序排名，即数值越大，排名结果数值越小；如果为非“0”值，则按升序排名，即数值越大，排名结果数值越大)。

应用举例：见图 2-7。

	A	B	C
1	成绩	公式	排名结果
2	7	=RANK(A2, $A$2:$A$6)	1
3	3.5	=RANK(A3, $A$2:$A$6)	2
4	3.5	=RANK(A4, $A$2:$A$6)	2
5	1	=RANK(A5, $A$2:$A$6)	5
6	2	=RANK(A6, $A$2:$A$6)	4

图 2-7 Rank()函数举例

2.1.2　数值函数

1. ABS 函数

主要功能：求出相应数字的绝对值。

使用格式：ABS(number)

参数说明：number 代表需要求绝对值的数值或引用的单元格。

应用举例：

如果在 B2 单元格中输入公式：=ABS(A2)，则在 A2 单元格中无论输入正数（如 100）还是负数（如－100），B2 中均显示出正数（如 100）。

2. ROW 函数

主要功能：返回引用的行。

使用格式：ROW([reference])

参数说明：可选。需要得到其行号的单元格或单元格区域。如果省略 reference，则假定是对函数 ROW 所在单元格的引用。

如果 reference 为一个单元格区域，并且函数 ROW 作为垂直数组输入，则函数 ROW 将以垂直数组的形式返回 reference 的行号。Reference 不能引用多个区域。

应用举例：

选中 A1：A4 单元格区域，然后在编辑栏内输入公式：=Row(C4：C6)，再按 Ctrl＋Shift＋Enter，以数组的形式输入，可以看到结果（见图 2－8）。

如果不以数组形式输入，则只返回单个结果值 4。

	A	B
1	**公式**	**说明（结果）**
2	=Row(C4:C6)	引用中的第一行的行号（4）
3	=Row(C4:C6)	引用中的第二行的行号（5）
4	=Row(C4:C6)	引用中的第三行的行号（6）
5		

图 2－8　Row( )函数举例

3. COLUMN 函数

主要功能：显示所引用单元格的列标号值。

使用格式：COLUMN([reference])

参数说明：reference 为引用的单元格。

应用举例：在 C11 单元格中输入公式：=COLUMN(B11)，确认后显示为 2(即 B 列)。

2.1.3　文本函数

1. MID 函数

主要功能：从一个文本字符串的指定位置开始，截取指定数目的字符。

使用格式:MID(text,start_num,num_chars)

参数说明:text 代表一个文本字符串;start_num 表示指定的起始位置;num_chars 表示要截取的数目。

应用举例:假定 A1 单元格中输入了"张家港沙洲职业工学院"的字符串,我们在 A3 单元格中输入公式:=MID(A1,4,2),确认后即显示出"沙洲"2 个字(见图 2-9)。

	A	B
1	张家港沙洲职业工学院	
2		
3	=MID(A1, 4, 2)	结果显示:沙洲
4		

图 2-9 Mid()函数举例

2. LEFT 函数

主要功能:从一个文本字符串的第一个字符开始,截取指定数目的字符。

使用格式:LEFT(text,num_chars)

参数说明:text 代表要截字符的字符串;num_chars 代表给定的截取数目。

应用举例:假定 A1 单元格中输入了"张家港沙洲职业工学院"的字符串,我们在 A3 单元格中输入公式:=LEFT(A1,3),确认后即显示出"张家港"3 个字(见图 2-10)。

	A	B
1	张家港沙洲职业工学院	
2		
3	=LEFT(A1, 3)	结果显示:张家港
4		

图 2-10 Left()函数举例

3. TEXT 函数

主要功能:将数值转换为文本,并可使用户通过使用特殊格式字符串来指定显示格式。

使用格式:TEXT(value,format_text)

参数说明:value 必需。数值、计算结果为数值的公式,或对包含数值的单元格的引用。format_text 必需。使用双引号括起来作为文本字符串的数字格式,例如,"m/d/yyyy"或"#,##0.00"。

有关参数 format_text 的详细的格式准则,内容比较繁琐,具体可参见 Excel 的帮助文件,在此不再赘述。

应用举例:如果 A1 单元格中输入了数值 1280.456,我们在 A3 单元格中输入公式:=TEXT(A1,"$0.00"),确认后显示为"$1280.46"。

4. Exact 函数

主要功能:该函数用于比较两个字符串:如果它们完全相同,则返回 TRUE;否则,返回

FALSE。

使用格式:EXACT(text1,text2)

参数说明:text1 必需,第一个文本字符串。text2 必需,第二个文本字符串。

应用举例:见图 2-11。

	A	B
1	**第一个字符串**	**第二个字符串**
2	word	word
3	Word	word
4	w ord	word
5	公式	说明（结果）
6	=EXACT(A2,B2)	测试第一行中的两个字符串是否完全相同（TRUE）
7	=EXACT(A3,B3)	测试第二行中的两个字符串是否完全相同（FALSE）
8	=EXACT(A4,B4)	测试第三行中的两个字符串是否完全相同（FALSE）

图 2-11 Exact( )函数举例

2.1.4 日期和时间函数

1. YEAR 函数

主要功能:返回某日期对应的年份。返回值为 1900 到 9999 之间的整数。

使用格式:YEAR(Serial_number)

参数说明:Serial_number 必需,为一个日期值。应使用 DATE 函数输入日期,或者将日期作为其他公式或函数的结果输入。例如,使用函数 DATE(2008,5,23)输入 2008 年 5 月 23 日。如果日期以文本形式输入,则会出现问题。

	A	B
1	2016/7/8	
2		
3	=YEAR(A1)	返回结果：2016
4		

图 2-12 Year( )函数举例

应用举例:见图 2-12。

2. MONTH 函数

主要功能:求出指定日期或引用单元格中的日期的月份。

使用格式:MONTH(Serial_number)

参数说明:Serial_number 代表指定的日期或引用的单元格。

应用举例:选择一个单元格,输入公式:=MONTH("2003-12-18"),确认后,显示出 12。

3. DATE 函数

主要功能:给出指定数值的日期。

使用格式:DATE(year,month,day)

参数说明:year 为指定的年份数值(小于 9999);month 为指定的月份数值(可以大于 12);day 为指定的天数。

应用举例:在 C20 单元格中输入公式:=DATE(2003,13,35),确认后,显示出 2004-2-4。

4. DATEDIF 函数

主要功能：计算两个日期之间相隔的天（月、年）数。

使用格式：DATEDIF(start_date,end_date,unit)

参数说明：start_date 为起始日期，end_date 为结束日期，start_date 必须早于 end_date；unit 为“Y”时，返回结果为两个日期之间的相差多少年，为“M”时为相差多少个月，为“D”时为相差多少天。

该函数为隐藏函数，即：点击“f_x”插入函数对话框中不会显示该函数，但并不影响用户的正常使用。

应用举例：见图 2-13。

	A	B	C
1	起始日期	结束日期	相隔天数
2	2007/3/1	2007/4/2	=DATEDIF(A2, B2,"d")
3			
4			结果为：32
5			

图 2-13 DATEDIF()函数举例

2.1.5 逻辑函数

1. IFERROR 函数

主要功能：如果公式的计算结果为错误，则返回指定的值；否则将返回公式的结果。

使用格式：IFERROR(value,value_if_error)

参数说明：value 必需。检查是否存在错误的参数。value_if_error 必需。公式的计算结果为错误时要返回的值。

应用举例：

	A	B
1	**配额**	**销售量**
2	210	35
3	55	0
4		23
5	公式	说明（结果）
6	=IFERROR(A2/B2,"计算中有错误")	检查第一个参数中公式的错误（210 除以 35），未找到错误，返回公式结果（**6**）。
7	=IFERROR(A3/B3,"计算中有错误")	检查第一个参数中公式的错误（55 除以 0），找到被 0 除错误，返回 value_if_error（**计算中有错误**）。
8	=IFERROR(A4/B4,"计算中有错误")	检查第一个参数中公式的错误（"" 除以 23），未找到错误，返回公式结果（**0**）。

图 2-14 IFERROR()函数举例

2. AND 函数

主要功能：返回逻辑值：如果所有参数值均为逻辑“真(TRUE)”，则返回逻辑“真(TRUE)”，反之，返回逻辑“假(FALSE)”。

使用格式：AND(Logical1，Logical2，…)

参数说明：Logical1，Logical2，Logical3……：表示待测试的条件值或表达式，最多 30 个。

应用举例：在 C5 单元格输入公式：＝AND(A5＞＝60，B5＞＝60)，确认。如果 C5 中返回 TRUE，说明 A5 和 B5 中的数值均大于等于 60，如果返回 FALSE，说明 A5 和 B5 中的数值至少有一个小于 60。

3. MATCH 函数

主要功能：返回在指定方式下与指定数值匹配的数组中元素的相应位置。

使用格式：MATCH(Lookup_value，Lookup_array，Match_type)

参数说明：Lookup_value 代表需要在数据表中查找的数值；

Lookup_array 表示可能包含所要查找的数值的连续单元格区域；

Match_type 表示查找方式的值(－1、0 或 1)。

如果 Match_type 为－1，查找大于或等于 Lookup_value 的最小数值，Lookup_array 必须按降序排列；

如果 Match_type 为 1，查找小于或等于 Lookup_value 的最大数值，Lookup_array 必须按升序排列；

如果 Match_type 为 0，查找等于 Lookup_value 的第一个数值，Lookup_array 可以按任何顺序排列；如果省略 Match_type，则默认为 1。

应用举例：如图 2－15 所示，在 F2 单元格中输入公式：＝MATCH(E2，B1：B11，0)，确认后则返回查找的结果“9”。

F2　fx　=MATCH(E2,B1:B11,0)

	A	B	C	D	E	F
1	学号	姓名	性别			
2	090010101	董红	女		谢洁	9
3	090010102	王海霞	女			
4	090010103	闫静	女			
5	090010104	裴娟娟	女			
6	090010105	曹淤青	男			
7	090010106	毛翠柳	女			
8	090010107	胡云	女			
9	090010108	谢洁	女			
10	090010109	杨学胜	男			
11	090010110	强兆娣	女			
12	090010111	徐佳佳	女			
13	090010112	汤勇	男			

图 2－15　Match_type 为 0

4. IF 函数

主要功能：根据对指定条件的逻辑判断的真假结果，返回相对应的内容。

使用格式：=IF(Logical,Value_if_true,Value_if_false)

参数说明：Logical 代表逻辑判断表达式；Value_if_true 表示当判断条件为逻辑“真(TRUE)”时的显示内容，如果忽略返回“TRUE”；Value_if_false 表示当判断条件为逻辑“假(FALSE)”时的显示内容，如果忽略返回“FALSE”。

应用举例：在 C29 单元格中输入公式：=IF(C26>=18,"符合要求","不符合要求")，确信以后，如果 C26 单元格中的数值大于或等于 18，则 C29 单元格显示“符合要求”字样，反之显示“不符合要求”字样。

2.1.6 查找与引用函数

1. Search 函数

主要功能：在第二个文本字符串中查找第一个文本字符串，并返回第一个文本字符串的起始位置的编号。如果找不到，则返回函数值 #VALUE!。

使用格式：SEARCH(find_text,within_text,[start_num])

参数说明：find_text 代表要查找的文本；within_text 代表要在其中搜索 find_text 参数的值的文本；start_num 为可选，代表 within_text 中从该参数开始搜索，如果省略则表示从 1 开始。

如：

=SEARCH("n","printer") 函数值为 4； =SEARCH("base","database") 函数值为 5。

=SEARCH("it","printer") 函数值为 #VALUE! 。

【实例 2-2】 打开“学生信息表.xlsx”，在工作表“学生”的 H 列，利用 SEARCH 及 ISERROR 等函数对 H 列进行“标记”：如果该学生有摄影爱好，标记为“S”，否则显示该学生的入学年龄。

操作步骤：

步骤 1：打开素材文件，选择“学生”工作表，再选中 H2 单元格；

步骤 2：单击编辑栏左侧的插入函数按钮 fx ，打开如图 2-16 所示的“函数参数”对话框，并输入如下三个参数：

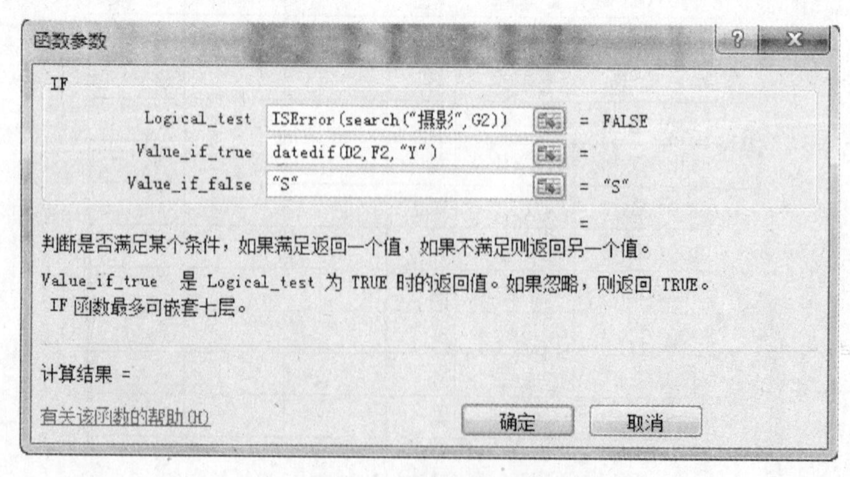

图 2-16 IF( )函数参数

```
ISError(Search("摄影",G2))
Datedif(D2,F2,"Y")
"S"
```

然后单击“确定。”

步骤 3：将 H2 单元格的公式向下填充，就可给 H 列所有单元格进行标记。

上述参数说明：当 G2 单元格中不存在文本串“摄影”时，SEARCH(“摄影”，G2)的值为 #Value!，此时 ISError(search(“摄影”，G2))的值为 True。于是，IF 函数便取值 datedif(D2，F2，“Y”)，即学生的入学年龄；

反之，当 G2 单元格中找到“摄影”时，Search(“摄影”，G2)的值就不等于 # Value!，此时，ISError(Search(“摄影”，G2))的值为 False，于是，IF 函数便取值“S”。

2. INDEX 函数

主要功能：返回列表或数组中的元素值，此元素由行序号和列序号的索引值进行确定。

使用格式：INDEX(Array，Row_num，Column_num)

参数说明：Array 代表单元格区域或数组常量；Row_num 表示指定的行序号，Column_num 表示指定的列序号。

应用举例：见图 2 - 17。

	A	B
1	**数据**	**数据**
2	苹果	柠檬
3	香蕉	梨
4	公式	说明（结果）
5	=INDEX(A2:B3, 2, 2)	位于区域中第二行和第二列交叉处的数值（**梨**）
6	=INDEX(A2:B3, 2, 1)	位于区域中第二行和第一列交叉处的数值（**香蕉**）

图 2 - 17 INDEX( )函数举例

3. ADDRESS 函数

主要功能：在给出指定行数和列数的情况下，可以使用 ADDRESS 函数获取工作表单元格的地址。

使用格式：ADDRESS(row_num，column_num，[abs_num]，[a1]，[sheet_text])

参数说明：row_num 必需，一个数值，指定要在单元格引用中使用的行号；column_num 必需，一个数值，指定要在单元格引用中使用的列号；abs_num 可选，一个数值，指定要返回的引用类型。

abs_num	返回的引用类型
1 或省略	绝对单元格引用(绝对单元格引用:公式中单元格的精确地址,与包含公式的单元格的位置无关。绝对引用采用的形式为 $A$1。)
2	绝对行号,相对列标
3	相对行号,绝对列标
4	相对单元格引用

应用举例:见图 2 - 18。

	A	B	C
1	**公式**	**说明**	**结果**
2	=ADDRESS(2,3)	绝对单元格引用	$C$2
3	=ADDRESS(2,3,2)	绝对行号，相对列标	C$2
4	=ADDRESS(2,3,2,FALSE)	绝对行号，R1C1 引用样式中的相对列标	R2C[3]
5	=ADDRESS(2,3,1,FALSE,"[Book1]Sheet1")	对另一个工作簿和工作表的绝对单元格引用	[Book1]Sheet1!R2C3
6	=ADDRESS(2,3,1,FALSE,"EXCEL SHEET")	对另一个工作表的绝对单元格引用	'EXCEL SHEET'!R2C3

图 2 - 18　ADDRESS( )函数举例

4. LOOKUP 函数

主要功能:可返回一行或一列区域中或者数组中的某个值。

使用格式:LOOKUP(Lookup_value,Lookup_vector,result_vector)

参数说明:

Lookup_value 必需。LOOKUP 在第一个向量中搜索的值。Lookup_value 可以是数字、文本、逻辑值、名称或对值的引用。

Lookup_vector 必需。只包含一行或一列的区域。Lookup_vector 中的值可以是文本、数字或逻辑值。

result_vector 可选。只包含一行或一列的区域。result_vector 参数必须与 Lookup_vector 大小相同。

注 意

LOOKUP 函数的第二个参数 Lookup_vector,必须预先按升序排序,否则查找结果就会出错。

应用举例：见图 2－19。

	A	B
1	**频率**	**颜色**
2	4.14	红色
3	4.19	橙色
4	5.17	黄色
5	5.77	绿色
6	6.39	蓝色
7		
8	=LOOKUP(4.19, A2:A6, B2:B6)	在 A 列中查找 4.19，然后返回 B 列中同一行内的值。（**橙色**）
9	=LOOKUP(5, A2:A6, B2:B6)	在 A 列中查找 5.00，与接近它的最小值（4.19）匹配，然后返回 B 列中同一行内的值。（**橙色**）
10	=LOOKUP(7.66, A2:A6, B2:B6)	在 A 列中查找 7.66，与接近它的最小值（6.39）匹配，然后返回 B 列中同一行内的值。（**蓝色**）
11	=LOOKUP(0, A2:A6, B2:B6)	在 A 列中查找 0，并返回错误，因为 0 小于 Lookup_vector A2:A7 中的最小值。（**#N/A**）

图 2－19 LOOKUP( )函数举例

5. VLOOKUP 函数

主要功能：该函数搜索某个单元格区域的第一列，然后返回该区域中相同行上其他列的值。

使用格式：VLOOKUP(lookup_value，table_array，col_index_num，[range_lookup])

参数说明：

lookup_value 必需。要在表格或区域的第一列中搜索的值。lookup_value 参数可以是值或引用。如果为 lookup_value 参数提供的值小于 table_array 参数第一列中的最小值，则 VLOOKUP 将返回错误值＃N/A。

table_array 必需。包含数据的单元格区域。可以使用对区域（例如，A2：D8）或区域名称的引用。

注意：

■ table_array 第一列中的值必须是 lookup_value 搜索的值！

■ table_array 要使用绝对地址来表示，否则公式填充时将会出错！

col_index_num 必需。table_array 参数中必须返回匹配值的列号。col_index_num 参数为 1 时，返回 table_array 第一列中的值；col_index_num 为 2 时，返回 table_array 第二列中的值，依此类推。

range_lookup 可选。一个逻辑值，指定希望 VLOOKUP 查找精确匹配值还是近似匹配值：

如果 range_lookup 为 TRUE 或被省略，则返回精确匹配值或近似匹配值。如果找不到精确匹配值，则返回小于 lookup_value 的最大值。

如果 range_lookup 参数为 FALSE，VLOOKUP 将只查找精确匹配值。如果 table_array 的第一列中有两个或更多值与 lookup_value 匹配，则使用第一个找到的值。如果找不到精确匹配值，则返回错误值 #N/A。

应用举例：利用 VLOOKUP 函数，在 Sheet2 工作表中，填入相应的姓名(见图 2-20)。

在 Sheet2 的 B2 单元格中，输入：=VLOOKUP(Sheet2! A2，Sheet1! $A$2：$C$10，3，FALSE)，然后利用自动填充 B3：B10 即可。

	A	B	C
1	员工ID	部门	姓名
2	35	销售	张颖
3	36	生产	王伟
4	37	销售	李芳
5	38	运营	郑建杰
6	39	销售	赵军
7	40	生产	孙林
8	41	销售	金士鹏
9	42	运营	刘英玫
10	43	生产	张雪眉
11			

Sheet1　Sheet2　Sh

	A	B	C	D
1	员工ID	姓名	基本工资	奖金
2	35		3200	4000
3	36		3000	4500
4	37		3000	3800
5	38		3200	2800
6	39		2800	3000
7	40		2900	3400
8	41		3300	4500
9	42		3200	5000
10	43		3000	6000
11				

Sheet1　Sheet2　Sheet3　Chart1

图 2-20　VLOOKUP( )函数举例

【注】 LOOKUP 与 VLOOKUP 的区别

LOOKUP 是在一列数据中搜索某个数据，返回对应行的另一列的值；而 VLOOKUP 是在一个区域的一列搜索一个数据，然后返回对应行的另一列的值。

LOOKUP 不支持精确匹配，如果找不到要搜索的值，会返回小于等于该数的最大值；VLOOKUP 支持精确匹配，搜不到就不返回值。

LOOKUP 需要对查找列按升序排序；而 VLOOKUP 则不需要。

【实例 2-3】 打开“工资 1. xlsx”，利用 VLOOKUP 及 ISNA 等函数，将工作表“扣款”中的 C 列合并到工作表“工资表”的对应列，没有扣款记录的显示扣款为 0。

操作步骤：

步骤 1：打开素材文件，选择“工资表”工作表，再选中 F2 单元格；

步骤 2：单击编辑栏左侧的插入函数按钮 fx ，打开如图 2-21 所示的“函数参数”对话框，并输入 3 个参数(见图 2-21)；

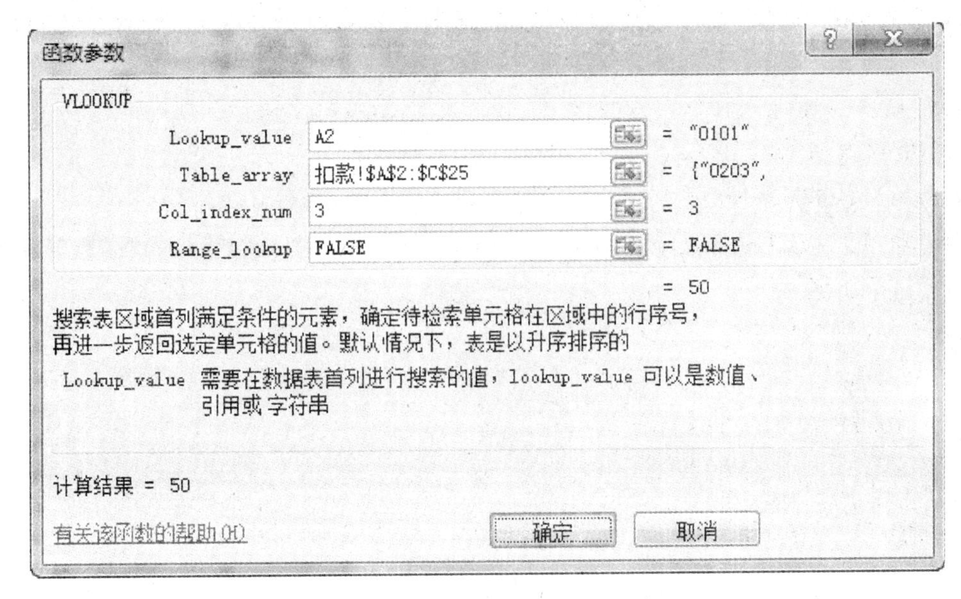

图2-21 指定VLOOKUP( )函数的参数

步骤3:将F2单元格中的公式向下填充,会发现大量的错误(以#N/A显示,表示找不到),见图2-22;

接下来,我们利用ISNA()函数,对上述公式进行修改。

由于当上述VLOOKUP()函数值为#N/A时,ISNA(VLOOKUP(…))函数值即为True,所以,可以将ISNA(VLOOKUP(…))的值作为IF()函数的第一个自变量,于是问题即可得到解决。

F2 fx =VLOOKUP(A2,扣款!$A$2:$C$25,3,FALSE)

A	B	C	D	E	F	G
工号	姓 名	部门	职称	工资	扣款	实发
0101	孙文晔	一系	副教授	4900	50	4850
0102	周文山	一系	副教授	5000	80	4920
0103	赵祥超	一系	讲师	3760	#N/A	#N/A
0104	钟永进	一系	副教授	4058	#N/A	#N/A
0105	凌飞	一系	副教授	4900	#N/A	#N/A
0106	周小顺	一系	讲师	3815	#N/A	#N/A
0107	蒋培	一系	讲师	3957	100	3857
0108	胡丹	一系	讲师	3904	#N/A	#N/A
0109	马继欣	一系	讲师	3786	#N/A	#N/A

图2-22 VLOOKUP( )函数结果出现错误

步骤4:将原有公式改为

=IF(ISNA(VLOOKUP(A2,扣款!$A$2:$C$25,3,FALSE)),0,VLOOKUP(A2,扣款!$A$2:$C$25,3,FALSE))

步骤5:重新将上述公式向下填充,即可得到所需结果。

【实例 2-4】 打开“学生信息表. xlsm”，根据工作表“课程”数据，在工作表“成绩”的 D 列中，利用 VLOOKUP 函数计算每个学生各门课程的学分（注：成绩及格才可以获得学分，否则为 0）。

操作步骤：

步骤 1：打开素材文件，选择“成绩”工作表，再选中 D2 单元格；

步骤 2：单击编辑栏左侧的插入函数按钮 *fx* ，打开如图 2-23 所示的“函数参数”对话框，并输入前两个参数；

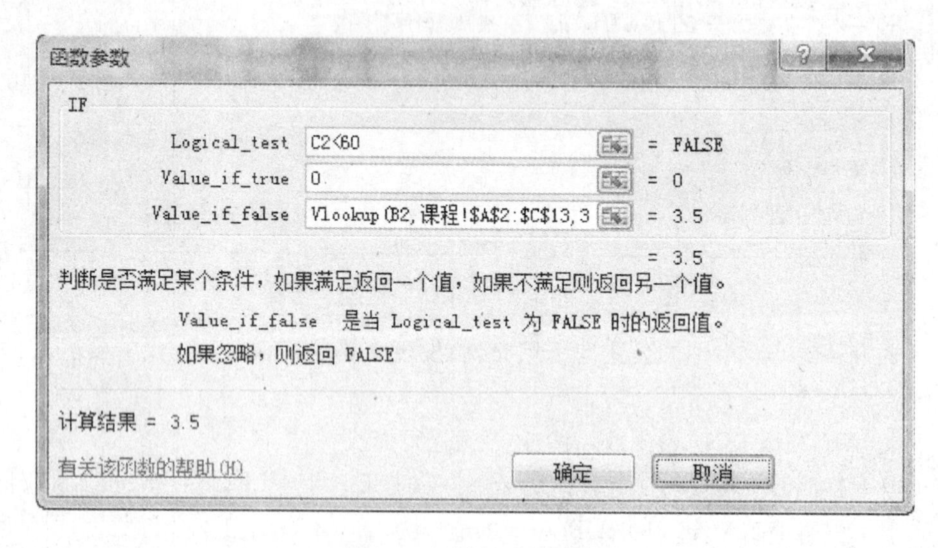

图 2-23　插入 IF( )函数

步骤 3：在图 2-23 所示的对话框中，输入第 3 个参数：

VLOOKUP(B2,课程!＄A＄2:＄C＄13,3,FALSE)

然后确定；

步骤 4：鼠标指向 D2 单元格右下角，当鼠标指针由空心十字变成实心十字时，双击，完成公式自动向下填充（见图 2-24）。

fx =IF(C2<60,0,VLOOKUP(B2,课程!$A$2:$C$13,3,FALSE))

B	C	D	E	F	G
课程号	成绩	学分		学号	总学分
S0101	91	3.5		000001	
S0103	78			000002	
S0201	52			000003	
S0301	80			000004	
S0401	90			000005	
S0101	87				

图 2-24　VLOOKUP( )函数计算学分

2.2　Excel 数据分析与处理

Excel 提供了强大的数据分析处理能力，可实现对数据的排序、分类汇总、筛选及数据透视等操作。

在进行数据分析处理时，首先必须弄清楚一个概念：数据清单。

所谓"数据清单"，是指连续（中间没有空行或空列）的一块数据区域。如果存在空行（或空列），则 Excel 会认为空行（列）上（左）边与下（右）边属于不同的数据清单。所以，要避免在数据清单中存在空行或空列，以保证整张工作表只建立一个数据清单。

2.2.1　数据排序

1. 数据排序规则

Excel 允许对字符、数字等数据按大小进行排序（升序或降序），要进行排序的数据称之为"关键字"。不同类型的关键字的排序规则如下：

数值：按数值的大小；

字母：按字母的先后顺序；

日期：按日期的先后；

汉字：按汉语拼音的顺序或按笔画顺序；

逻辑值：按 False 小于 Ture 的规则；

空格：总是排在最后。

2. 数据排序步骤

步骤 1：单击数据清单（数据区域）中任一单元格；

步骤 2：单击"数据"选项卡，单击"排序"按钮，打开如图 2－25 所示的排序对话框；

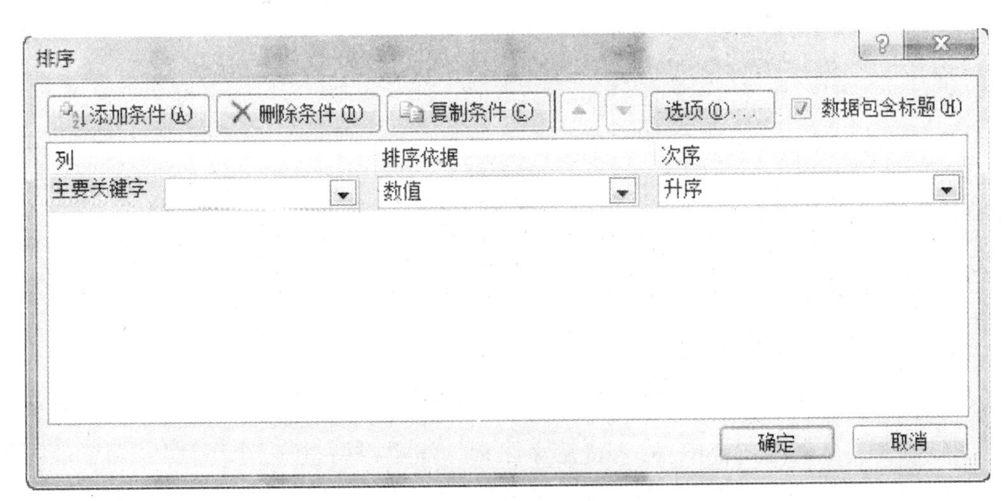

图 2－25　排序对话框

步骤 3:在“排序”对话框中,从下拉列表框中选择“主要关键字”“排序依据”“次序”;可以单击“添加条件(A)”来增加第二关键字、第三关键字、…;

步骤 4:单击“确定”即可。

上述“排序依据”下拉列表框中,可以选择除了“数值”之外的其他值,如:单元格颜色、字体颜色等(见图 2-26)。

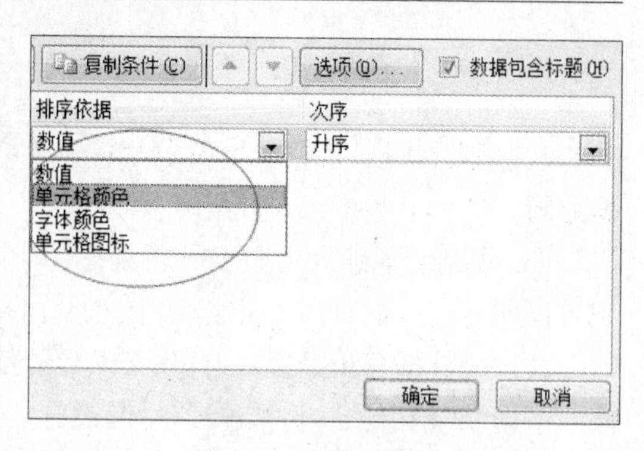

图 2-26 排序依据

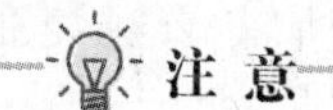

当只有一个关键字时,可以先将光标置于关键字所在列的任一单元格,然后单击“排序”按钮左边的升序 A↓Z 或降序 Z↓A 按钮即可。

3. 自定义排序

有些情况下,对数据的排序顺序可能非常特殊,既不是按数值大小也不是按汉字拼音顺序,而是按照某个指定的特殊次序来排。譬如:对总公司的各个分公司按照要求的顺序、按照产品的种类或规格排序等。这时就需要使用自定义排序。

利用自定义序列排序,首先必须建立自定义序列。其操作方法如下:

在上述步骤 2 的图 2-25 所示的“排序”对话框中,将“次序”改为“自定义序列...”,此时屏幕显示如图 2-27 所示的“自定义序列”对话框。

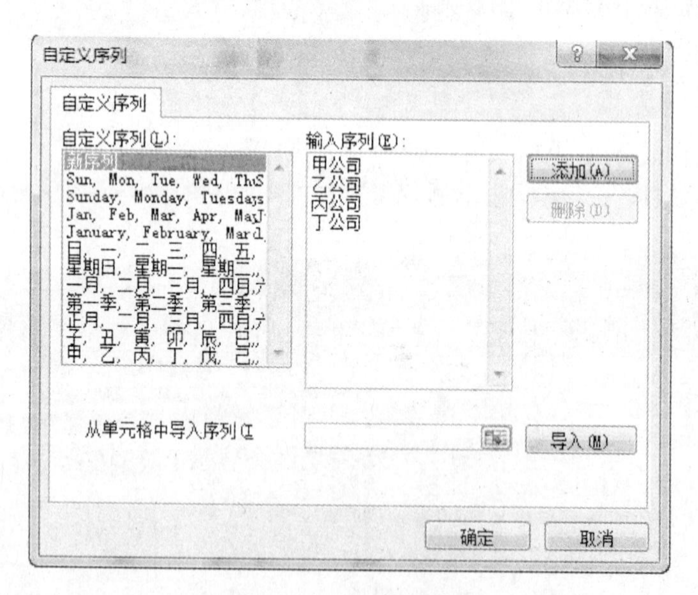

图 2-27 自定义序列

在“输入序列(E)”列表框中,输入自定义序列。注意:每一行一个序列项,而不能把序列项放在同一行上。然后单击“添加(A)”,再单击“确定”即可。

2.2.2　数据筛选

数据筛选是指：将数据清单中所有不满足条件的数据记录隐藏起来，只显示满足条件的数据记录。

1. 自动筛选

自动筛选提供了快速检索数据清单的方法，通过简单的操作，就能筛选出需要的数据。自动筛选的操作步骤如下：

步骤 1：单击数据清单中任一单元格；

步骤 2：单击“数据”选项卡下的“筛选”按钮，Excel 会自动在数据清单每一列列标题旁边添加一个下拉列表标志；

步骤 3：单击需要筛选列的下拉列表，系统显示出可用的筛选条件（见图 2 - 28），从中选择需要的条件，即可显示出满足条件的所有记录，而不满足条件的记录则被隐藏。

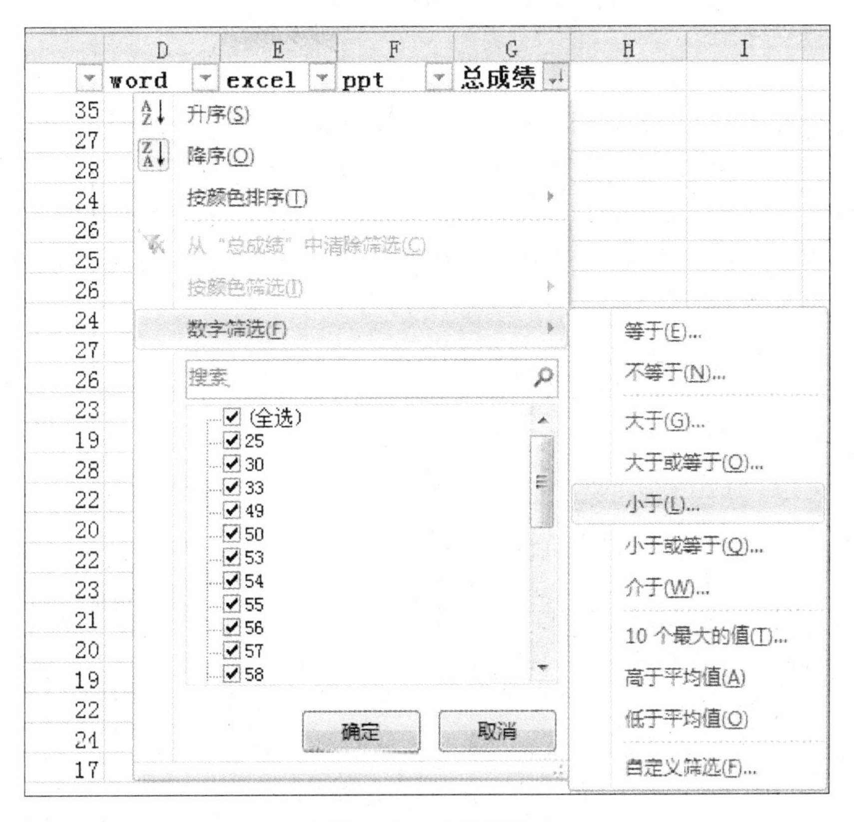

图 2 - 28　自动筛选

2. 高级筛选

自动筛选可以同时设定多个列满足不同的条件，但这些条件之间是“与”的关系而不是“或”的关系。譬如，对于图 2 - 29 所示的“学生成绩”工作表，如果想要筛选出满足下面条件的记录：

理论题＜24 OR 总成绩＜60

那么，只能使用高级筛选，自动筛选是无法完成的。

下面以实例说明如何进行高级筛选。

	A	B	C	D	E	F	G
1	学号	姓名	理论题	word	excel	ppt	总成绩
2	090010145	蔡敏梅	27	19	19	10	75
3	090010153	陈晖	26	20	16	9	71
4	090010126	陈洁	28	15	18	7	68
5	090010150	陈子雅	23	18	16	10	67
6	090010152	成立	25	18	18	10	71
7	090010144	褚梦佳	19	15	10	6	50
8	090010101	董红	20	9	0	4	33
9	090010130	高建民	18	17	16	3	54
10	090010115	顾荣荣	26	19	18	10	73
11	090010131	侯亚	16	18	20	7	61
12	090010140	金恩恩	22	19	20	5	66
13	090010129	金雨婷	26	17	18	8	69

图 2－29　学生成绩表

【实例 2－5】 打开工作簿文件：数据筛选.xlsx，从 Sheet1 工作表中筛选出满足条件（理论题<24 OR 总成绩<60）的记录。

步骤 1：建立一个条件区域。在数据清单下空出几行，选中某个单元格，输入如图 2－30 所示的两个条件；

	A	B	C	D	E	F	G
1	学号	姓名	理论题	word	excel	ppt	总成绩
44	090010143	杨晓烨	20	20	18	8	66
45	090010156	殷岳峰	17	15	19	7	58
46	090010146	赵林莉	15	20	17	7	59
47	090010133	周华军	24	19	20	10	73
48	090010148	周丽萍	16	18	14	7	55
49	090010151	周文洁	24	20	12	10	66
50	090010118	朱志香	16	15	20	4	55
51							
52							
53							
54					理论题	总成绩	
55					<24		
56						<60	
57							

图 2－30　建立条件区域

步骤 2：单击数据清单中任一单元格，然后单击“数据”选项卡下的“高级”按钮，打开如图 2－31 所示的“高级筛选”对话框；

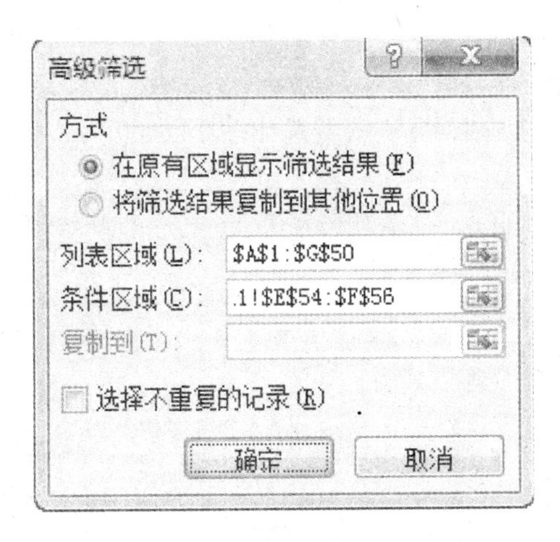

图 2-31　高级筛选对话框

步骤 3:在“高级筛选”对话框中,将光标置于“条件区域(C)”后的文本框中,然后选中“步骤 1”建立的条件区域(见图 2-32),然后确定,即可看到筛选结果。

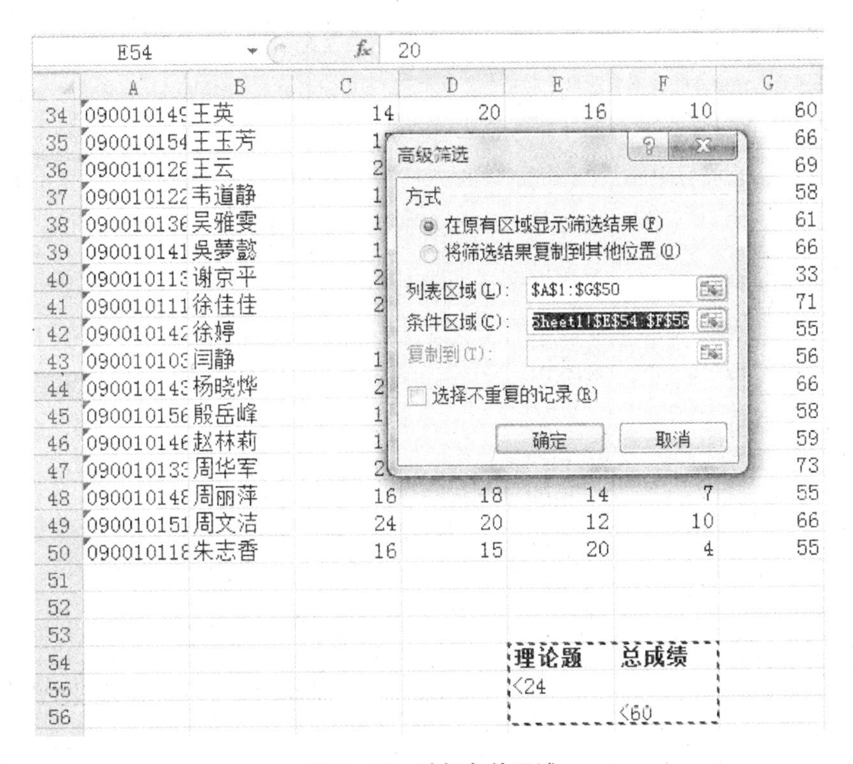

图 2-32　选择条件区域

使用高级筛选时,应特别注意以下几点:

(1) 条件区域应放在数据清单下方,而且最好与数据清单相隔几行。

(2) 条件区域的标题文字必须与数据清单中的列标题完全一致,所以,为避免出错,可以采用“复制/粘贴”的办法将列标题粘贴过来。

(3) “＜24”与“＜60”这两个条件不能放在同一行,必须错开,错开意味着“或”的关系,而放在同一行则意味着“与”的关系。

下面再看一个实例。

【实例 2-6】 打开工作簿文件:学生成绩.xlsx,根据“各院系学生成绩”工作表,筛选出法学院的不合格学生记录(理论题小于 24 或者总成绩小于 60 为不合格)。

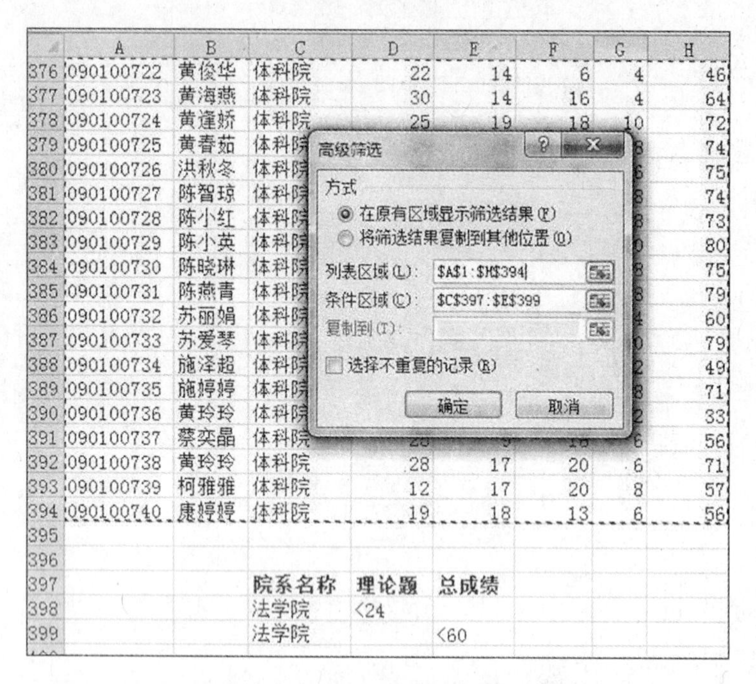

图 2-33 带复杂条件的高级筛选

步骤 1:先建立条件区域。在数据清单下文空出几行,选中某个单元格,输入如图 2-33 所示的两行条件;

步骤 2~步骤 3:与【实例 2-5】相同,不再赘述。

本实例中的筛选条件是:

(院系名称=“法学院” and 理论题<24) or (院系名称=“法学院” and 总成绩<60)

从图 2-32 可以看出:筛选出来的记录,可以显示在原工作表中,也可以复制到其他工作表中。下面还是通过实例来演示操作过程。

【实例 2-7】 打开工作簿文件:数据筛选.xlsx,从 Sheet1 工作表中筛选出满足条件(理论题<24 OR 总成绩<60)的记录,并将筛选结果复制到 Sheet2 工作表中。

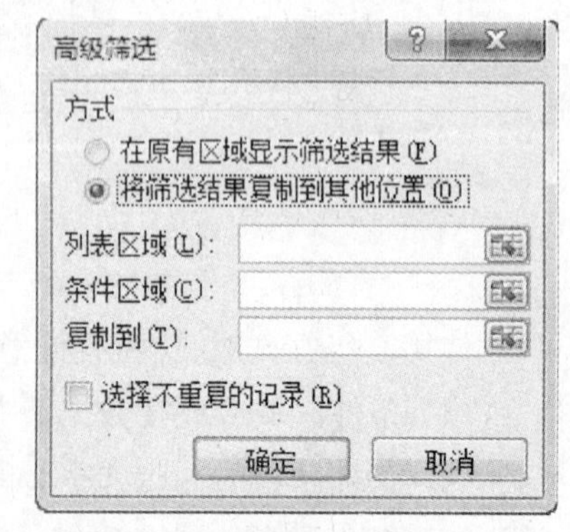

图 2-34 “高级筛选”对话框

步骤 1:单击 Sheet2 工作表标签,使该工作表成为活动工作表;

步骤 2:单击“数据”选项卡下的“高级”,打开如图2-34 所示的“高级筛选”对话框,分别将光标置于“列表区域(L)”及“条件区域(C)”后的文本框中,选择 Sheet1 工作表中数据清单与条件区域;

步骤 3:将光标置于“复制到(T)”后的文本框中,选择 Sheet2 中的 A1 单元格,然后确定即可。

注 意

【实例 2－6】的步骤 1 至关重要，没有这一步，Excel 将会出现图 2－35 的错误！

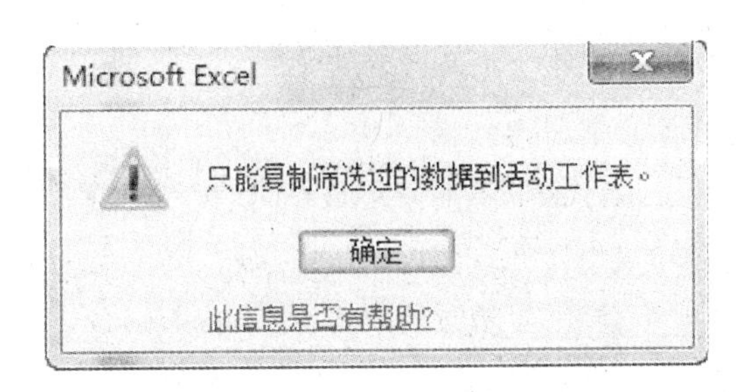

图 2－35　“高级筛选”对话框

3. 使用“计算条件”的高级筛选

有些情况下，筛选条件并非为某个常量，而是从数据清单中计算出来的某个值。譬如：要筛选出总成绩大于平均成绩的记录，其中的“平均成绩”就是一个需要通过计算才能得到的数值，并非是预先知道的一个常量。

下面通过实例来演示如何使用计算条件进行高级筛选。

【实例 2－8】　打开工作簿文件：学生成绩.xlsx，从 Sheet1 工作表中筛选出满足条件（总成绩大于平均成绩）的记录。

步骤 1：建立一个条件区域。在数据清单下文空出几行，选择两个单元格，分别输入如图 2－36所示的两个条件区域标题：大于平均成绩、平均成绩；

	A	B	C	D	E	F	G
1	学号	姓名	理论题	word	excel	ppt	总成绩
31	090010102	王海霞	20	20	18	10	68
33	090010121	王岩	20	19	15	9	63
35	090010154	王玉芳	17	20	19	10	66
36	090010128	王云	23	19	18	9	69
38	090010136	吴雅雯	18	17	17	9	61
39	090010141	吴萝懿	19	19	19	9	66
41	090010111	徐佳佳	27	17	17	10	71
44	090010143	杨晓烨	20	20	18	8	66
47	090010133	周华军	24	19	20	10	73
49	090010151	周文洁	24	20	12	10	66
51							
52							
53							
54				大于平均成绩			平均成绩
55				=G2>$G$55			60.81633
56							

图 2－36　使用“计算条件”的高级筛选

步骤 2：在“平均成绩”下面的单元格中，利用求平均值公式计算出平均成绩；

步骤 3：在“大于平均成绩”下的单元格中，输入：=G2＞$G$55；

其中，G2 为第 1 条记录的总成绩所在单元格地址；$G$55 为平均成绩 60.81633 所在的单元格绝对地址。

接下来的步骤同【实例 2－5】，不再赘述。

使用“计算条件”进行高级筛选时，特别要注意以下两点：

(1) 存放平均成绩与存放条件的单元格上方的列标题，不能与数据清单中的任何一个列标题相同；

(2) 条件中，引用平均成绩必须使用绝对地址，如：$G$55。

2.2.3 数据的分类与汇总

在对数据进行分析时，常常需要将数据按某一列(或几列)进行分类。譬如：如图 2-37 所示的“学生成绩表”，我们希望统计各院系的平均成绩，这就是数据的分类汇总。

	A	B	C	D	E	F	G	H
1	学号	姓名	院系名称	理论题	word	excel	ppt	总成绩
2	090020220	白鑫	外文院	18	18	8	9	53
3	090040107	蔡秉滕	物科院	22	20	17	10	69
4	090040108	蔡航	物科院	27	15	18	9	69
5	090040116	曹苏明	物科院	20	17	20	10	67
6	090010105	曹淤青	文学院	19	18	20	10	67
7	090030121	陈澄	数科院	25	19	20	8	72
8	090020217	陈树树	外文院	19	11	12	4	46
9	090020222	陈思思	外文院	15	13	4	4	36
10	090020223	董升柳	外文院	24	19	17	3	63
11	090040101	顾海山	物科院	23	20	17	10	70
12	090040104	顾小俊	物科院	13	15	5	4	37
13	090030123	管丽锦	数科院	17	17	13	4	51
14	090040106	郭长庚	物科院	27	17	19	10	73

图 2-37 学生成绩表

以上述统计各院系平均成绩为例，分类汇总的操作步骤如下：

步骤 1：首先按分类字段进行排序，如上述的“院系名称”字段(列)，使得相同院系的记录集中到一起；

步骤 2：将光标置于数据清单中的任一单元格，然后单击“数据”选项卡下的“分类汇总”按钮，打开如图 2-38 所示的“分类汇总”对话框；

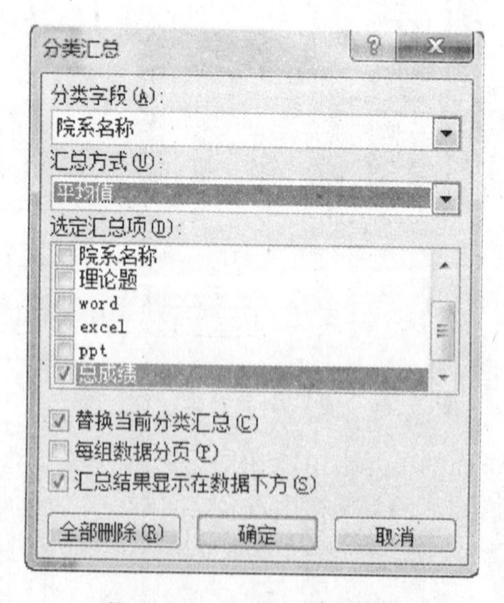

图 2-38 分类汇总对话框

步骤 3:在“分类汇总”对话框中,分类字段选择“院系名称”,汇总方式选择“平均值”,选定汇总项选择“总成绩”,然后确定即可看到如图 2－39 所示的分类汇总结果。

	A	B	C	D	E	F	G	H
1	学号	姓名	院系名称	理论题	word	excel	ppt	总成绩
2	090030121	陈澄	数科院	25	19	20	8	72
3	090030123	管丽锦	数科院	17	17	13	4	51
4	090030126	蒋勇	数科院	27	16	10	4	57
5	090030124	李彩群	数科院	19	16	5	0	40
6	090030117	李萍	数科院	16	13	11	0	40
7	090030116	宋海燕	数科院	13	0	9	0	22
8	090030119	吴俊通	数科院	23	17	11	10	61
9	090030120	奚冬青	数科院	24	15	9	6	54
10	090030122	张蓓玉	数科院	26	4	7	6	43
11	090030118	张亮亮	数科院	14	15	4	4	37
12	090030125	赵天凤	数科院	17	11	5	0	33
13	090030115	朱莉莉	数科院	15	16	20	8	59
14	090030112	庄静静	数科院	26	15	5	6	52
15			数科院 平均值					47.77
16	090020220	白鑫	外文院	18	18	8	9	53
17	090020217	陈树树	外文院	19	11	12	4	46
18	090020222	陈思思	外文院	15	13	4	4	36

图 2－39　分类汇总结果

图 2－39 所示的分类汇总结果,左上角有 3 个按钮:单击按钮 1 显示所有记录的总成绩平均值;单击按钮 2 显示各院系的总成绩平均值;单击按钮 3 显示所有记录明细。

如果要取消分类汇总,只要单击图 2－38 中的“全部删除(R)”即可。

有时候,我们会遇到需要按不同分类字段,进行多次分类汇总,如:在“工资. xlsx”工作簿中,需要同时按“部门”与“职称”进行分类汇总,求出各部门平均工资及每个部门不同职称的平均工资(见图 2－43)。这时,我们就需要进行“多级分汇总”。具体方法是:

步骤 1:先以“部门”为主关键字,“职称”为次要关键字进行自定义排序(见图 2－40)。

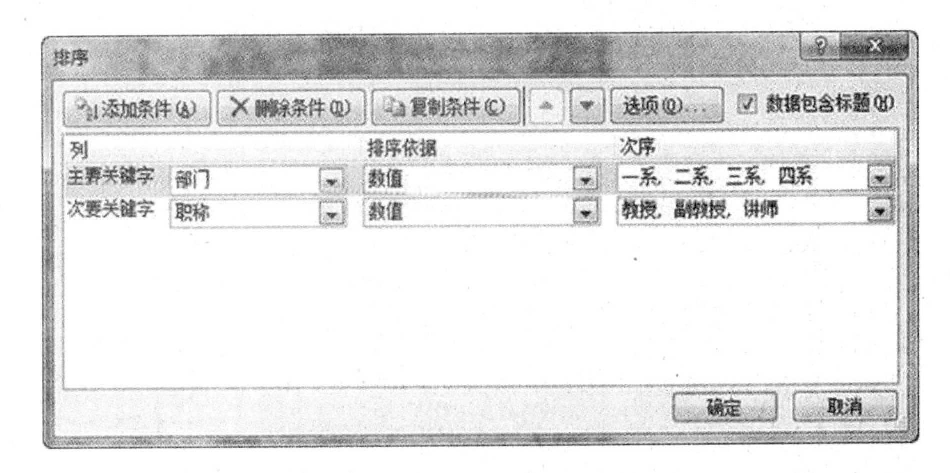

图 2－40　按主次关键字自定义排序

步骤 2：按“部门”对“工资”进行汇总，汇总方式为“平均值”(见图 2－41)。

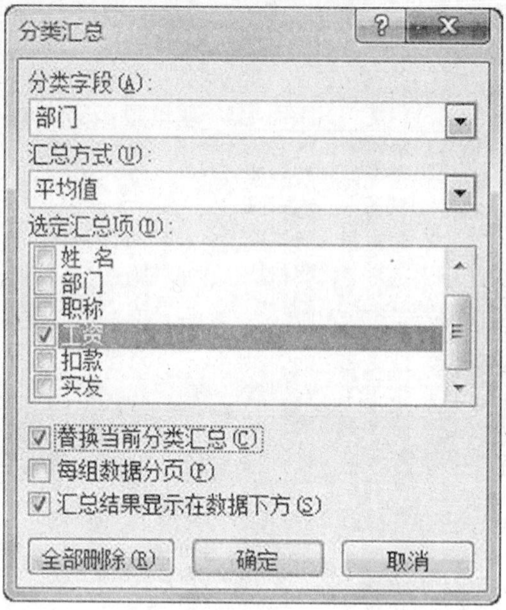

图 2－41 第一次分类汇总

步骤 3：按“职称”对“工资”进行汇总，汇总方式为“平均值”，同时，将“替换当前分类汇总(C)”前的复选框中的勾去掉。这一步是关键所在(见图 2－42)。

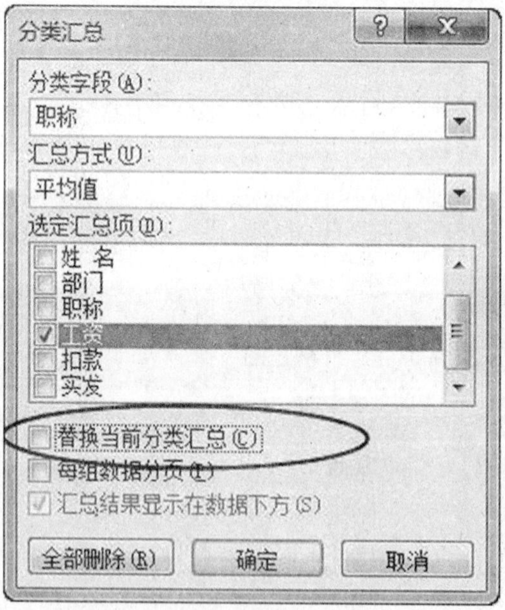

图 2－42 第二次分类汇总

最后，点击“确定”按钮，即可看到图 2－43 所示的分类汇总结果。

	A	B	C	D	E	F	G
1	工号	姓 名	部门	职称	工资	扣款	实发
2	0112	刘觅	一系	教授	5500		5500
3	0114	李明	一系	教授	5700		5700
4	0115	周子川	一系	教授	5800		5800
5	0118	彭军	一系	教授	5700		5700
6				教授 平均值	5675		
7	0101	孙文晔	一系	副教授	4900		4900
8	0102	周文山	一系	副教授	5000		5000
9	0104	钟永进	一系	副教授	4058		4058
10	0105	凌飞	一系	副教授	4900		4900
11	0116	周作冰	一系	副教授	4560		4560
12	0117	黄佳呈	一系	副教授	4858		4858
13				副教授 平均值	4712.667		
14	0103	赵祥超	一系	讲师	3760		3760
15	0106	周小顺	一系	讲师	3815		3815
16	0107	蒋培	一系	讲师	3957		3957
17	0108	胡丹	一系	讲师	3904		3904
18	0109	马继欣	一系	讲师	3786		3786
19	0110	朱志勇	一系	讲师	3747		3747
20	0111	朱祥云	一系	讲师	3860		3860
21	0113	汪红	一系	讲师	3865		3865
22				讲师 平均值	3836.75		
23			一系 平均值		4537.222		

图 2－43　多级分类汇总

2.2.4　数据透视表和数据透视图

所谓数据透视表，其实就是以交叉表的形式来显示分类汇总数据，行和列的交叉处可以对数据进行多种汇总计算，如：求和、平均值、记数、最大最小值等。

1. 建立数据透视表

下面以图 2－44 的“电话装机数”数据清单为例，建立如图 2－45 所示的数据透视表。

	A	B	C	D	E
1	单位:万户				
2	年度	公司	电话类别	电话数	
3	2004	公司甲	固定	31176	
4	2004	公司甲	移动	4956	
5	2004	公司乙	移动	18560	
6	2004	公司丙	移动	11000	
7	2005	公司甲	固定	35045	
8	2005	公司甲	移动	6156	
9	2005	公司乙	移动	19210	
10	2005	公司丙	移动	11500	
11	2006	公司甲	固定	36779	
12	2006	公司甲	移动	11156	
13	2006	公司乙	移动	21210	

图 2－44　电话装机数

F	G	H	I	J
求和项:电话数	列标签			
行标签	公司甲	公司乙	公司丙	总计
2004	36132	18560	11000	65692
2005	41201	19210	11500	71911
2006	47935	21210	14568	83713
2007	51720	23210	16568	91498
2008	52937	26210	19568	98715
2009	53266	27210	21068	101544
2010	54917	28210	23212	106339
2011	57568	33210	28212	118990
总计	**395676**	**197030**	**145696**	**738402**

图 2-45　数据透视表——各公司年度装机数统计

操作步骤如下：

步骤 1：打开相关工作簿，单击数据清单中的任一单元格，然后单击“插入”选项卡下的“数据透视表”，打开如图 2-46 所示的“创建数据透视表”对话框；

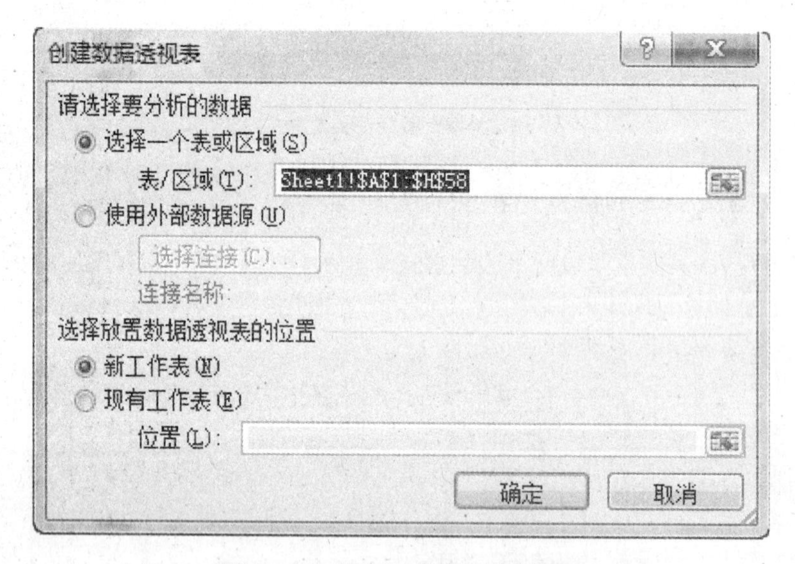

图 2-46　创建数据透视表-步骤 1

步骤 2：选择“数据透视表”存入位置，此处，我们使用默认值“新工作表”，然后确定，Excel 自动插入一张新的工作表 Sheet1，并将活动工作表切换到 Sheet1；

Sheet1 的左边出现一个矩形区域(见图 2-47)，这是一个“占位符”，要创建的数据透视表，将显示在这个位置；Sheet1 的右边显示一个“数据透视表字段列表”窗口，使用该窗口，可以轻易地创建所需的数据透视表。

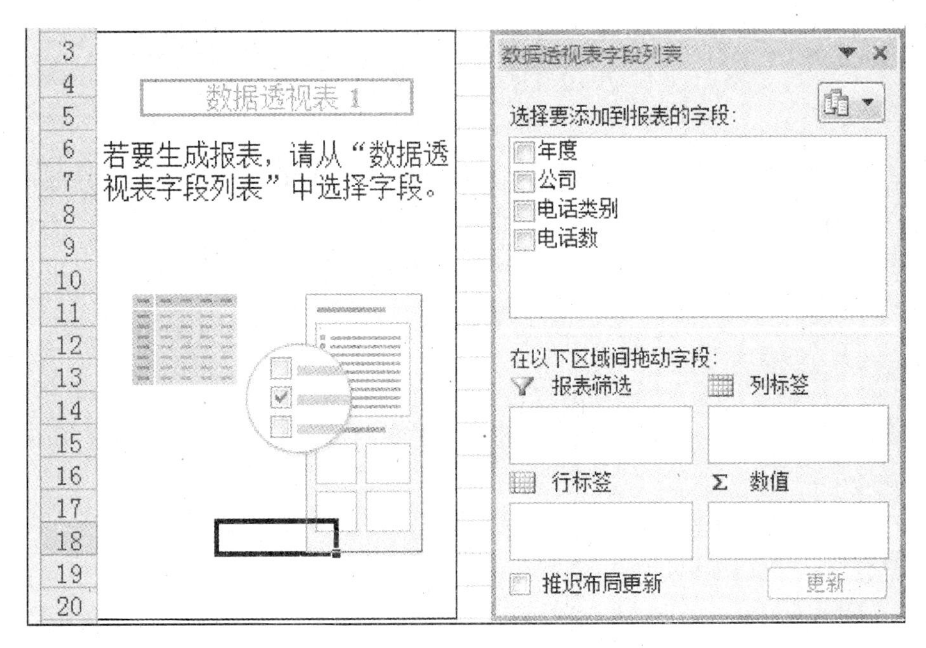

图 2-47　创建数据透视表-步骤 2

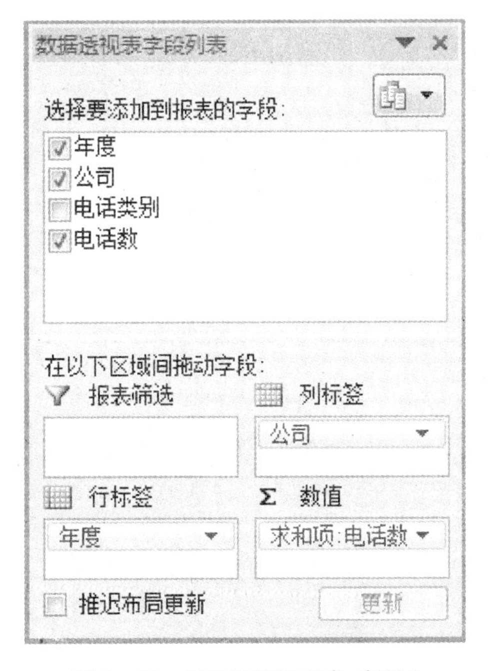

图 2-48　创建数据透视表-步骤 3

步骤 3:在“数据透视表字段列表”窗口中,将“年度”拖放到行标签中,“公司”拖放到列标签中,“电话数”拖放到数值中。

此时,即可看到:原来的占位符之处,显示出如图 2-45 所示的数据透视表。

2.3 工作表及工作簿的保护、共享和修订

如果我们希望制作好的 Excel 表格中的数据不被别人修改，或者不希望别人对 Excel 工作簿进行新增、删除或移动，那么就要使用 Excel 的工作簿保护功能。

Excel 工作簿的保护分为三个层次：工作簿级别的保护、工作表级别的保护、单元格级别的保护。

2.3.1 工作簿的保护

工作簿保护可以防止对工作簿的结构进行不需要的更改，如：移动、删除或添加工作表。具体操作方法是：

在“审阅”选项卡的“更改”分组中点击“保护工作簿”；在弹出的“保护结构和窗口”对话框中输入密码后，然后单击确定（见图 2-49）。

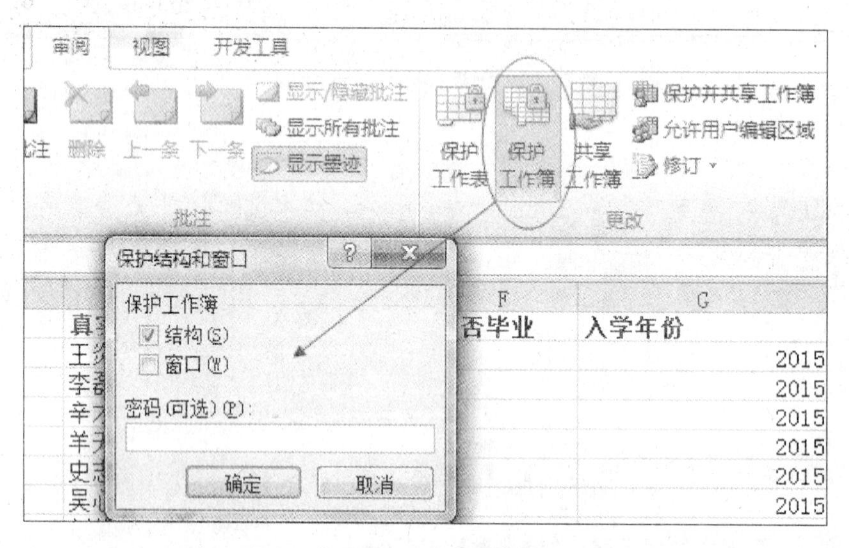

图 2-49 保护工作簿

其中，保护工作簿“结构”，勾选此复选框后，就会禁止以下行为：

- 插入/删除工作表
- 移动/复制工作表
- 重命名工作表
- 对工作表标签颜色进行修改
- 隐藏/取消隐藏工作表

从图 2-50 可以看出，保护工作簿结构之后，右击工作表标签时，弹出的快捷菜单中，大部分命令变成灰色（无效）。

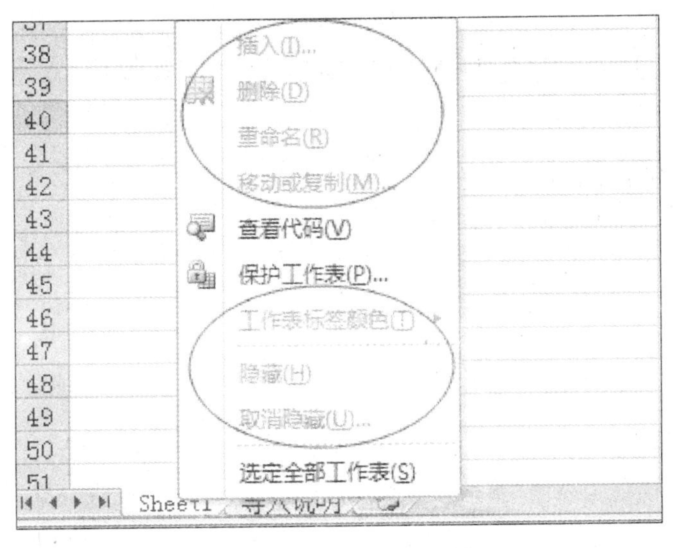

图 2-50 快捷菜单命令无效

保护工作簿“窗口”：勾选此复选框后，当前工作簿的窗口按钮不再显示，禁止新建、放大、缩小、移动或分拆工作簿窗口，“全部重排”命令也对此工作簿不再有效。

2.3.2 工作表的保护

Excel的“保护工作簿”功能并不禁止用户对表格内数据操作，所以，想要防止其他用户更改工作表数据、格式或者插入行(列)、删除行(列)、排序、筛选等操作，就必须使用“工作表保护”功能。

单击“审阅”选项卡中的“保护工作表”按钮，可以执行对工作表的保护。弹出的“保护工作表”对话框中有很多选项，它们决定了当前工作表在进入保护状态后，还可以进行哪些其他操作(见图2-51)。

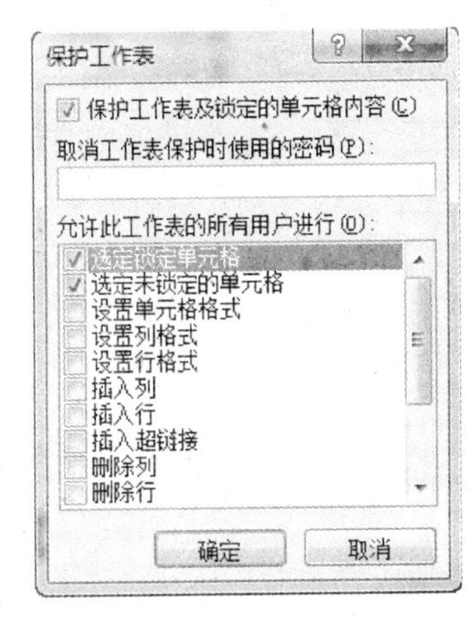

图 2-51 保护工作表

注 意

保护工作表功能只是对当前工作表进行保护，工作簿中的其他工作表并不会得到保护。所以，想要保护多张工作表，只能重复进行上述操作。

2.3.3 凭密码或权限编辑工作表的不同区域

Excel的“保护工作表”功能默认情况下作用于整张工作表，如果希望对工作表中的某些区域，允许用户通过独立的密码或权限进行编辑，则可以按下面的方法来操作：

步骤1：选中某个单元格区域(可连续，也可不连续)，然后单击“审阅”选项卡中的“允许用户编辑区域”按钮，弹出“允许用户编辑区域”对话框(见图2-52)；

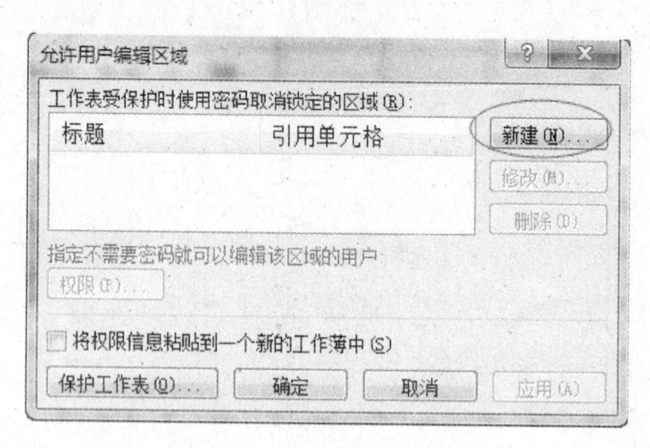

图 2-52 允许用户编辑区域

步骤 2:在此对话框中单击"新建(N)"按钮,弹出"新区域"对话框(见图 2-53)。可以在"标题"栏中输入区域名称(或使用系统默认名称),而"引用单元格(R)"文本框中则可以看到步骤 1 中选择的那个区域。在"区域密码(P)"中输入密码;

如果要针对指定计算机用户(组)设置权限,可以单击"权限(E)"按钮,在弹出的"区域 1 的权限"对话框中进行设置。

步骤 3:单击"新区域"对话框的"确定"按钮,在根据提示重复输入密码后,返回"允许用户编辑区域"对话框。此后,用户可凭此密码对上面所选定的单元格和区域进行编辑操作;

步骤 4:在"允许用户编辑区域"对话框中单击"保护工作表"按钮,进行工作表保护。此处同样需要再次输入密码。此密码与"新区域"密码可以完全不同。

完成以上单元格保护设置后,在试图对保护的单元格或区域内容进行编辑操作时,会弹出如图 2-54 所示的"取消锁定区域"对话框,要求用户提供针对该区域的保护密码。只要回答对该区域的密码,就可以对该区域进行编辑。

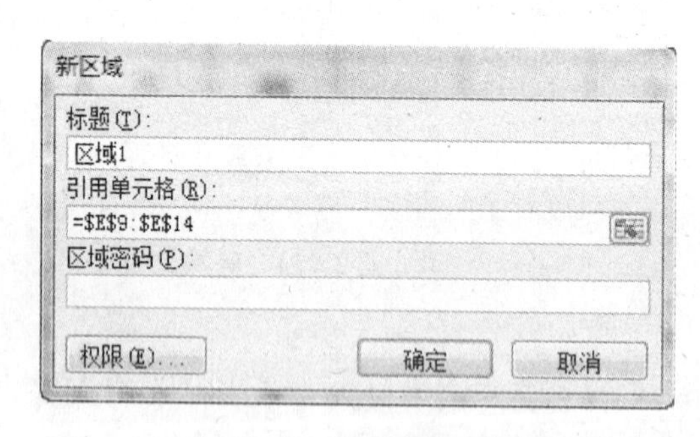

图 2-53 新区域对话框

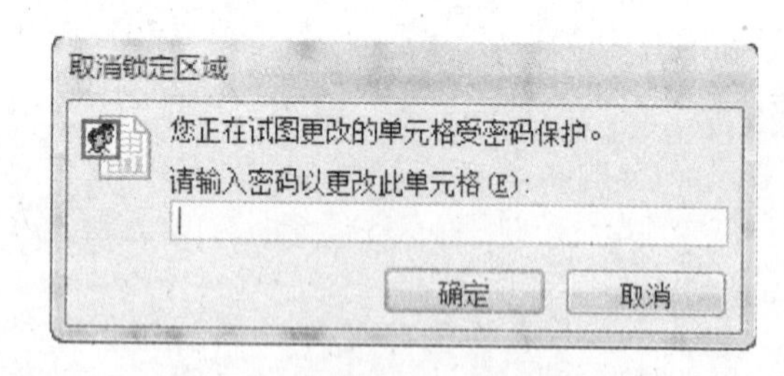

图 2-54 取消锁定区域

【注】如果在步骤 2 中设置了指定用户(组)对某区域拥有"允许"的权限,则该用户或用户组成员可以直接编辑此区域,不会再弹出要求输入密码的提示。

2.3.4 加密工作簿

如果希望必须使用密码才能打开工作簿,可以使用两种方法。

方法一:在工作簿"另存为"操作时进行设置。具体操作是:

单击"另存为"对话框中的"工具(L)"按钮,打开快捷菜单,选择其中的"常规选项(G)...",继续打开“常规选项”对话框，在其中输入“打开权限密码”与“修改权限密码”即可(见图 2-55)。

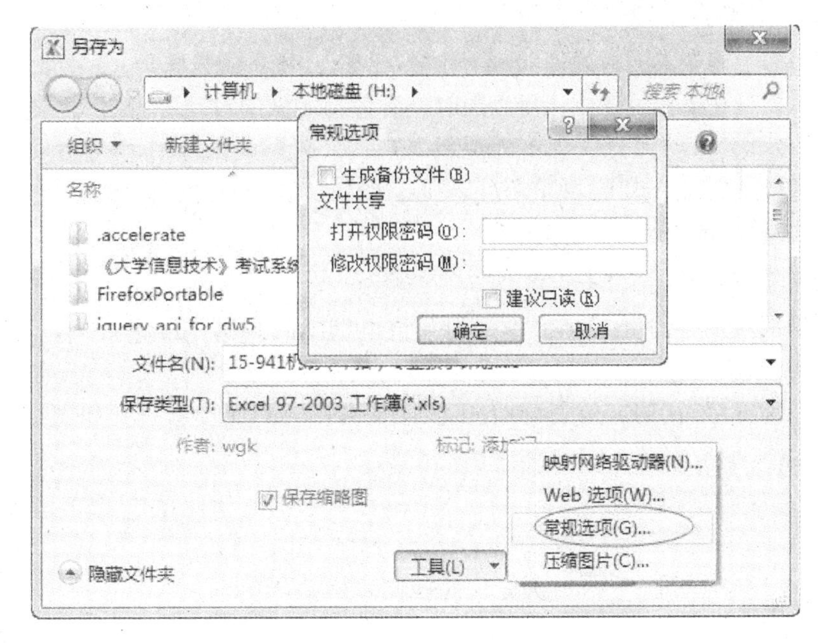

图 2-55　在另存为对话框中设置密码

方法二：在工作簿处于打开状态时进行设置。具体操作是：

单击“文件”菜单，选择“信息”，然后在右侧依次单击“保护工作簿”“用密码进行加密(E)”，弹出“密码”对话框。输入两次密码即可(见图 2-56)。

此工作簿下次被打开时将提示输入密码(见图 2-57)，如果不能输入正确的密码，Excel 将无法打开此工作簿。

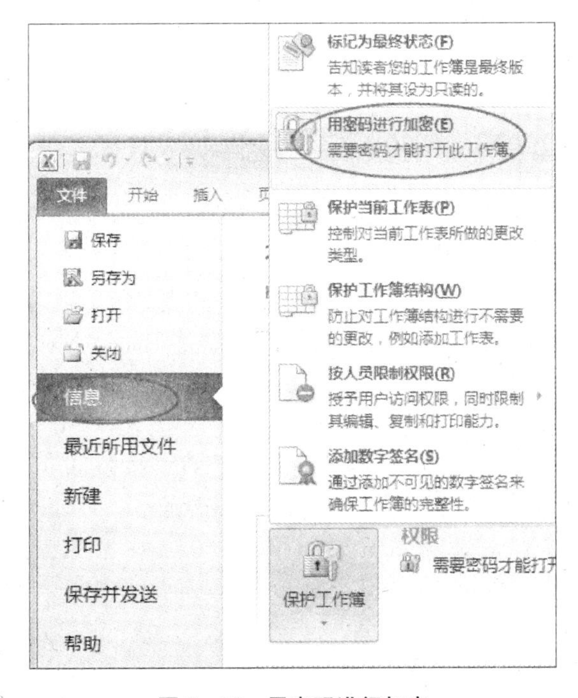

图 2-56　用密码进行加密

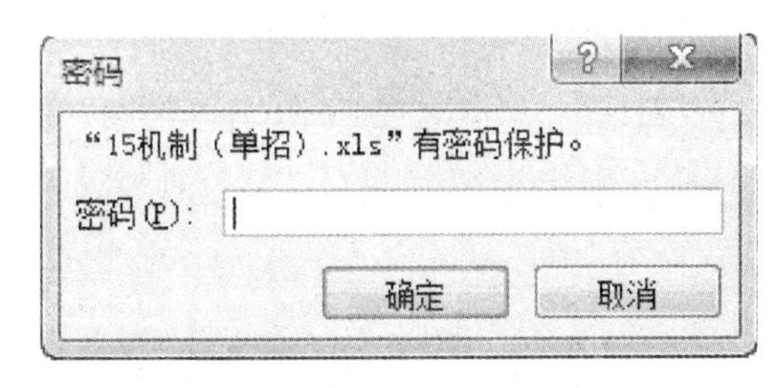

图 2-57　设置密码

2.3.5 共享 Excel 工作簿

工作簿共享，允许多人同时处理同一个作簿，比如：大批量的数据录入时，可以大大加快数据的录入速度，而且在工作过程中还可以随时查看各自所做的改动。当多人一起在共享工作簿上工作时，Excel 会自动保持信息不断更新。在一个共享工作簿中，各个用户可以输入数据、插入行和列以及更改公式等，甚至还可以筛选出自己关心的数据。

那么，如何实现工作簿的共享呢？

1. 准备工作

首先，保证局域网中需要共享工作簿的几台电脑之间网络连网正常，然后在其中一台电脑(假设该电脑 IP 地址为：192.168.1.123)的硬盘上，新建一个文件夹，譬如：在 H：盘上，建立一个“Excel 练习”的文件夹，再右击该文件夹，选择“属性”，打开如图 2-58 所示的“属性”对话框。

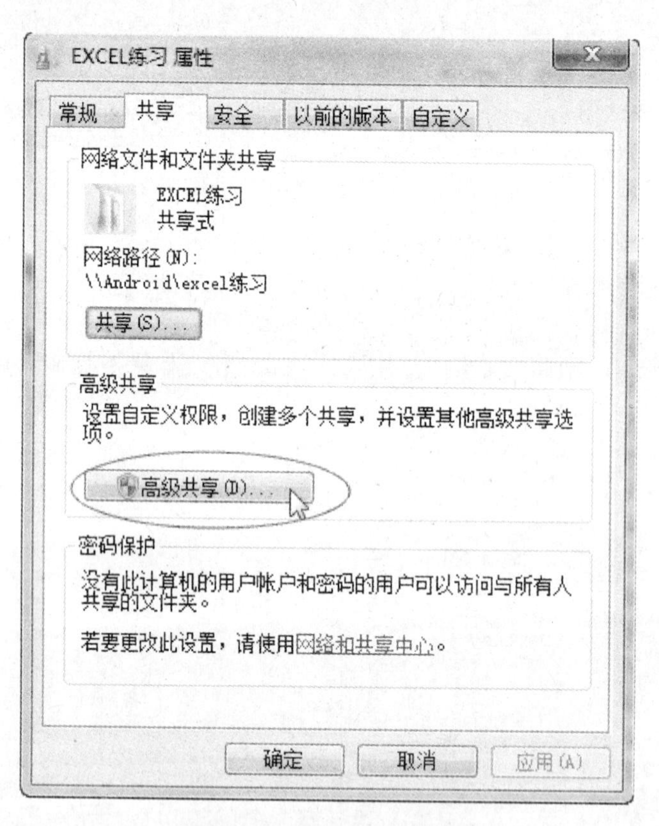

图 2-58 文件夹属性—共享

在上述对话框中，单击“高级共享(D)”，打开“高级共享”对话框，再单击“权限(P)”按钮，打开“权限”对话框(见图 2-59)，在“完全控制”后的复选框中打上“勾”，最后一直点击“确定”。

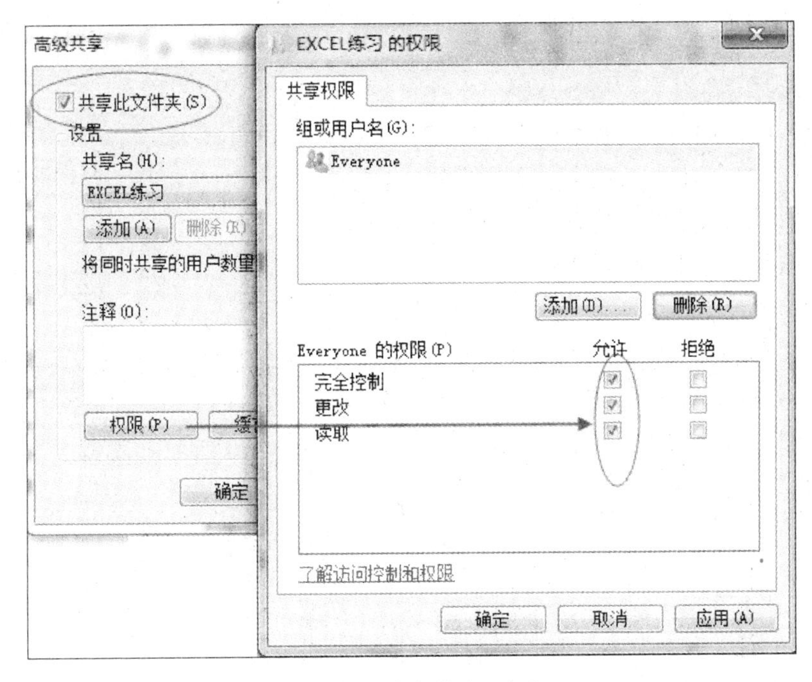

图2-59　高级共享—权限

接着，将需要共享的Excel工作簿文件放入这个共享文件夹。此时，在别的电脑上，按“Win+R”键，打开“运行”对话框，输入：\\192.168.1.123然后确定，显示共享文件夹，找到准备共享的工作簿文件，双击可以正常打开(见图2-60)。

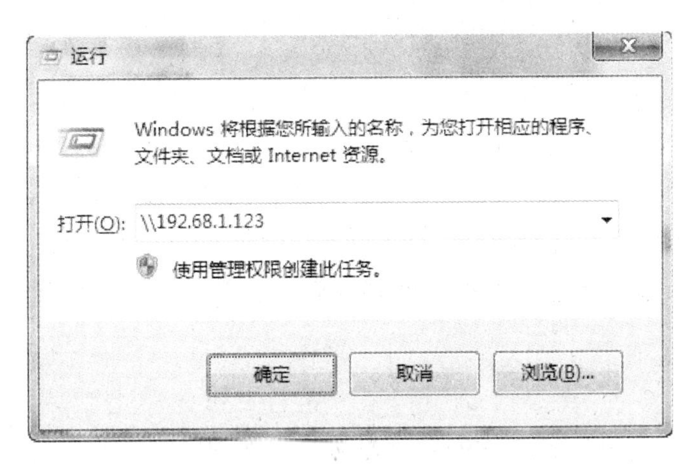

图2-60　“运行”对话框

那么，是否这样就实现工作簿的共享了呢？答案是否定的。

因为如果在IP为192.168.1.123的这台电脑上预先已经打开了该工作簿文件，则在别的电脑上再次打开时，就会出现如图2-61所示的提示信息：文件只能以“只读”或“通知”方式打开，用户的修改结果将无法保存到原文件中！

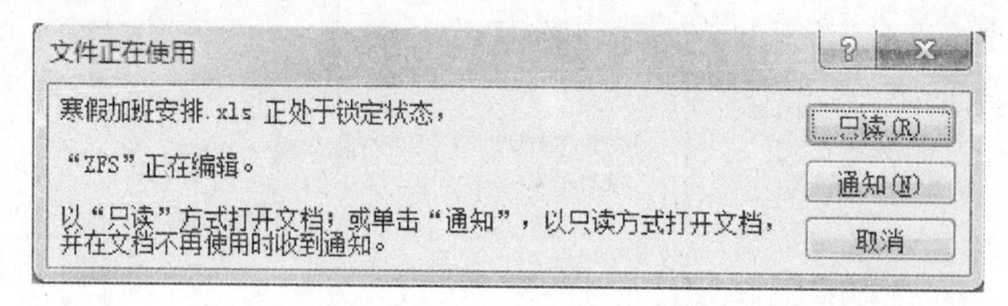

图 2-61 "文件正在使用"对话框

2. 共享工作簿

通过上面分析，我们已经知道：将工作簿简单地放在某个共享文件夹中，是无法真正实现工作簿共享的，必须进行一些设置方可达到目的。

实现工作簿共享，可以有三种方法。

方法一：打开 Excel 工作簿，单击"审阅"，再单击"共享工作簿"，打开如图 2-62 所示的"共享工作簿"对话框，在该对话框的"允许多用户同时编辑，同时允许工作簿合并(A)"复选框前打上勾，然后确定即可。此时，Excel 窗口标题栏的文件名后会显示[共享]两个字。

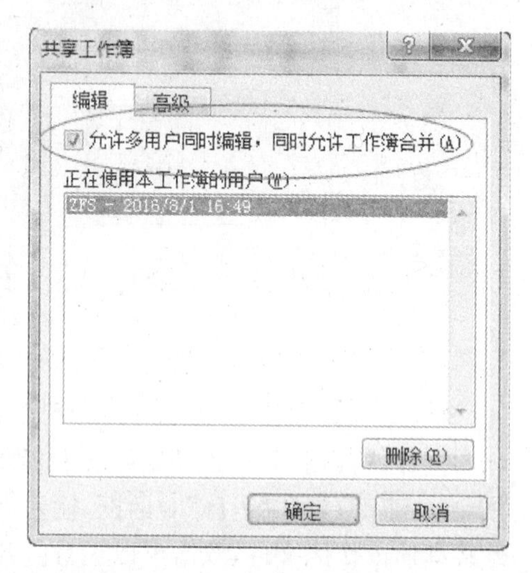

图 2-62 "共享工作簿"对话框

方法二：打开 Excel 工作簿，单击"审阅"，再单击"修订"下面的"突出显示修订(H)..."，打开如图 2-63所示的"突出显示修订"对话框，在"编辑时跟踪修订信息，同时共享工作簿(T)"前的复选框打上勾，然后确定，此时，显示"此操作将导致保存文档。是否继续?"对话框。单击"确定"，则 Excel 保存当前文档并开始启用工作簿共享。

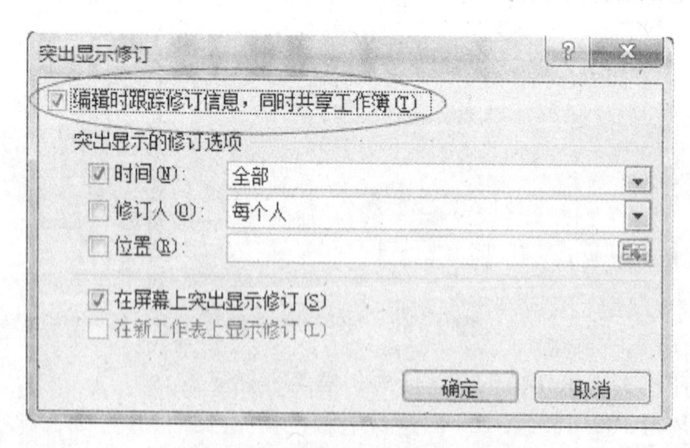

图 2-63 "突出显示修订"对话框

方法三：打开 Excel 工作簿，单击"审阅"，再单击"保护并共享工作簿"，显示如图 2-64 所示的"保护共享工作簿"对话框，在"以跟踪修订方式共享(S)"前的复选框打上勾，再在下面输入密码两次即可。

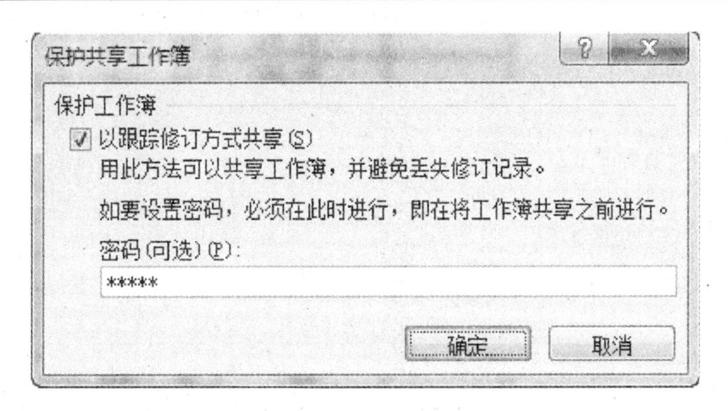

图 2－64　“保护共享工作簿”对话框

以上三种方法中，建议使用最后一种方法，因为前面两种方法存在一个弊病：其他用户可能会有意无意地取消工作簿的共享，致使所有正在编辑该共享工作簿的其他用户的工作结果无法保存回原文件。

2.3.6　接受/拒绝修订

1. 突出显示修订

使用上述“方法二”实现工作簿共享后，所有协同工作的用户电脑上，每当按下 Ctrl＋S 保存当前修改时，都会显示其他用户的修改结果，并且在修改地方的单元格左上角，以一个小三角箭头来突出显示(见图 2－65)。

10	张三	男	1970/9/2	200	68
11	俞百	女	1963/7/16	239	78
12	倪珥				65
13	黄心凌				68
14	吴习				82
15	万益				91
16	施一行				92
17	顾久	男	1959/2/2	287	91
18	熊育	女	1960/4/11	311	86

ZFS, 2016/8/1 17:26:
单元格 C15 从“黄凌”更改为“黄心凌”。

图 2－65　突出显示修订内容

注 意

如果是以“方法一”或“方法三”来实现工作簿共享的，那么默认情况下，用户修订过的地方并不会像上面那样突出显示，此时只要打开图 2 57 然后确定，就一样也能够突出显示修订之处。

2. 接受/拒绝修订

单击“审阅”，再单击“修订”下面的“接受/拒绝修订(C)...”，打开如图 2－66 所示的“接受或拒绝修订”对话框，在此对话框中，可以选择从哪个时间开始(时间)、由哪个用户(修订人)、对哪个工作表(位置，空白表示整个工作簿)所作的改动，进行接受或拒绝。

接受或拒绝修订

修订选项

时间(N): 无

修订人(O): 每个人

位置(R):

确定 取消

图 2-66 接受/拒绝修订—选择时间、修订人、位置

点击“确定”后，打开如图 2-67 所示的对话框，对每一处其他用户所作的改动，选择“接受/拒绝”。此处，你可以清楚地看到：是谁、什么时候、将什么内容改成了现有内容。

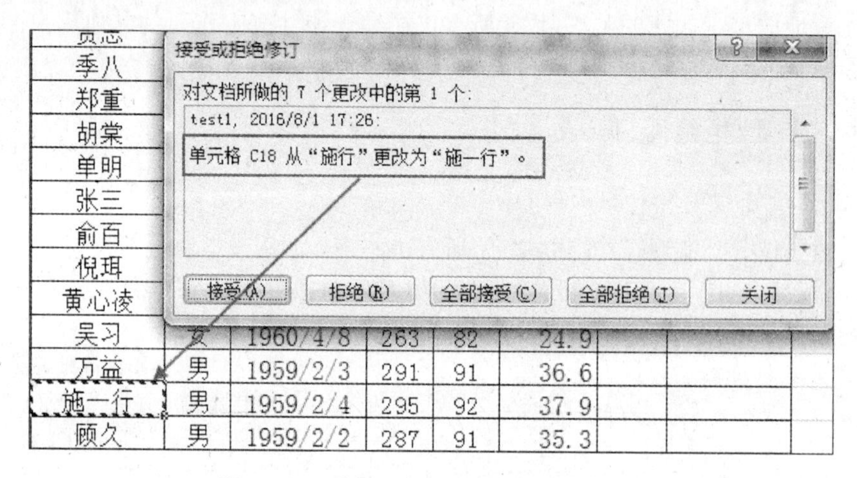

图 2-67 对每一个改动选择“接受/拒绝”

第 3 章　PowerPoint 简报制作

PowerPoint 是微软出品的 Office 办公系列软件中的一个，简称 PPT，用于制作和演示幻灯片，可以进行幻灯片的制作、编辑和播放，能够制作出集文字、图形、图像、声音以及视频短片等多媒体元素于一体的演示文稿，把自己所要表达的内容组织在一组图文并茂的画面中，用于介绍自己的产品、展示自己的计划、教学内容、学术成果等。

3.1　PowerPoint 基本概念及操作

3.1.1　新建演示文稿

1. 新建空白演示文稿

启动 PowerPoint 时，会自动新建一个带有一张幻灯片的空白演示文稿，你只需要添加更多的幻灯片、设置幻灯片格式（设置版式、主题、母板，或者套用模板等）就行了。

如果需要新建另外一个空白演示文稿，则只要打开“文件”菜单，选择“新建”（或者直接按快捷捷 Ctrl+N）就可以了。

2. 通过模板创建演示文稿

模板就是一个包含初始格式（有时还可能带有初始内容）的演示文稿，可以根据它来新建演示文稿。模板所提供的具体设置和内容有所不同，但可能包括一些示例幻灯片、背景图片、自定义颜色和字体主题以及对象占位符的自定义定位。

可以从以下类别中选择模板：（见图 3 - 1）

◆ 样本模板：随 PowerPoint 一同安装在电脑中的模板；

◆ 我的模板：用户自己创建的或者从网上下载的模板；

◆ Office. com 模板：Microsoft 提供的模板，可根据自己需要从 Microsoft 网站下载。

3. 根据现有演示文稿新建演示文稿

如果已有的某个演示文稿与需要创建的新演示文稿比较相似，那么可以根据现有内容新建演示文稿，见图 3 - 1 中的“根据现有内容新建”。

4. 根据其他文件中的内容新建演示文稿

除了自有格式以外，PowerPoint 还能够打开多种格式的文件，因此可以根据其他格式的文件来新建演示文稿。例如，可以在 PowerPoint 中打开 Word 大纲，之后再进行版式、主题、等方面的修改。具体操作方法是：

打开“文件”菜单，选择“打开”，在图 3 - 2 所示的“打开”对话框中，选择文件类型为：“所有大纲（ *. txt; *. rtf; *. doc; *. wpd; *. wps; *. docx; *. docm)”。

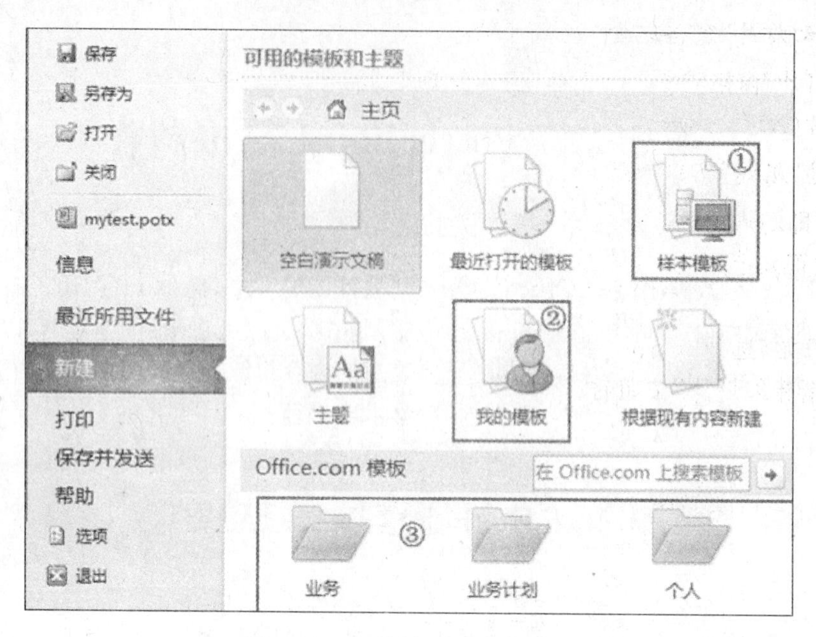

图 3-1　通过模板创建演示文稿

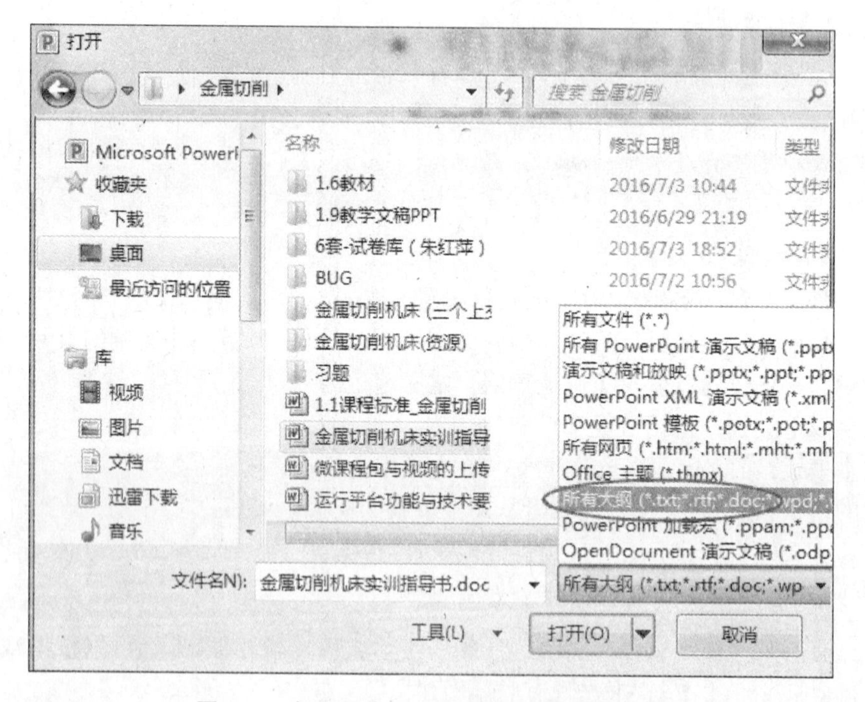

图 3-2　根据其他文件中的内容创建演示文稿

3.1.2　创建幻灯片

新建的演示文稿中，默认只包含一张幻灯片，所以通常都需要用户再自行创建其他幻灯片。

1. 从“幻灯片”窗格或者“大纲”窗格中新建幻灯片

在“幻灯片”窗格或者“大纲”窗格中，直接按〈Enter〉键，或者单击右键，选择快捷菜单中的“新建幻灯片(N)”。

2. 通过“版式”新建幻灯片

“版式”即幻灯片的页面布局格式。布局格式是通过不同类型的占位符及其在幻灯片中的放置位置来定义的。PowerPoint中共有11种内置的版式，除此之外，用户可以自定义版式。

单击“开始”选项卡下的“新建幻灯片”，即可新建一张“标题和内容”版式的幻灯片；而如果单击“新建幻灯片”按钮右下角小的倒三角形标志，则会列出11种版式供用户挑选(见图3-3)。

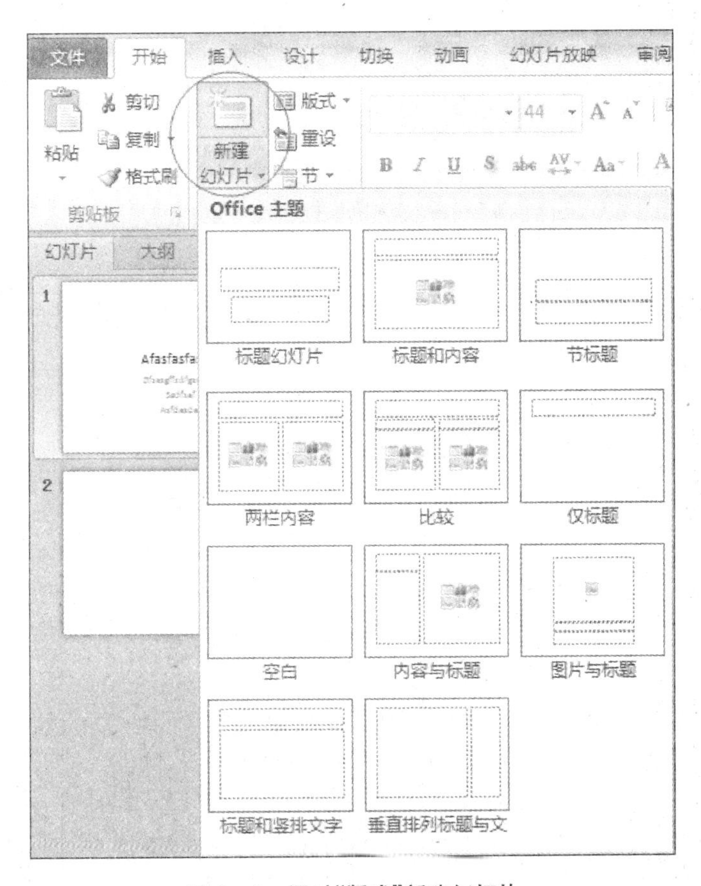

图3-3 通过“版式”新建幻灯片

3. 复制幻灯片

新建幻灯片的另一种方法是：复制同一演示文稿中的现有幻灯片。

操作方法：选中现有幻灯片，按Ctrl+C，然后在幻灯片窗格，将光标定位到想要粘贴的位置，按Ctrl+V。

选择幻灯片时，配合Shift(或Ctrl)键，可进行连续(或不连接)多选。

3.1.3 复制来自其他演示文稿的幻灯片

方法一：打开其他演示文稿，通过 Ctrl+C、Ctrl+V 进行复制/粘贴；

方法二：直接用鼠标从一个窗口拖到另一个窗口；

方法三：重用幻灯片。具体操作步骤为：

步骤 1：在"开始"选项卡中，单击"新建幻灯片"按钮下部打开菜单(见图 3-4)；

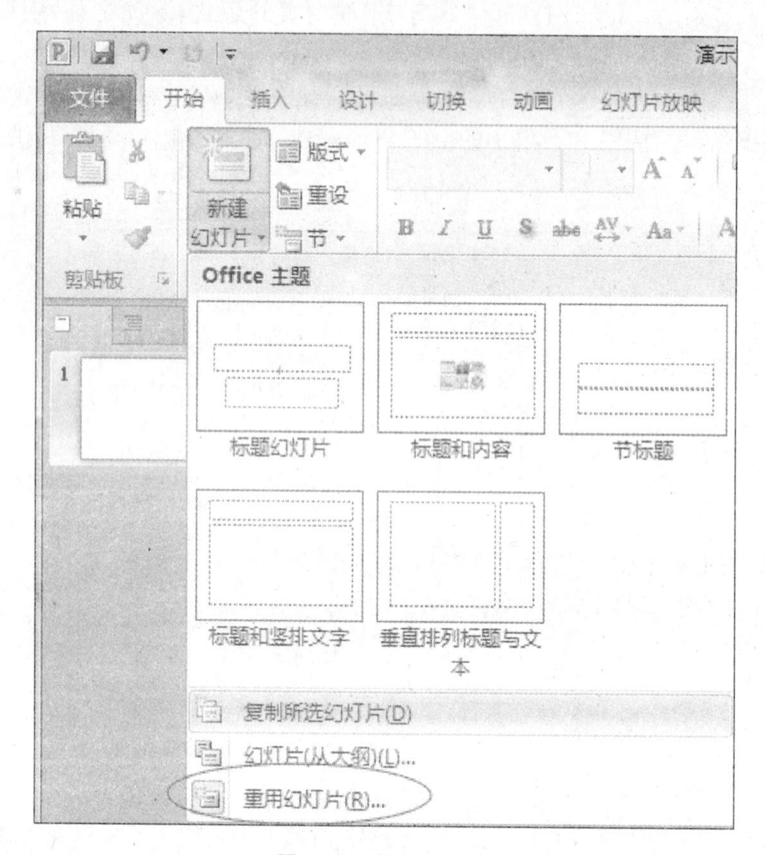

图 3-4 复制幻灯片

步骤 2：单击"重用幻灯片(R)"，打开如图 3-5 所示的"重用幻灯片"对话框；

步骤 3：在"重用幻灯片"对话框中，单击"打开 PowerPoint 文件"，打开"浏览"对话框，然后选择需要重用的 PowerPoint 文件；

步骤 4：选择需要重用的 PowerPoint 文件后，右侧的"重用幻灯片"窗格出现幻灯片缩略图，单击其中任何一张，该幻灯片就会被插入到当前演示文稿中。

在缩略图上单击右键，可以插入所有幻灯片、将主题应用于所有(或选定)幻灯片(见图 3-6)。

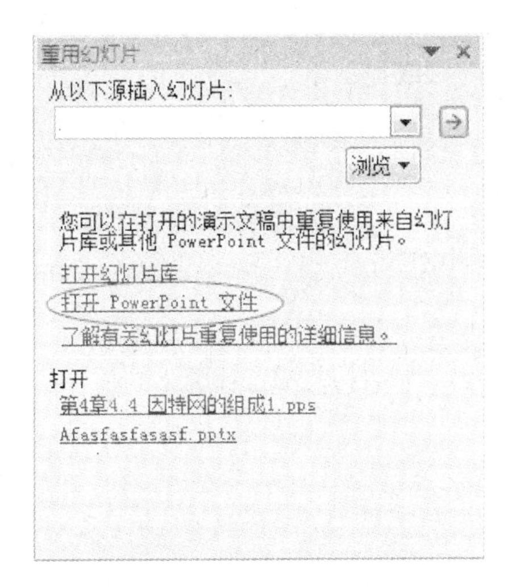

图 3－5 重用幻灯片之一

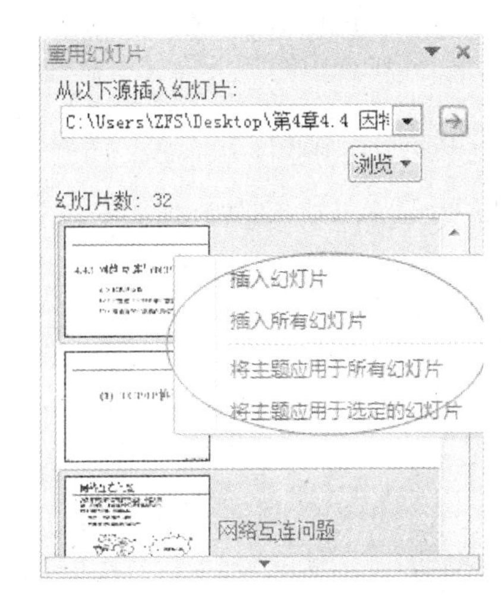

图 3－6 重用幻灯片之二

3.1.4 管理幻灯片

1. 选择幻灯片

要操作一张或一组幻灯片之前，必须先选中它。在“普通视图”或“幻灯片浏览视图”下，可以通过以下方法来选择幻灯片：(选中的幻灯片周围会出现黄色的边框)

◆ 在“普通视图”的幻灯片缩略图窗格中，单击可选中一张；

◆ 按住 Ctrl＋单击，可选择多张；

◆ 按住 Shift＋单击，可选择连续的多张

2. 删除幻灯片

选中想要删除的幻灯片，直接按〈Delete〉即可。也可在浏览幻灯片窗格中，右击幻灯片，然后选择快捷菜单中的“删除幻灯片(D)”。

3. 重排幻灯片

在浏览幻灯片窗格中，选中幻灯片，然后直接用鼠标拖到目标位置。

4. 使用“节”管理幻灯片

“节”是 PowerPoint2010 中新增的功能，主要是用来对幻灯片进行分组，相当于对书、文章等划分章节，不同话题的幻灯片放入不同的节中，而且不同的节可以设置不同的主题、背景以及幻灯片切换方式。

使用“节”后，不仅有助于规划文稿结构，同时编辑和维护起来也能大大节省时间。另外还能呈现出演讲者清晰的思想脉络。

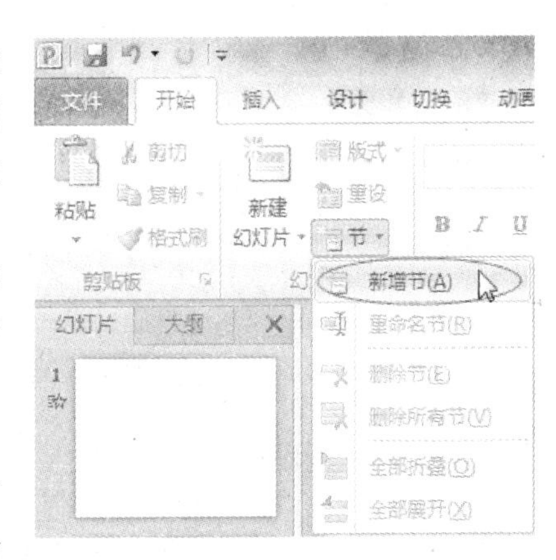

图 3－7 新增节

节的相关操作：

新增节：光标定位到要新增节的位置，点击“新增节(A)”(见图 3－7)。重命名节：选择已有的节，点击“重命名节”，并确定。

删除节：删除选择选中的节或者删除所有节。

折叠与展开：将选中的节下面的所有幻灯片隐藏或显示。

3.1.5 使用占位符

顾名思义，占位符就是预先在幻灯片上占据的一个固定位置，等待用户用实际的内容去替换它。

占位符在幻灯片上，表现为一个虚框，虚框内部一般有“单击此处添加标题”之类的提示语，鼠标点击之后，提示语会自动消失。占位符所起的作用主要是用于幻灯片的版面布局。

用于输入文本内容的占位符，称为文本占位符，包括：标题占位符、副标题占位符、正文占位符。

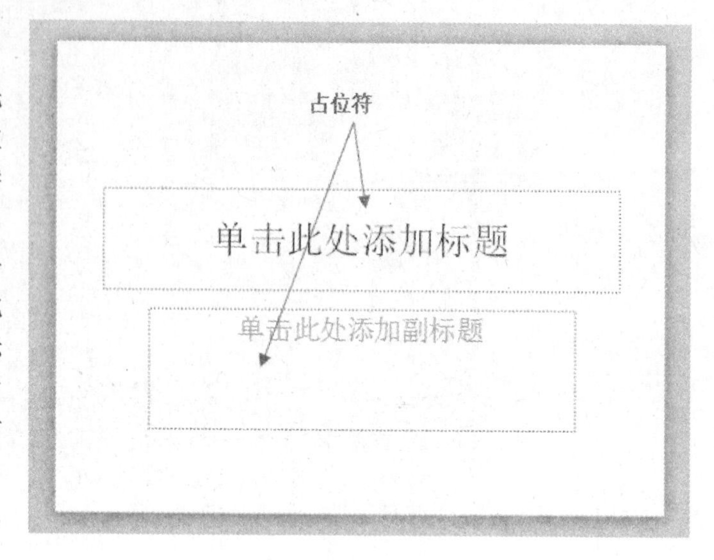

图 3-8 占位符

用于插入其他对象的占位符，称为项目占位符。这些插入的对象包括：表格、图表、SmartArt 图形、图片、剪贴画、视频。

占位符在幻灯片中以一定的位置和格式存在，用户只需要将文本插入点定位其中，或者单击占位符中的相应按钮，即可开始输入文本或插入对象。

一个内容占位符一次仅能包含一种类型的内容，如果在占位符中键入了一些文本，那么用于插入其他内容的按钮图标将会消失。要想再次显示这些按钮，必须将占位符中的全部文本删除(见图 3-9)。

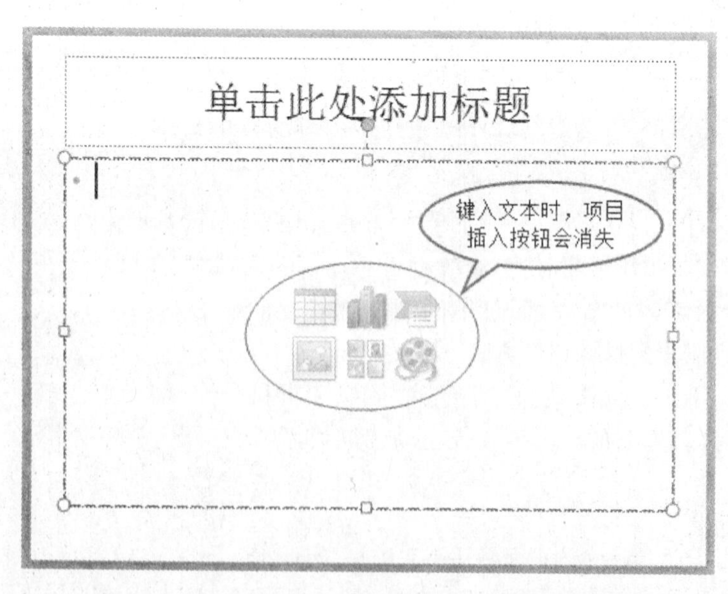

图 3-9 内容占位符每次只允许插入一种类型的对象

占位符有一个特殊的功能，当你的文字超过一页的内容后，占位符左下角会出现一个小图标，叫做智能标记，可以快速地将文字调整到适合的大小（见图 3-10）。

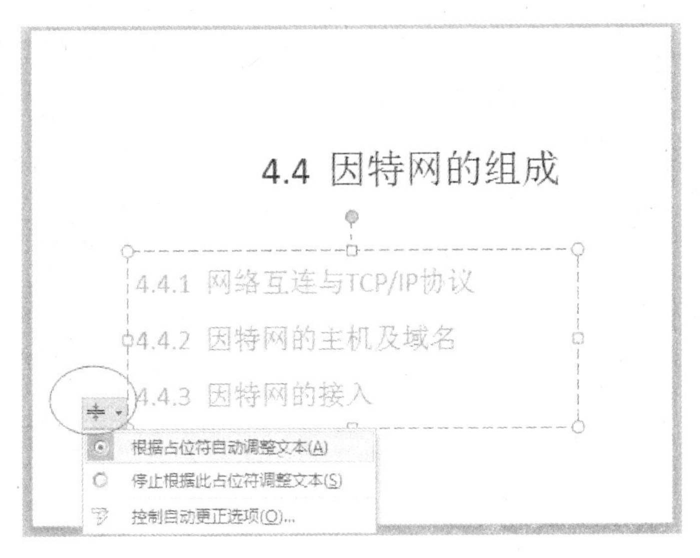

图 3-10 根据占位符自动调整文本

3.1.6 使用文本框

除了使用占位符在幻灯片中插入文本，还可以像 Word 中那样通过插入文本框来添加文本。然而，这两种文本添加方法之间，是存在很大差别的，主要体现在以下几方面：

◆ 删除文本占位符中全部文本，占位符并不会消失；

◆ 无论文本占位符所包含的文本数量有多少，它在幻灯片上的大小总是固定的，虽然可以手动调整其大小，但若重新应用版式，占位符又会重新恢复到原始大小；

◆ 文本占位符中，当文字超过一页的内容后，占位符会左下角会出现一个小图标（智能标记），可快速将文字调整到适合的大小；

◆ 文本占位符中键入的文本，会出现在“大纲”窗格中。

【建议】

尽可能地使用文本占位符来添加文本，尽量少用文本框。如果演示文稿的大量文本都位于手动文本框中的话，大纲也就没有什么用处了，因为它不再包含演示文稿的文本。

另外，当更换另一种占位符位于不同位置的格式主题时，手动文本框并不会自动移动，因而它可能会与新的背景图形重合，得到令人不满意的结果。

3.2 版式、母版与主题

3.2.1 版式

版式比较容易理解，它是指幻灯片上各种类型占位符（标题和副标题文本、列表、图片、表格图表、自选图形和视频等）的排列与布局方式，共有 11 种版式（见图 3-11）。

图 3-11 共 11 种版式

新建幻灯片时，单击“开始”选项卡下的“新建幻灯片”按钮的下部区域，可以从 11 种版式中选择需要的一种；若单击按钮的上部区域，则会新建一张“标题和内容”版式的幻灯片（见图 3-12）。

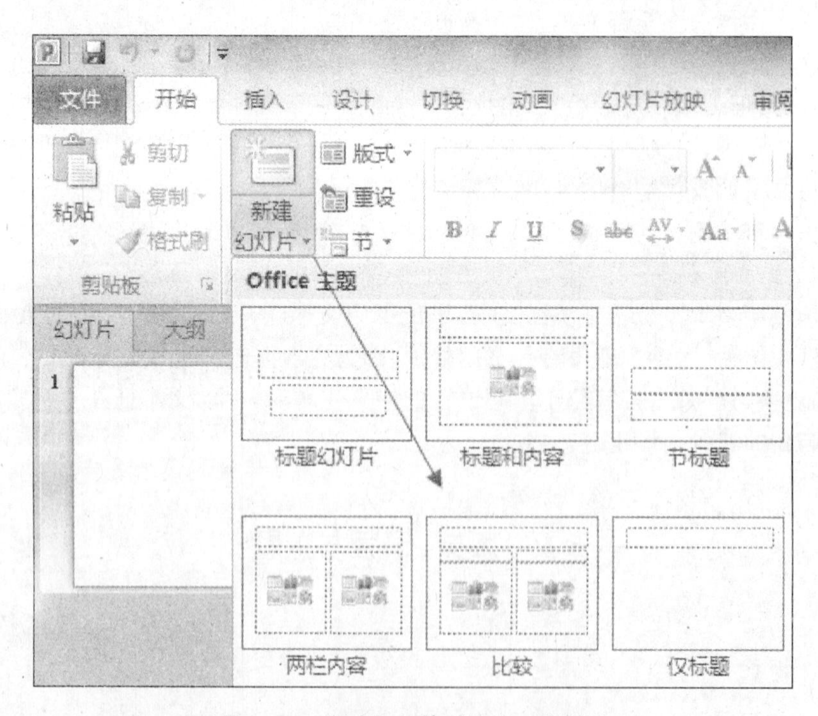

图 3-12 新建幻灯片时挑选一种版式

对于已经存在的幻灯片，如果要查看其属于哪一种版式，可以在“普通视图”的“幻灯片缩略图窗格”中，选中幻灯片，再点击“开始”选项卡下“版式”，就可以看到当前幻灯片的版式就是被黄色边框包围的那一个。

如果想要更改某一张或几张幻灯片的版式，则只要选中这些幻灯片，然后单击“版式”，再单击如图3－12所示的11种版式中的其中一个。

3.2.2 母板

所谓母板，其实就是一个格式模板，只要修改母板中的文本或对象格式、背景等，那么所有使用该母板的幻灯片都会跟着改变，而不用每张幻灯片都去修改。

使用母板可以减少很多重复工作，提高工作效率。更重要的是，使用幻灯片母板可以让整个演示文稿具有统一的风格和样式。

1. 母板的类型

PowerPoint中共有3种母板：幻灯片母板、讲义母板、备注母板。下面详细介绍这3种母板及其用途。

(1) 幻灯片母板

幻灯片母板是最常用的母板，它包含5个区域：标题区、对象区、日期区、页眉页脚区和数字区（见图3－13)，这些区域实际上就是一些占位符，其中的文字并不会真正显示在幻灯片中，只是起一种提示作用，所以即使用户更改了这些原始文本，最终也看不到任何结果。

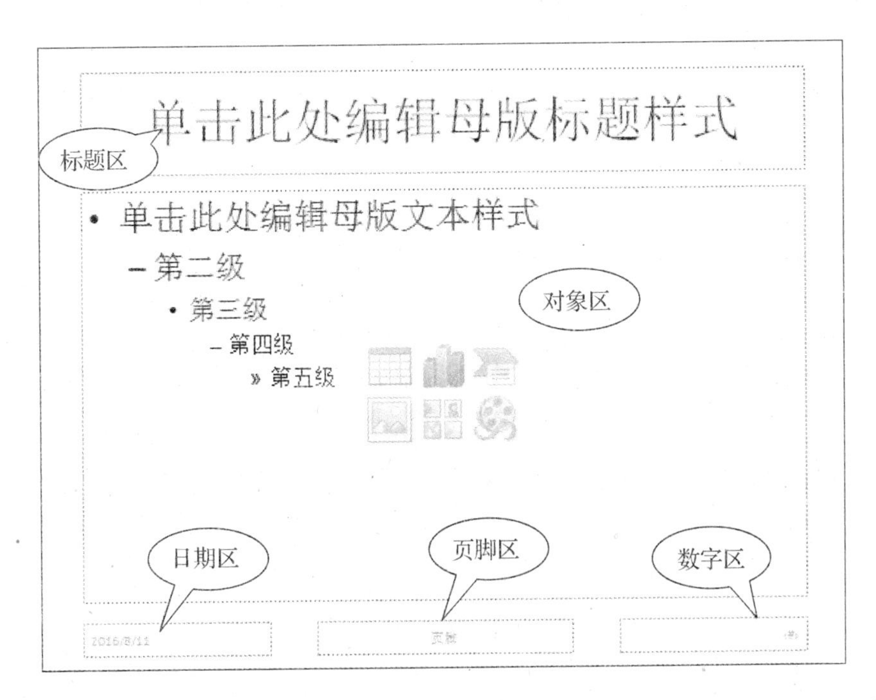

图3－13 幻灯片母板中的5类占位符

要显示幻灯片母板，只要单击“视图”选项卡下的“幻灯片母板”，即可看到如图3－14所示的母板。

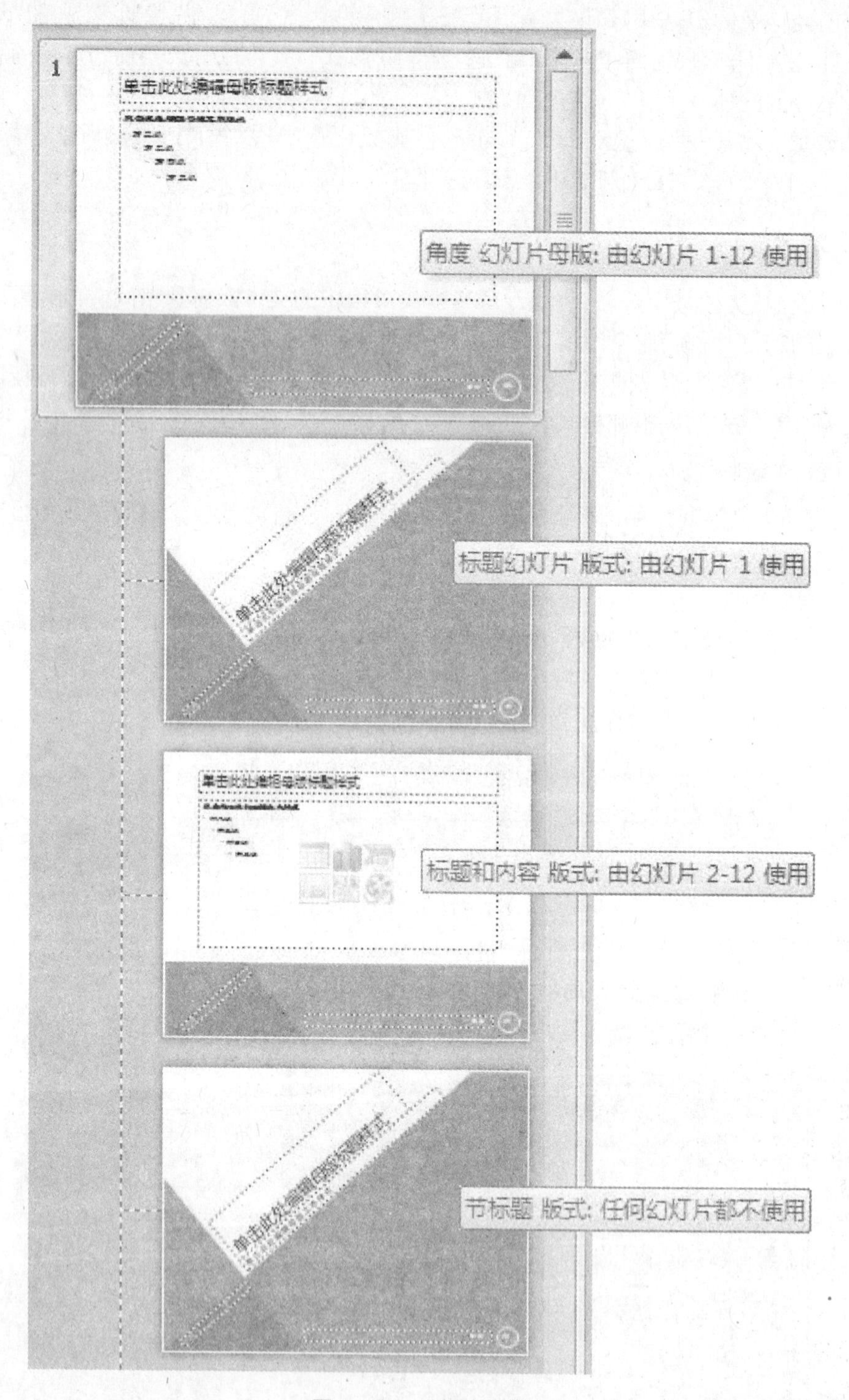

图 3-14　幻灯片母板

默认情况下,每个演示文稿都有一个对应的幻灯片母板,每个母板中都默认包含 12 个"示例幻灯片",图 3-13 中只列出了 4 个。

幻灯片母板视图中,从第 2 个开始往下所列出的 11 个示例幻灯片,实际上就是对应着幻灯片的 11 种版式(见图 3-15):

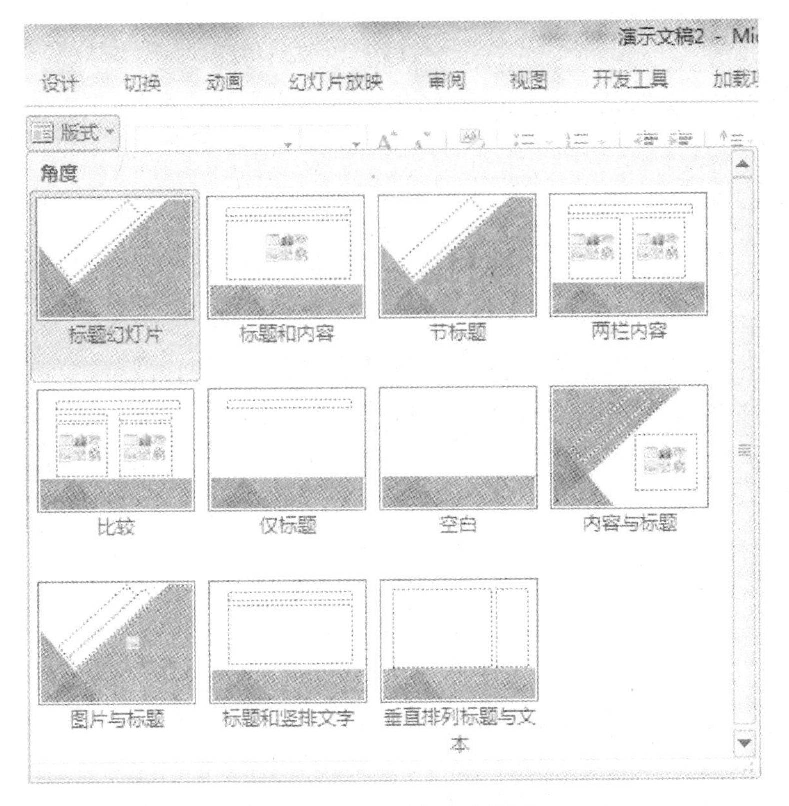

图3-15 11种幻灯片版式

当进入幻灯片母板视图时，修改示例幻灯片，就意味着实际是在修改这11种版式。理解了这一点，也就能明白幻灯片母板的作用了。

母板中看到的幻灯片仅仅是示例幻灯片，并非是用于实际放映的幻灯片，其作用是在“幕后”为相应版式的真正的幻灯片提供统一的文字格式、对象外观等的设置。

【实例3-1】 打开演示文稿“冬季节气.pptx”，利用母板，按下列要求进行操作：

(1) 将第2至第9张幻灯片的标题文字改为：微软雅黑、44号；

(2) 在所有幻灯片的右上角，插入“五角星”形状，单击该形状时，超链接指向第一张幻灯片；

步骤1：单击“视图”选项卡下的“幻灯片母板”，进入母板视图；

步骤2：选中左侧窗格中的第3个示例幻灯片（见图3-16）。（之所以选中该示例幻灯片，是因为第2～9张幻灯片使用了该示例幻灯片的版式，即：标题和内容版式）

步骤3：选中右侧的标题点位符，然后设置其字体为：微软雅黑，字号为44号；

步骤4：选中第1个主示例幻灯片。（最大的那一个），然后插入一个“五角星”形状。

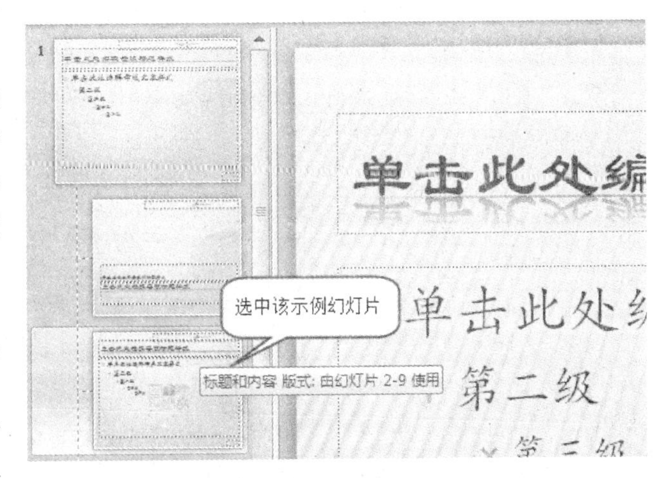

图3-16 对应于“标题和内容版式”的示例幻灯片

之所以选中第 1 个示例幻灯片，原因是：演示文稿中的所有幻灯片，都是以该示例幻灯片的版式为基础版式，对该示例幻灯片的改动，会影响到所有的幻灯片。所以，在该示例幻灯片中插入一个“五角星”形状后，退出母板视图，就会发现，所有的幻灯片右上都会出现该形状！

步骤 5：选中母板中第 1 个示例幻灯片右上角的“五角星”，单击右键选择“超链接(H)...”，在“插入超链接”对话框中，单击“本文档中的位置(A)”，然后选择列表框中的“第一张幻灯片”，最后确定（见图 3-17）。

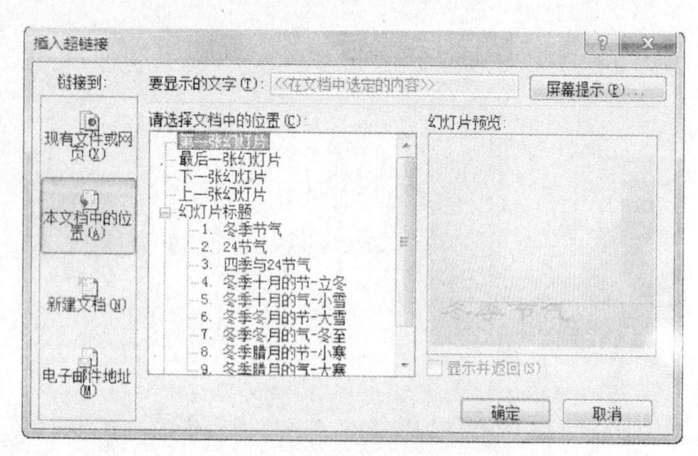

图 3-17 链接到本文档中的位置

步骤 6：单击“幻灯片母板”选项卡下的“关闭母板视图”，回到普通视图。

制作幻灯片时，除了使用默认的 11 种版式之外，还可以自定义版式，下面通过例子进行演示。

【实例 3-2】 打开演示文稿“冬季节气. pptx”，利用母板创建一个名为“左右图片”的幻灯片版式（见图 3-18）。

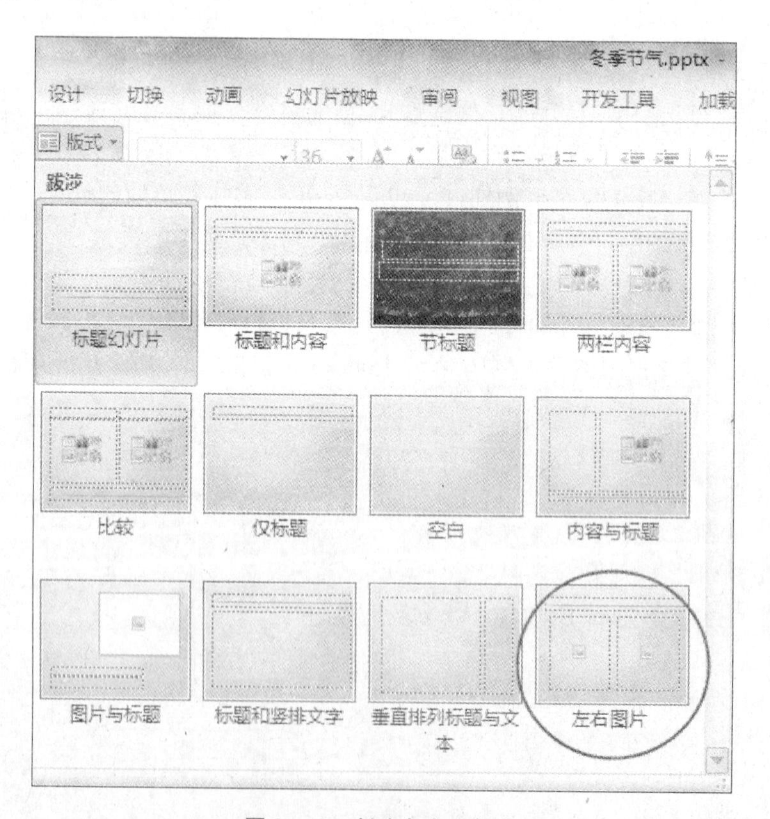

图 3-18 创建自定义版式

步骤 1：单击“视图”选项卡下的“幻灯片母板”，进入母板视图；

步骤2：单击"幻灯片母板"选项卡下的"插入版式"，添加一个示例幻灯片；

步骤3：单击"幻灯片母板"选项卡下的"插入点位符"，选择下拉列表中的"图片(P)"，然后在上述示例幻灯片中画2个矩形框，并调整大小、位置(见图3-19、图3-20)；

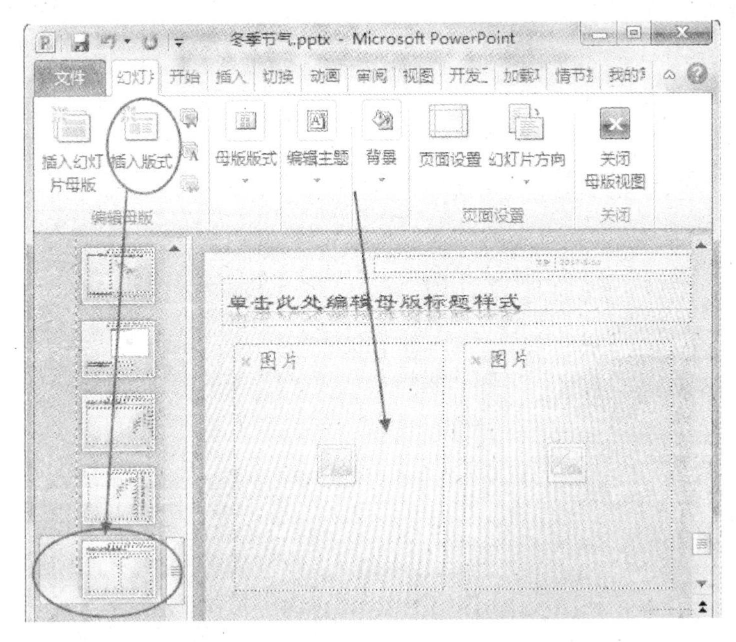

图3-19 创建自定义版式——左右图片

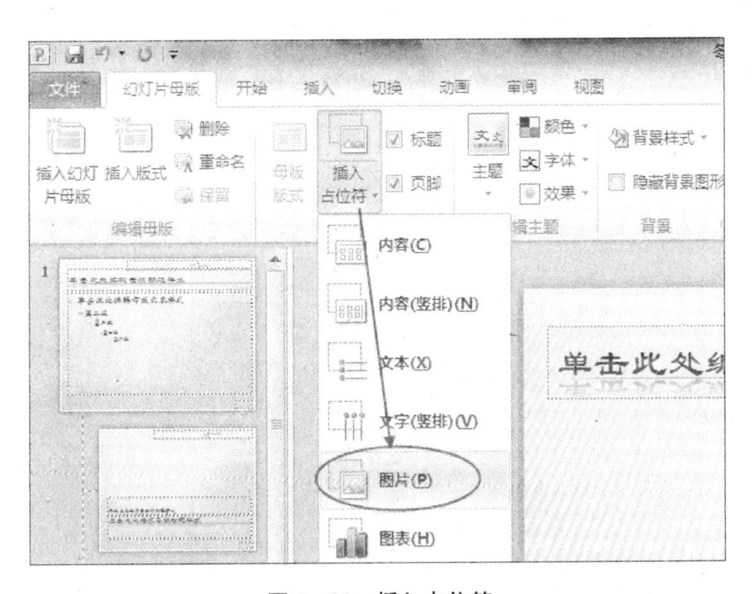

图3-20 插入点位符

步骤4：鼠标右击上述示例幻灯片，选择"重命名版式(R)"，打开如图3-21所示的"重命名版式"对话框，在此对话框中，输入："左右图片"，然后单击"重命名(R)"按钮即可。

步骤5：单击幻灯片母板选项卡下的"关闭母板视图"按钮，回到普通视图。

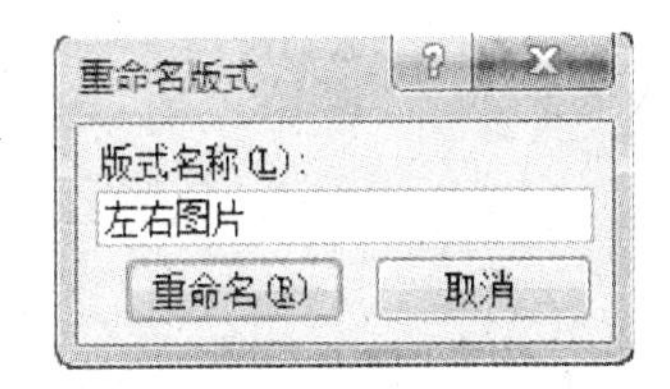

图3-21 重命名自定义版式

（2）讲义母板

有时，在放映幻灯片之前，演讲者需要将幻灯片打印成书面材料，发放给观众观看阅读。但直接打印幻灯片，一页纸一张幻灯片实在太浪费纸张，于是 PowerPoint 中提供了一种称之为“讲义”的打印方式，可以在一张打印纸上同时打印 1、2、3、4、6、9 张幻灯片（见图 3－22）。

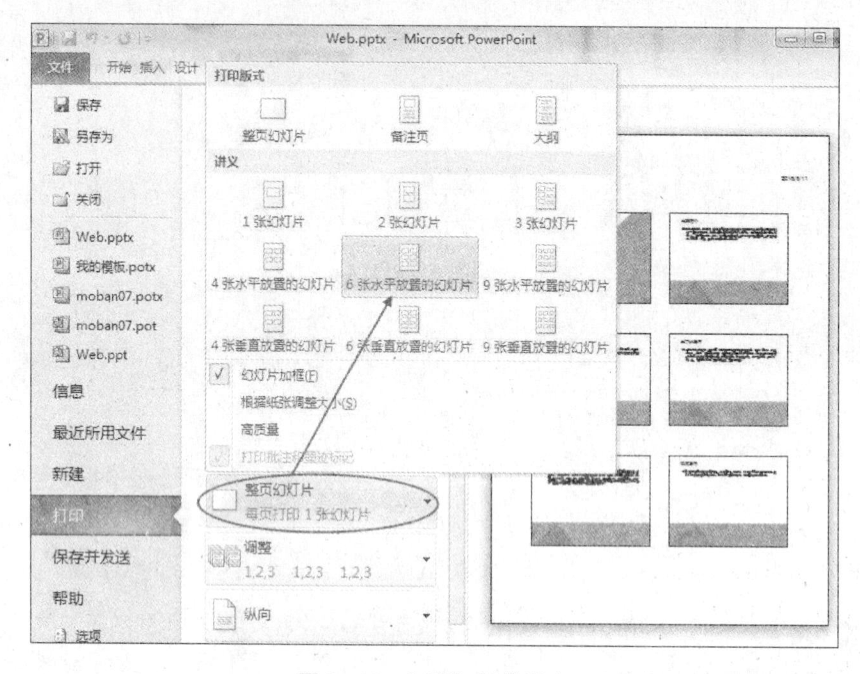

图 3－22　打印幻灯片讲义

而所谓的讲义母板，就是指演示文稿以“讲义”方式打印时，需要设置的外观样式。

单击“视图”选项卡下的“讲义母板”，即可看到如图 3－23 所示的界面。从这个界面可以看到，讲义母板包含 5 个区域：虚线占位符、页眉区、日期区、页脚区和数字区。虚线占位符是动不了的，用户能够设置的就是余下的四个区域。

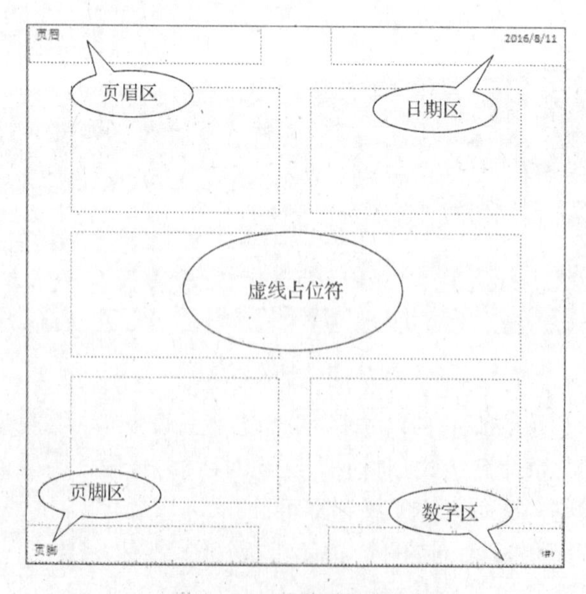

图 3－23　编辑讲义母板

（3）备注母板

每张幻灯片下都有一个输入备注的框，上面显示：单击此处添加备注（见图 3－24）。

图 3－24　幻灯片的备注

备注的作用有两个：

一是打印幻灯片时，可以选择打印“备注页”（见图 3－25），此时纸张上部打印出幻灯片缩略图，下部打印出每张幻灯片的备注。

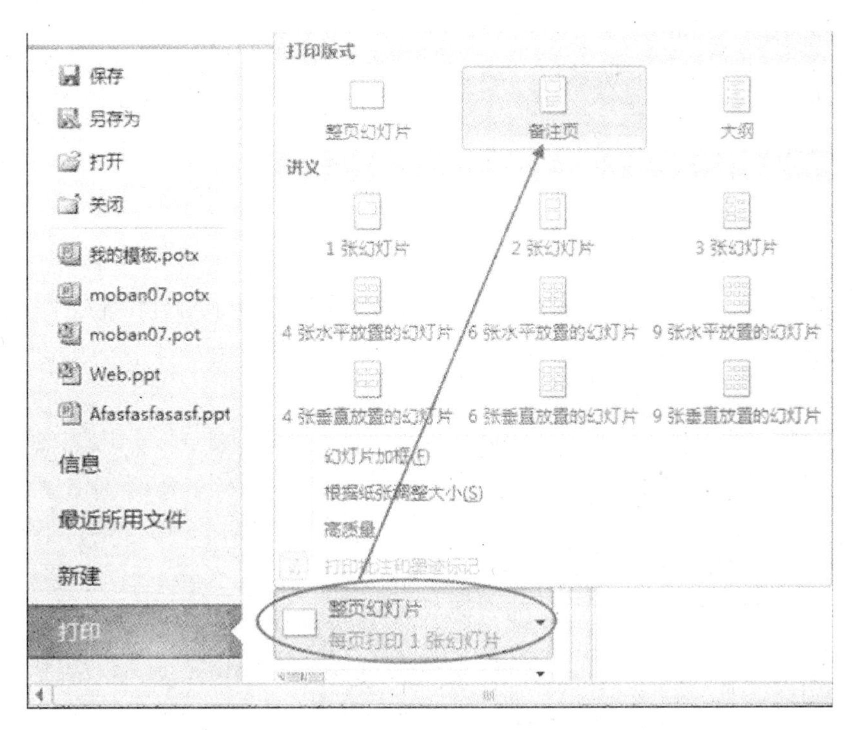

图 3－25　打印幻灯备注页

二是幻灯片放映时，可以让备注内容仅仅显示在演示者的电脑上，而观众在投影仪上则看不到。这样,演示者不必再死记硬背那些与每张幻灯片相关的文字叙述,把它放在备注中就行了,具体方法见“3.6 幻灯片的放映、打包和输出”。

打印备注页时,可能需要设置备注页的页眉、页脚、日期、数字,以及备注文本的字体、字号、颜色等,这就需要使用备注母板来设置这些格式。

单击“视图”选项卡下的“备注母板”,即可看到如图 3-26 所示的界面。这个界面中,共有 6 个区域:幻灯片缩略图区、备注文本区、页眉区、页脚区、日期区、数字区。用户可在此界面设置备注页的页眉页脚、日期、页码,以及备注文本的字体、字号、颜色等,但幻灯片缩略图区不可编辑。

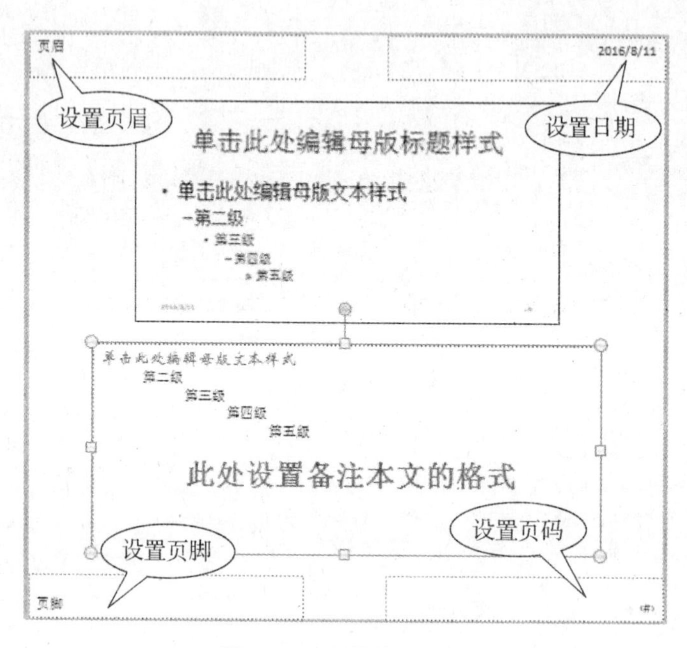

图 3-26 编辑备注母板

2. 幻灯片母板与版式的关系

默认情况下,每个演示文稿都有一个对应的幻灯片母板,每个母板中都默认包含 12 个“示例幻灯片”,(见图 3-13),其中,第 2 至 12 个示例幻灯片,一一对应于 11 种幻灯片版式。

第 1 个示例幻灯片:称为主示例幻灯片,被所有幻灯片所使用。对它修改,会影响到所有的幻灯片。

第 2 个示例幻灯片:称为标题示例幻灯片,被版式为“标题幻灯片”的幻灯片所使用。对它修改,仅会影响那些使用了“标题幻灯片”版式的幻灯片。

第 3 个示例幻灯片:称为标题和内容示例幻灯片,被版式为“标题和内容”的幻灯片使用,对它修改,仅会影响那些使用了“标题和内容”版式的幻灯片。

还有其他 8 个示例幻灯片,对应于后面的 8 个版式,不再一一赘述。

由于不同版式的幻灯片,使用的是母板中相应版式的“示例幻灯片”,这就意味着:如果更改了幻灯片的版式,那么此幻灯片的外观格式可能会改变!

举例:

譬如,将原先具有“标题版式”的幻灯片,改为“标题和内容”,那么你会发现,幻灯片可能发生了变化!(主要是外观的变化),因为它改用了母板中的“示例幻灯片 3”。

3.2.3 主题

1. 什么是 PowerPoint 主题

PowerPoint 主题是将字体格式、背景颜色、图形效果这3类设计元素组合在一起，形成的多种不同界面设计方案。利用设计主题，可快速对演示文稿进行外观效果的设置。

需要指出的是，主题中的字体格式，只能改变文本的字形（如：宋体、楷体、黑体、华文行楷等），不能改变字号大小、加粗、倾斜等格式。

一个主题有3个元素，分别是：

◆ 主题颜色：它由8种颜色组成，包括背景、文字强调和超链接颜色。

◆ 主题字体：主要是快速设置母版中标题文字和正文文字的字体格式，自带了多种常用的字体格式搭配，可自由选择。

◆ 主题效果：主要是设置幻灯片中图形线条和填充效果的组合，包含了多种常用的阴影和三维效果组合。

2. 给幻灯片应用主题

PowerPoint 包含一个主题库（见图3－27），用户可以从中挑选一个合适的主题。单击右下角的 ▾ 按钮，可以显示更多的主题。当前演示文稿所用的主题，显示在最左端。

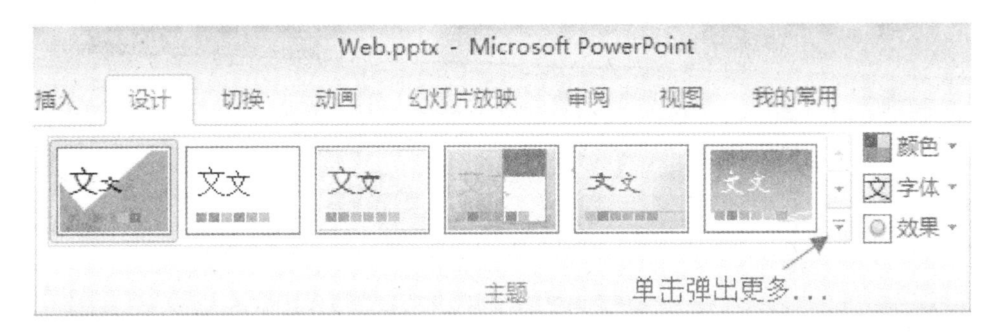

图3－27 主题库

要给幻灯片应用主题，方法是：在“幻灯片缩略图窗格”中选择幻灯片，再单击主题库中的某个主题。具体是：

◆ 如果选择1张幻灯片，则为整个演示文稿应用主题；

◆ 如果选择了多张幻灯片，则仅仅为这些选中的幻灯片应用主题

PowerPoint 中，主题实际上是通过母板起作用的，即：当你应用某个主题后，再进入母板，你会发现，母板中的示例幻灯片的颜色、字体、图形效果发生了变化，所以实际上是示例幻灯片被应用了主题。

3.3 使用灯片模板

3.3.1 什么是 PowerPoint 模板？

当你花了不少精力，设计好了一个令人满意的演示文稿（包括：版式、背景图片、图形效果、

字体、颜色等),希望以后只要填入内容,就能重复使用,那么就只要将这个演示文稿另存为PowerPoint 模板即可,它是一个后缀为. potx 文件。

PowerPoint 模板实际上是一个预先设计好的空的演示文稿,仅包含背景图案、文字格式、对象颜色、图形效果等,而并不含具体文字内容。

可以创建自己的自定义模板,然后存储、重用并与他人共享,还可以在 Office. com 以及其他网站上找到可应用于演示文稿的 PowerPoint 免费模板。

3.3.2 创建自己的 PowerPoint 模板

创建模板,主要就是设计幻灯片母板,对母板中的 12 张示例幻灯片,指定其版式、背景图片(或图形)、主题等,然后另存为. pot 类型的文件(见图 3-28)。

自定义的模板文件被保存在

C:\Users\用户名\AppData\Roaming\Microsoft\Templates

文件夹中。

【注】 在 PowerPoint2003 中,模板文件后缀为:. pot 。

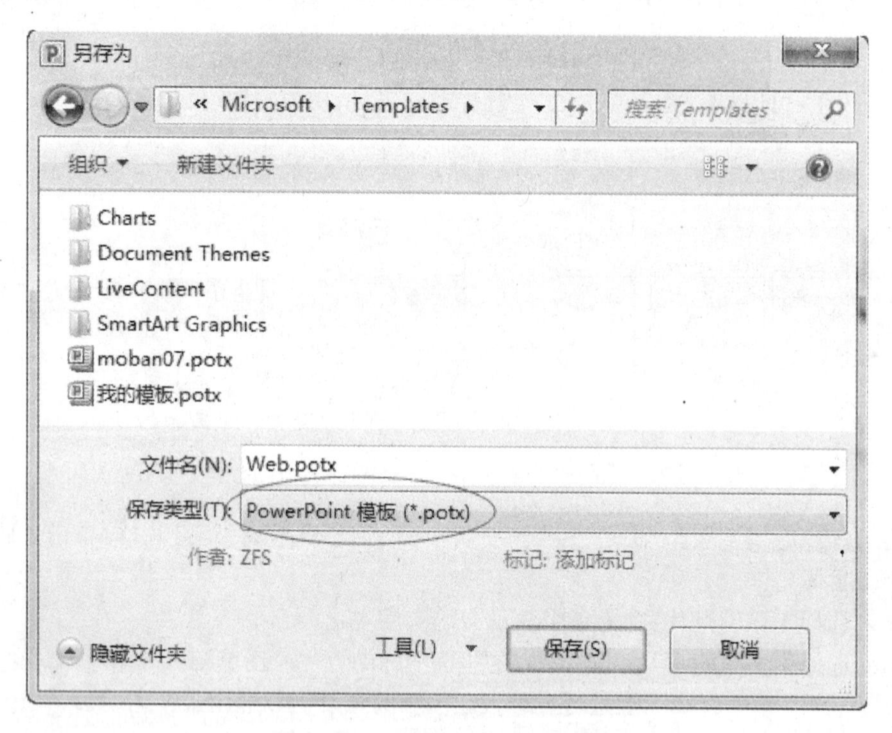

图 3-28 另存为 PowerPoint 模板

3.3.3 使用自己的 PowerPoint 模板

方法一:新建演示文稿时,选择"我的模板"(见图 3-29),打开如图 3-30 所示的"新建演示文稿"对话框,然后选择所需的模板文件。

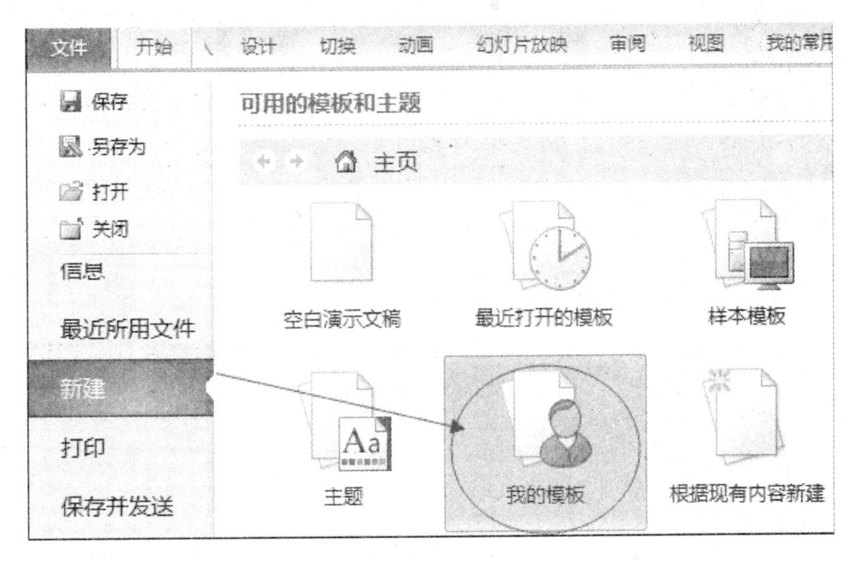

图 3-29　我的模板

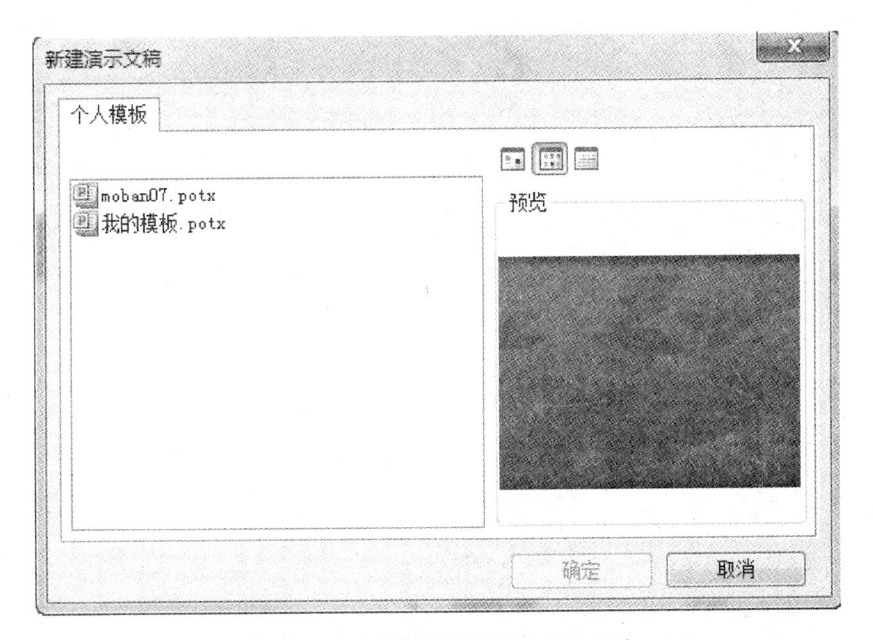

图 3-30　由"我的模板"新建演示文稿

方法二:单击"设计"选项卡,再单击图 3-27 右下角的 按钮,在打开的下拉框中,选择"浏览主题(M)..."(见图 3-31),然后在"选择主题或主题文档"对话框中,选择所需的模板(见图 3-32)。

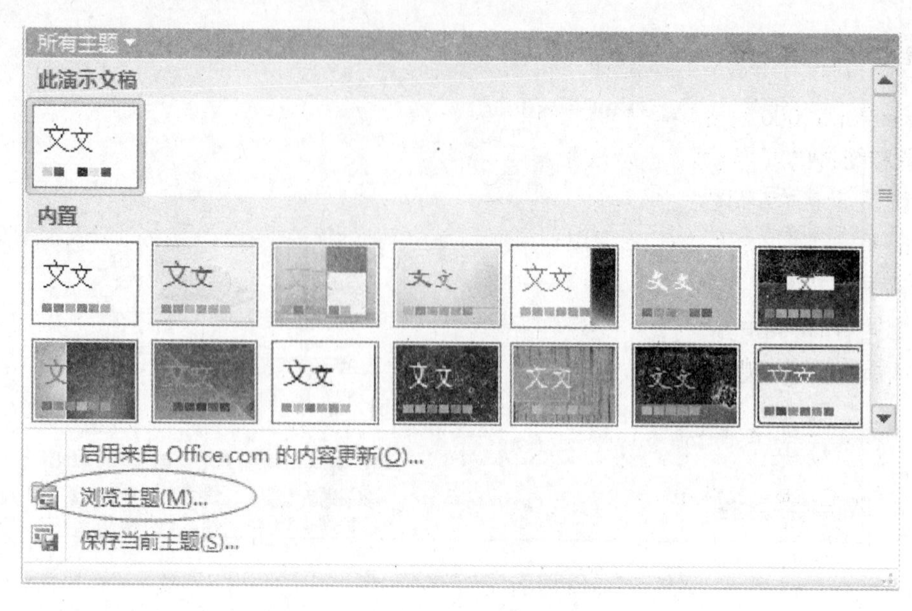

图 3-31 选择"浏览主题(M)..."

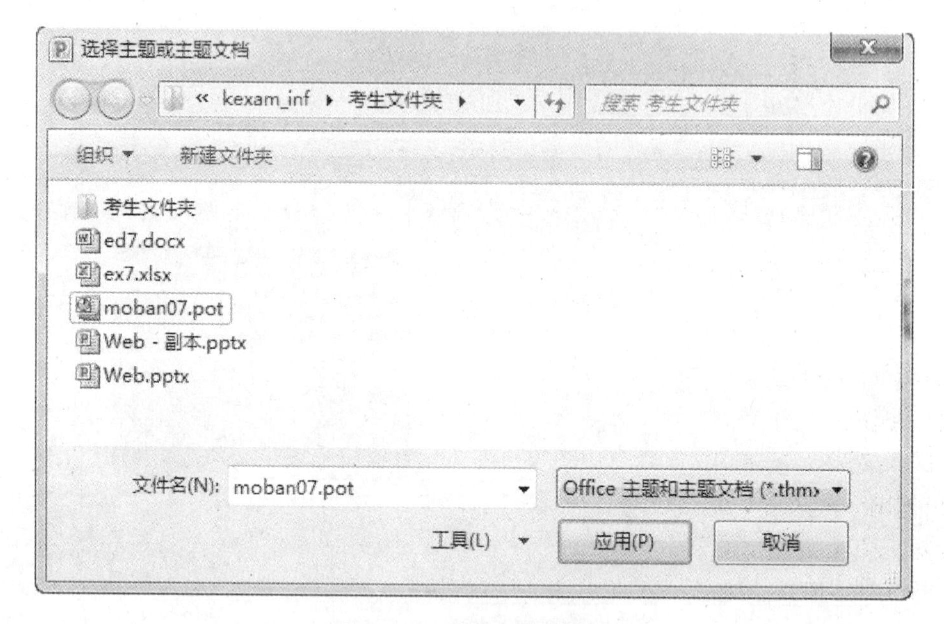

图 3-32 选择主题或模板

3.4 在幻灯片中添加 SmartArt 图形

SmartArt 图形是从 PowerPoint2007 开始新增的功能，SmartArt 图形能够直观地表现出企业组织内部的层次关系、生产过程中的循环关系、会议报告中的递进关系、各种活动事项的流程关系等，而且在视觉上更加美观，能为幻灯片增加不少魅力。

3.4.1 创建 SmartArt 图形

PowerPoint2010 中提供了 8 种类型的 SmartArt 图形，不同的类型下又分别包含了多种不同布局和结构的图形，可以灵活应用于不同场合。

1. 认识 SmartArt 图形

单击“插入”选项卡下的“SmartArt”按钮，打开如图 3-33 所示的“选择 SmartArt 图形”对话框，该对话框中列出了“列表”“流程”…“图片”等 8 个类别的所有 SmartArt 图形。

单击左侧的类型列表框中的某一项，就可以看到中间的列表框中显示出该类别下的 SmartArt 图形，而右侧区域可以查看图形的预览效果和关于图形的简介。

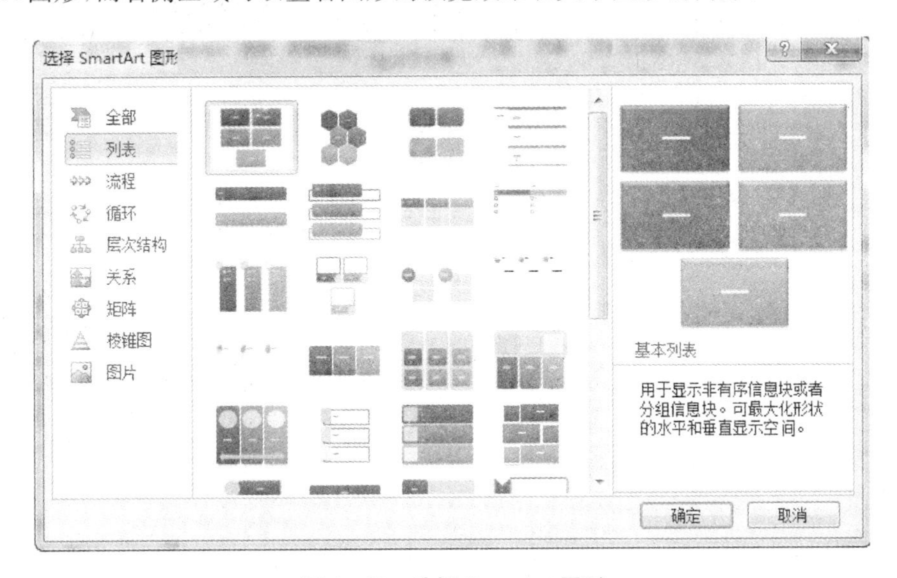

图 3-33　选择 SmartArt 图形

2. 插入 SmartArt 图形

操作步骤：

步骤 1：选择要插入 SmartArt 图形的幻灯片，然后单击“插入”选项卡下的“SmartArt”按钮，弹出如图 3-33 所示的对话框。

步骤 2：在上述对话框的左侧列表中选择一种类别(此处选择“图片”)，然后在中间列表框中选择一种具体的样式(此处选择“六边形群集”)，最后单击“确定”即可。见图 3-34。

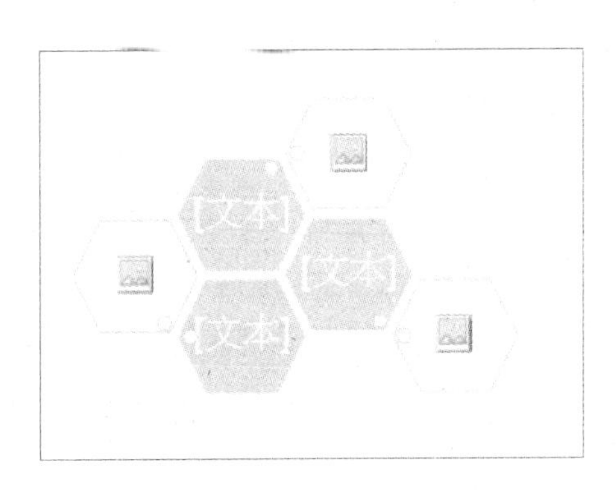

图 3-34　SmartArt 图形—六边形群集

插入 SmartArt 图形的另一种常用方法是：将幻灯片上已有的文本（通常是项目列表）转换成 SmartArt 图形。

例如，要将图 3-35 左边的项目列表转换为右边的“基本维恩图”，方法很简单：

全部选中文本占位符中的文本，然后点击右键，选择快捷菜单中的“转换为 SmartArt (M)”，然后从弹出的 SmartArt 图形列表中，选择“基本维恩图”（见图 3-36）。

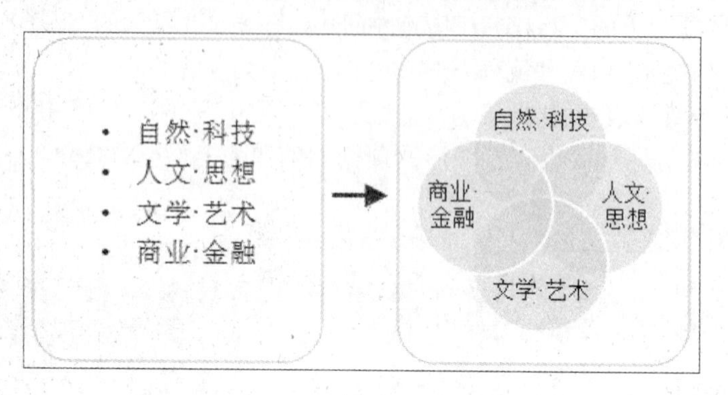

图 3-35 将文本转换为 SmartArt 图形示例

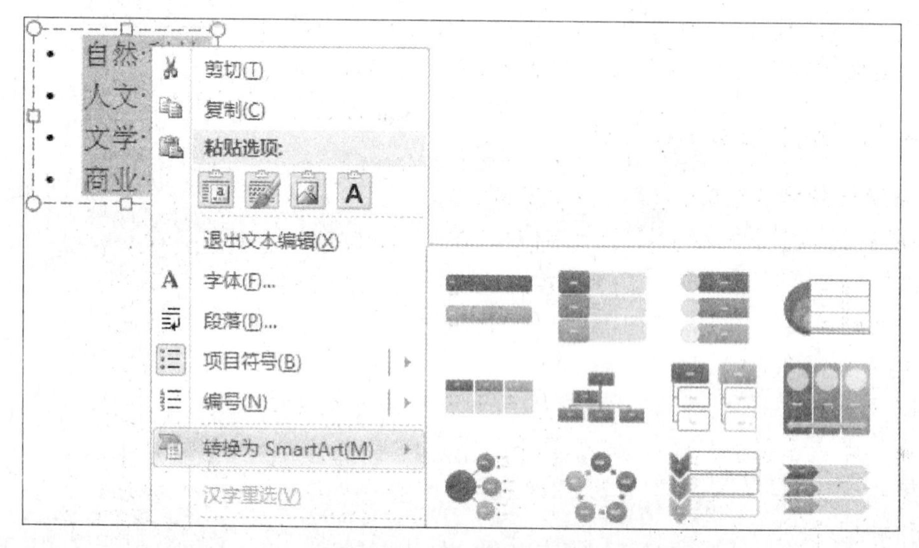

图 3-36 使用右键菜单将文本转换为 SmartArt 图形

3.4.2 编辑 SmartArt 文本

所有的 SmartArt 都有文本占位符，这些占位符其实就是文本框。只需要在一个占位符中单击就可以输入文本，然后就可像普通文本一样，进行字体、字号、加粗、倾斜等更改文本外观，或者使用“格式”选项卡下的“艺术字样式”来设置艺术字格式。

除此之外，还可以使用单击 SmartArt 左边的 按钮，显示如图 3-37 所示的“文本窗格”，在其中直接输入文字。这个文本窗格的作用，类似于“大纲”窗格对于幻灯片的作用。

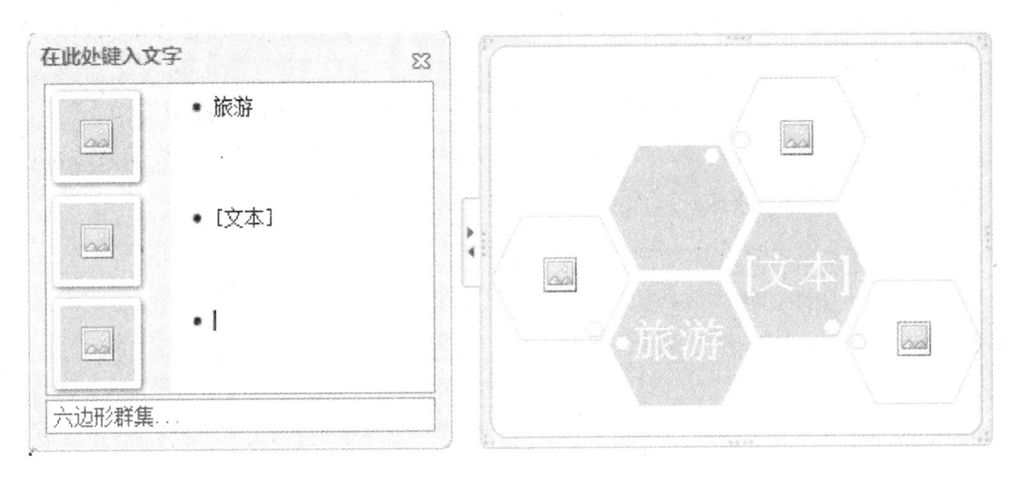

图 3-37 SmartArt 图形—六边形群集

编辑 SmartArt 文本的几个技巧：

◆ 对于列表类别的 SmartArt 图形中的文本，按 Shift+Tab 键可升级一行文本；按 Tab 键可降级一行文本；

◆ 文本会自动换行，如有必要，也可以按 Shift+Enter 键来插入一个换行符；

◆ 如果调整图形大小，其文本也会自动调整大小。

3.4.3 修改 SmartArt 结构

SmartArt 图形的结构，是指它包含多少个框以及这些框的布局。尽管图形的类型各有不同，但在所有图形中添加、删除和重新定位形状的方法，几乎都是相同的。

当添加一个形状时，不仅添加了图形元素（圆圈、线条或其他），而且也添加了相关的文本占位符。同样，删除一个形状时，也会同时删除它对应的文本占位符。

1. 插入和删除形状

要在 SmartArt 图形中插入一个形状，可以按以下步骤进行：

步骤 1：单击希望新形状出现的位置旁边形状；

步骤 2：单击“设计”选项卡下的“添加形状”，选择下拉菜单中的“在后面添加形状(A)”或“在前面添加形状(B)”（见图 3-38）。

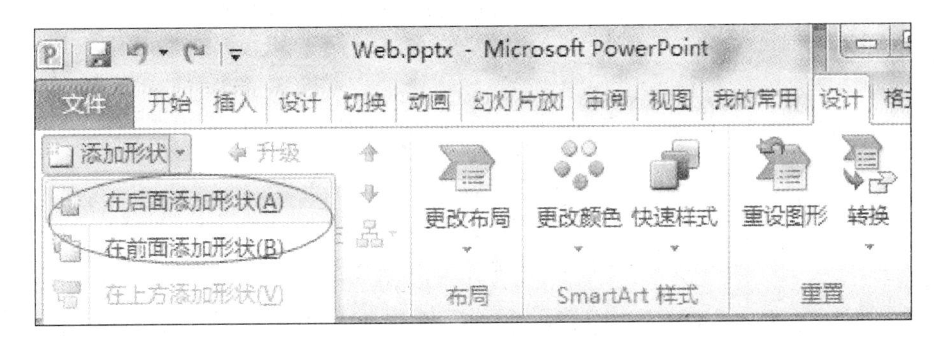

图 3-38 在 SmartArt 图形中添加新的形状

要删除 SmartArt 图形中的一个形状，只要选中该形状，然后按〈Delete〉键即可。

2. 更改流程方向

很多 SmartArt 图形都带有一个箭头以表示流程方向，譬如：循环图形的箭头或者是顺时针或者是逆时针；棱锥图形或者是向上箭头或者是向下箭头。

如果在输入了所有文本后突然发现箭头方向搞反了，那么只要选中 SmartArt 图形，然后单击“设计”选项卡下的“从右向左”按钮，即可将箭头方向倒转过来。

3. 重新定位形状

SmartArt 图形中的形状可以随意单独移动，以便重新定位。它和其他形状之间的任何连接符会根据需要自动调整大小并延伸。

4. 重设图形

对 SmartArt 图形进行更改后，可以用“设计”选项卡下的“重设图形”按钮来将其返回到默认设置。这会取消一切自定义操作，包括任何 SmartArt 样式和手动定位，使之变回刚刚插入时的效果，但会保留输入文本。

3.4.4 格式化 SmartArt 图形

1. 应用 SmartArt 样式

SmartArt 样式是应用于整个 SmartArt 图形的一套预设的格式(边框、填充、效果和阴影等)，它们可以轻松应用表面纹理效果，使形状看起来具有反射性或具有三维尝试或者透视效果。

要应用 SmartArt 样式，可按下面步骤操作：

步骤 1：选定图形，使“设计”选项卡变成可用；

步骤 2：单击“设计”选项卡下的“SmartArt 样式”，从样式库中选择一个样式(见图 3-39)。

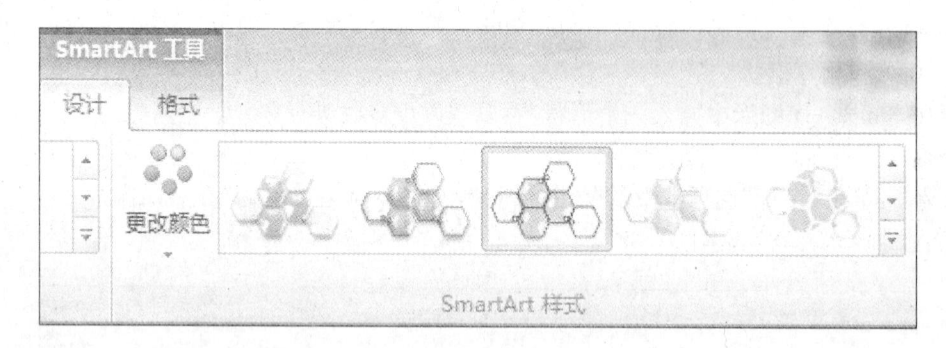

图 3-39 应用 SmartArt 样式

2. 更改 SmartArt 颜色

在应用了 SmartArt 样式之后，你可能还希望更改图形中的颜色。更改颜色的最简单的方法是使用“设计”选项卡上的“更改颜色”按钮，从颜色方案库中进行选择，也可以基于当前演示文稿主题颜色的色板选择一种颜色方案。

3. 为各形状手动应用颜色和效果

对于 SmartArt 图形中的各种形状，也可以像普通形状那样，选中其中的某个形状，然后利用格式工具设置诸如：形状填充、形状轮廓、形状效果等(见图 3-40)。

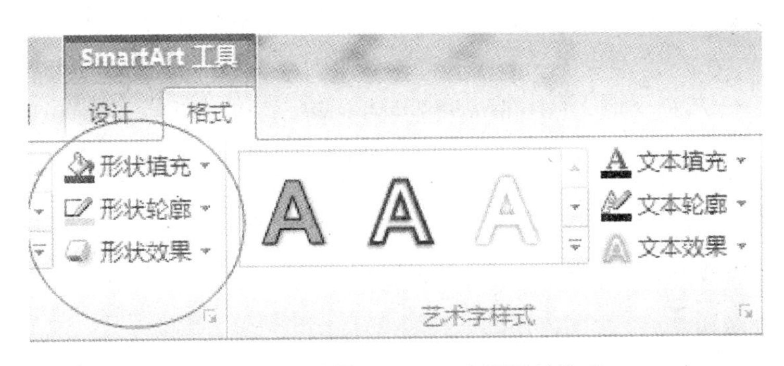

图3-40 设置SmartArt中形状的格式

4. 更改图形中使用的形状

每个SmartArt图形都有自己默认的布局并将这些布局用于其中的形状，但可以手动更改这些布局。具体操作方法是：

选中SmartArt图形中的某个形状，然后单击“格式”选项卡，点击“更改形状”按钮，即可以看到下拉框，最后选择其中的一个形状即可(见图3-41)。

每个形状都可以单独更改。如果只选中整个SmartArt图形，那么“更改形状”按钮将不可用。

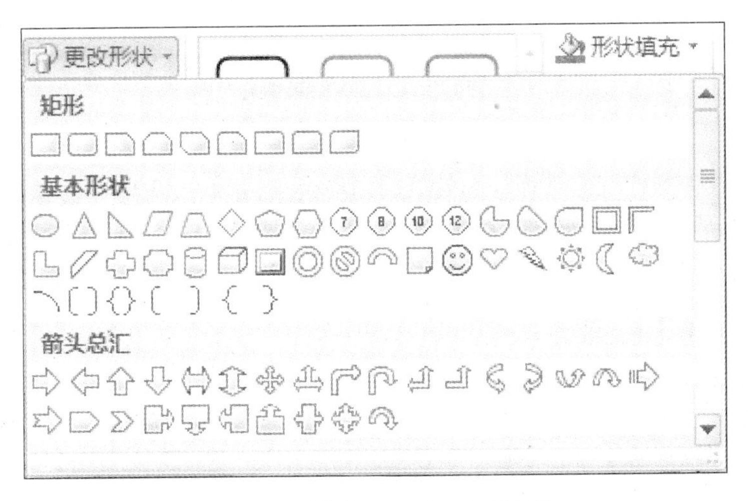

图3-41 更改SmartArt中的形状

3.4.5 在SmartArt图形中插入图片

方法一：用图片填充形状

由于SmartArt图形中的各种形状，与幻灯片上直接插入的普通形状没有什么区别，所以，我们也可以用图片来填充其中的形状。

具体操作方法是：选中SmartArt图形中的某个形状，然后单击“格式”选项卡下的“形状填充”按钮，再在下拉框中选择“图片(P)...”(见图3-42)，最后在“插入图片”对话框中，选择一个图片文件即可。

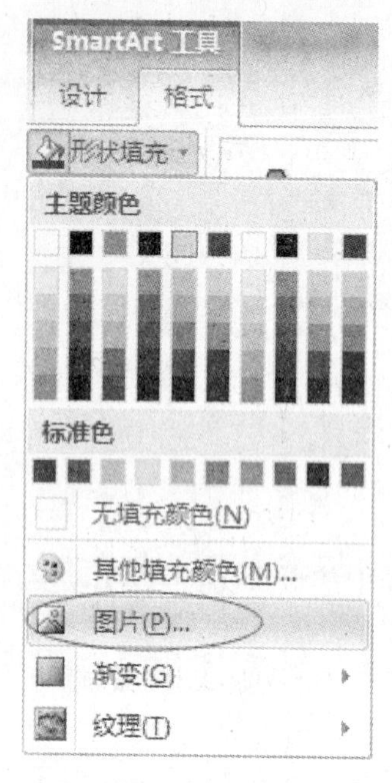

图 3-42 用图片填充形状

方法二：通过 SmartArt 中的图片占位符填充形状

SmartArt 的 8 个类别中，其中“图片”类别下的 SmartArt 图形，其中都包含图片占位符（见图 3-43），只要单击图片占位符，即可打开“插入图片”对话框，选择一个图片文件即可。

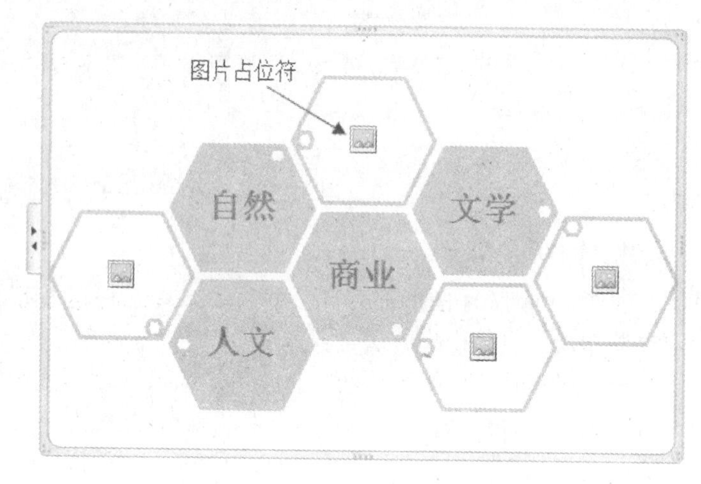

图 3-43 用图片占位符填充形状

3.5 创建动画效果和切换

本节将介绍如何为幻灯片添加动画效果和切换效果，这些效果可以使整个演示文稿显得更加生动有趣、自然流畅。演示文稿中的文本、图片、形状、表格、SmartArt 图形和其他对象，都可以设置动画效果，赋予它们进入、退出、大小、颜色变化、移动等视觉效果。

3.5.1 使用动画效果

幻灯片上对象的动画效果分为四种：进入、强调、退出、动作路径。

1. 对象进入动画效果

具体操作步骤如下：

步骤 1：选中幻灯片的上一个对象，譬如：文本占位符，单击“动画”选项卡，再单击“动画组”中的“其他”按钮 ，在弹出的下拉列表中，选择“进入”下面的某个动画效果（见图 3-44）。此时，可以看到，对象占位符左上角显示一个黄色的带有数字编号的“动画效果标记”（见图 3-45）；

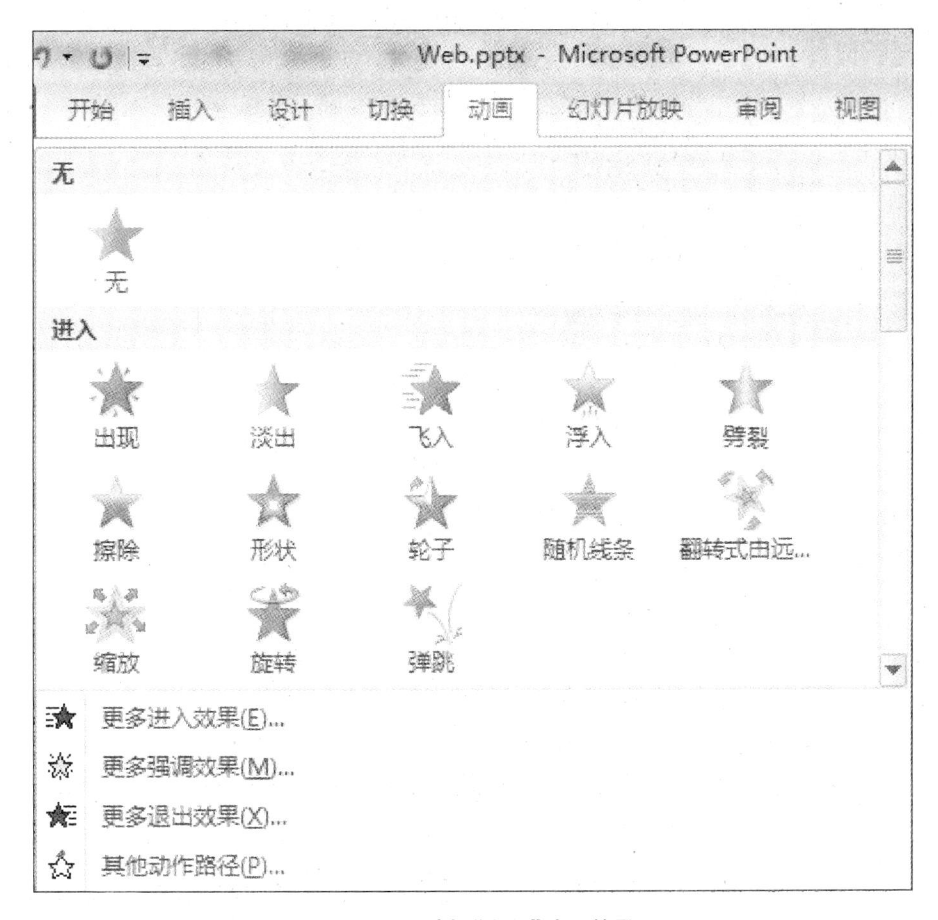

图 3-44　选择“进入”动画效果

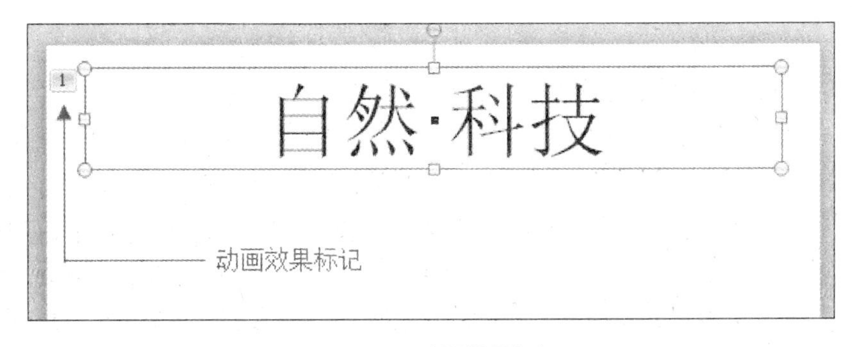

图 3-45　动画效果标记

步骤 2:单击“动画”选项卡下最左边的“预览”按钮,就可以预览动画效果。

单击图 3-44 下面的“更多进入效果(E)...”,打开如图 3-46 所示的“更改进入效果”对话框,在此对话框中可以选择更多的进入效果。

图 3-46 更改进入效果

2. 对象退出动画效果

对象退出的动画效果设置，与进入的设置几乎相同，只需选择图 3-47 中的退出动画效果，或者选择下面的“更多退出效果(X)...”。

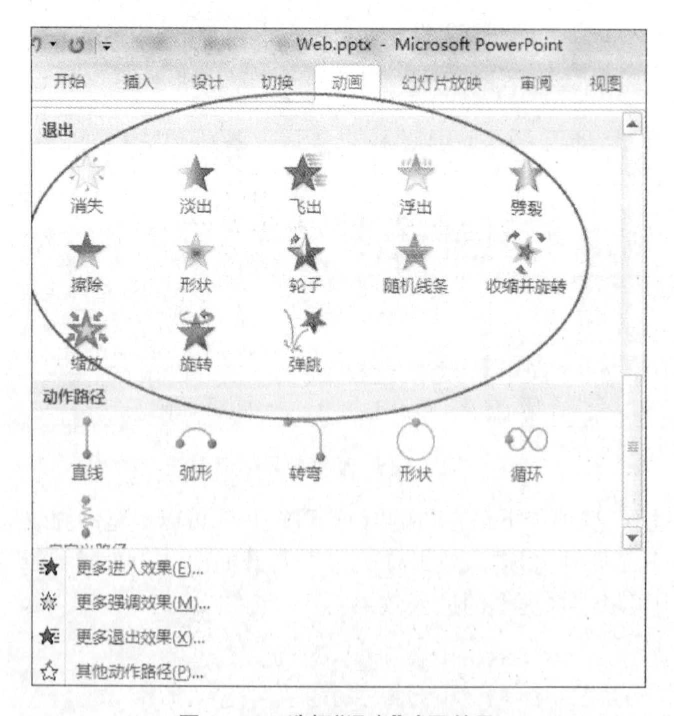

图 3-47 选择“退出”动画效果

3. 对象退出动画效果

设置方法与进入的动画效果相似，此处不现赘述。

3.5.2 编辑动画效果

设置好动画效果后，可以根据需要为单个对象添加多个动画效果，还可以删除或对动画效果重新排序。

1. 添加动画效果

操作步骤：选中需要添加动画的对象，然后单击“动画”选项卡，在“高级动画组”中单击“添加动画”按钮(见图3-48)。

当一个对象添加2个动画效果之后，你就会看到：该对象的左上角出现一个带有数字编号的“动画效果标记”，编号分别为1和2(见图3-49)。

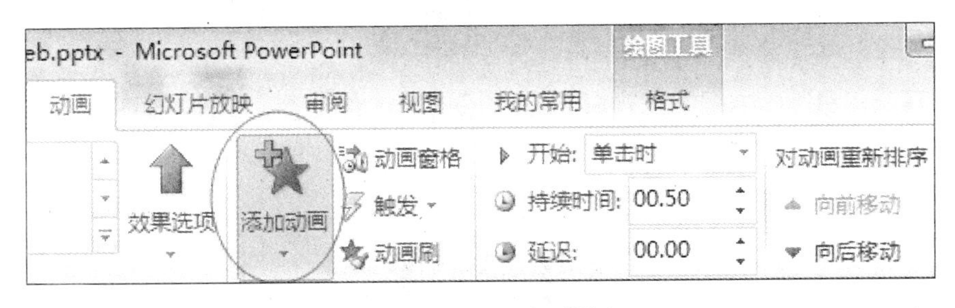

图3-48 “添加动画”按钮

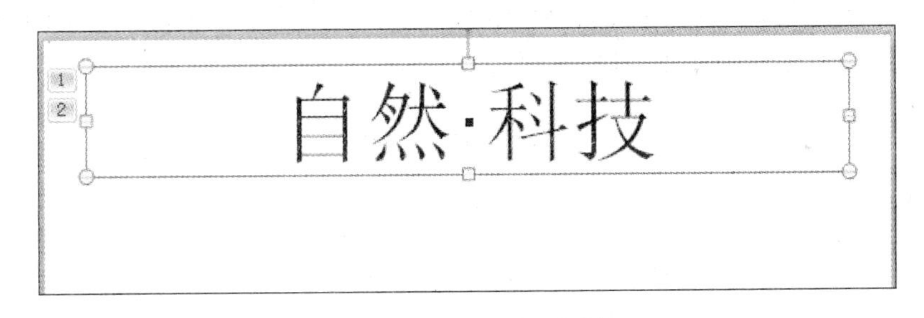

图3-49 “添加动画”按钮

2. 删除动画效果

◆ 删除对象上的单个动画效果

操作步骤：选中对象，然后单击左上角的“动画效果标记”，然后按〈Delete〉键即可。

◆ 删除对象上的所有动画效果

操作步骤：选中对象，单击“动画”选项卡下的“动画组”中的“无”按钮即可。

◆ 删除一张幻灯片上的所有动画效果

操作步骤：选择需要删除所有动画效果的幻灯片，单击“动画”选项卡下的“高级动画组”中的“动画窗格”(见图3-50)，打开“动画窗格”窗口，然后用鼠标单击一下该窗口，再按Ctrl+A，即可

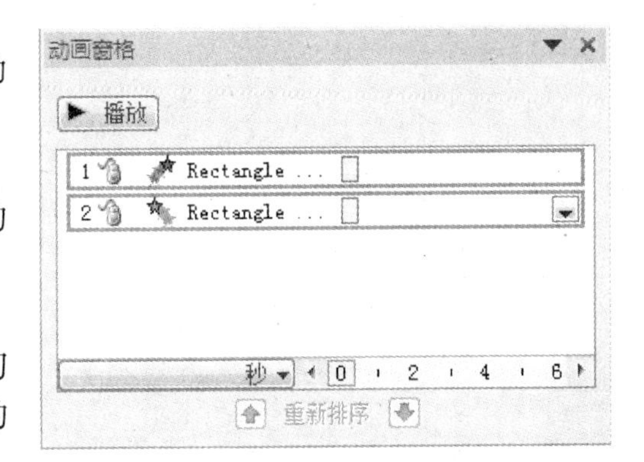

图3-50 动画窗格

选中所有动画效果，最后按〈Delete〉键即可。

在“动画窗格”窗口中，也可利用鼠标单击第一个动画效果，然后按住 Shift 键再单击最后一个动画效果，来选中全部。

3. 对动画效果重新排序

设置了动画效果之后，还可根据需要调整动画的播放顺序，具体操作方法是：

打开“动画窗格”窗口，用鼠标选中其中的某一个动画，然后按住鼠标不放，往上(或下)拖动，即可以实现次序的调整。

每一张幻灯片上面的动画，其插入顺序是：按照“动画窗格”窗口中的 1、2、3、4…顺序进行的。

3.5.3 设置动作路径

PowerPoint 中，可以为对象设置动作路径，使对象按照指定的路径移动。

1. 使用预设路径动画

PowerPoint 提供了大量的预设路径动画，通过为对象设置一个路径，可使其沿指定的路径进行运动。具体操作步骤如下：

步骤 1：在幻灯片中选择需要添加预设路径动画的对象；

步骤 2：单击“动画”选项卡下的“动画”组中的按钮，在弹出的下拉列表中选择“其他动作路径(P)...”，打开“更改动作路径”对话框(见图 3 - 51)；

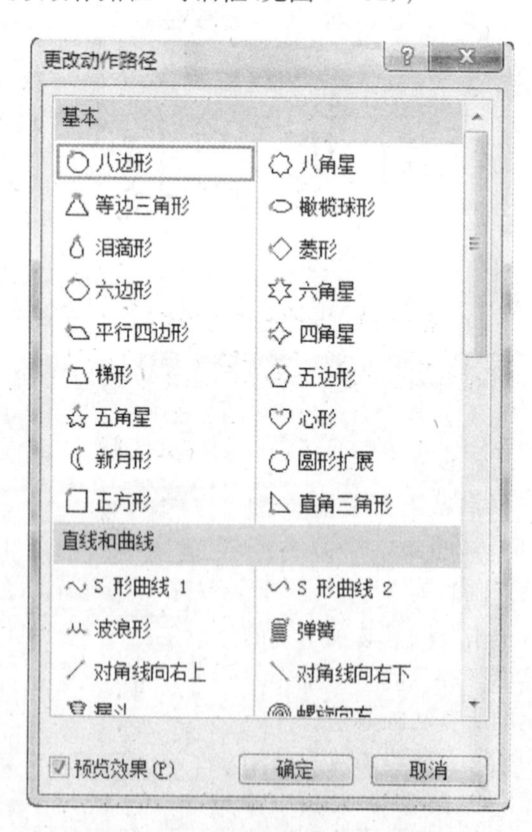

图 3 - 51 “更改动作路径”对话框

步骤 3:在“更改动作路径”对话框中,选择一种动作路径,并单击“确定”。

选中幻灯片中的动作路径(如:图 3-52 中的菱形),可以看到菱形周围出现 8 个控制点,可以利用这些控制点对动作路径进行调整,如:移动位置、放大、缩小、改变形状、旋转等。

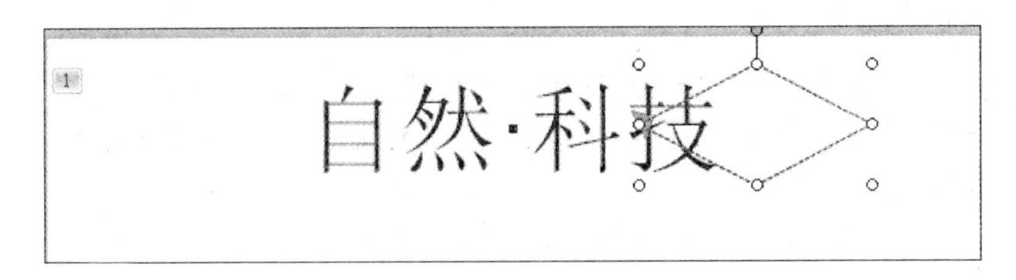

图 3-52 更改动作路径

2. 自定义路径动画

除了使用预设的动作路径外,用户也可以根据自己需要来自定义动作路径,具体操作步骤如下:

步骤 1:选中要添加自定义动作路径的对象;

步骤 2:单击“动画”选项卡下的“动画”组中的 按钮,在弹出的下拉列表框中选择“自定义路径”(见图 3-53);

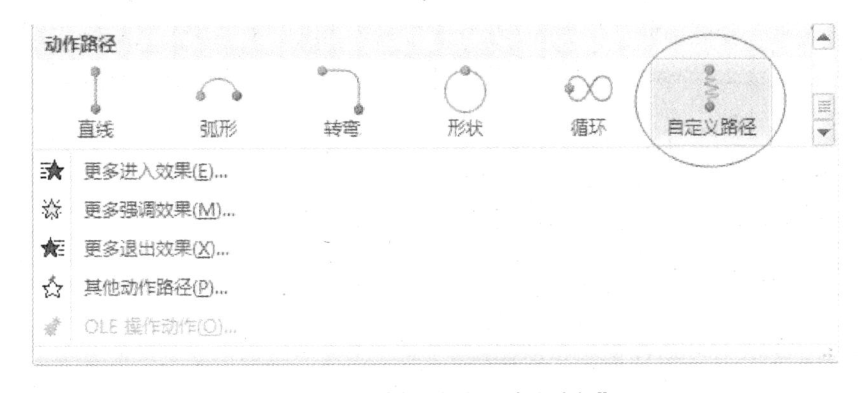

图 3-53 选择“自定义动作路径”

步骤 3:按住鼠标左键在幻灯片上画一条路径,如图 3-54 中,画出一条螺旋线。画好后双击鼠标即可结束。

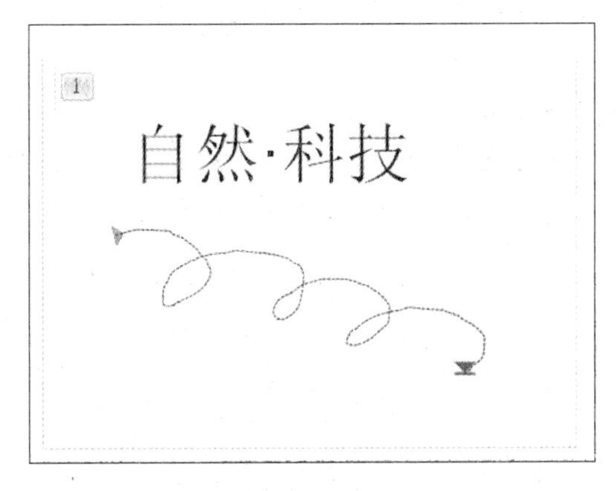

图 3-54 自定义动作路径——画一条螺旋线

3.5.4　设置时间效果

动画的时间设置包括：开始时间、延迟时间、速度。

1. 使用计时

用户可以使用计时选项来设置动画的时间，具体操作步骤如下：

步骤1：选择需要设置的幻灯片，然后选择"动画"选项卡，在"高级动画"组中单击"动画窗格"按钮，打开"动画窗格"窗口；

步骤2：在"动画窗格"中选择需要设置的动画，单击右侧的下拉三角形▾（也可直接双击此行），在弹出的下拉列表中选择"计时(T)..."，打开"效果及计时"对话框（见图3-55）；

步骤3：在图3-55所示的对话框中，点击"开始(S)"下拉列表框，可以选择动画何时开始；

步骤4：在"延迟(D)"微调框中输入一个数值，表示上一动画结束之后延迟多少秒再开始此动画；

步骤5：在"期间(N)"下拉列表框中选择或输入一个数值，表示动画的播放速度；

步骤6：在"重复(R)"一拉列表框中选择或输入一个数值，表示动画的重复次数；

步骤7：设置完成后，单击"确定"。

图3-55　设置时间效果

2. 使用高级日程表

当为幻灯片中的对象设置了动画之后，在"动画窗格"窗口中会出现一个日程表，日程表的作用主要是用来显示动画效果的持续时间，用户可以通过拖动日程表中的标记来调整持续时间。具体操作步骤如下：

步骤1：选择需要设置的幻灯片，单击"动画"选项卡，在"高级动画"组中单击"动画窗格"

按钮，显示“动画窗格”窗口，可以看到，在“动画窗格”中每个动画效果的右侧都显示一个时间条，见图 3－56；

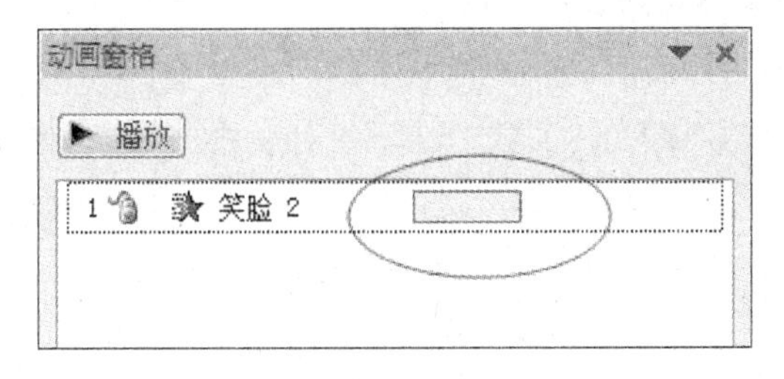

图 3－56　设置时间效果

步骤 2：将鼠标移至时间条上，当鼠标指针变为 时，按住左键不放，可拖到时间条以设定动画的延迟时间；当鼠标指针变为 时，拖动鼠标可设定持续时间；也可以通过图 3－57 中的“持续时间”与“延迟时间”微调框，来设置两个时间。

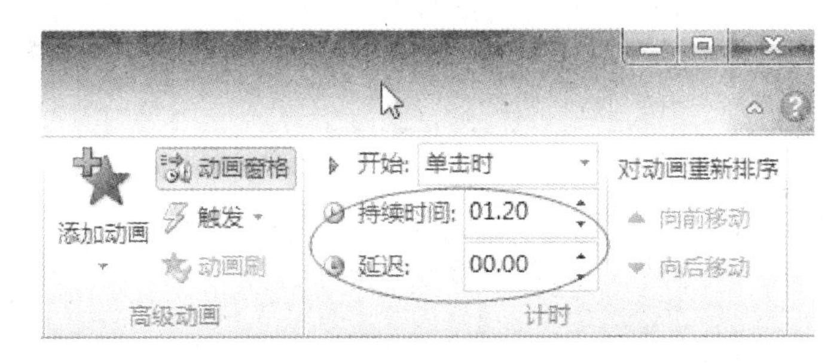

图 3－57　设置动画的持续时间与延迟埋单

3. 利用触发器播放动画

默认情况下，动画都是在幻灯片的任意位置“单击鼠标”或按〈Enter〉、空格键时播放的，但有时我们希望单击某个图片、图形、按钮时播放动画，此时就要用到触发器。

下面通过一个实例来演示如何使用触发器来播放动画。

【实例 3－3】 在幻灯片上插入一个“笑脸”图形和一个“自定义”动作按钮，设置“笑脸”形状的进入动画效果为“旋转”，当单击“自定义”动作按钮时插入该动画（见图 3－58）。

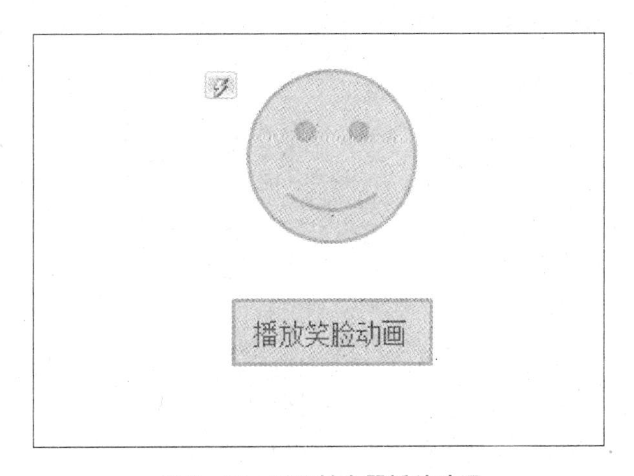

图 3－58　利用触发器播放动画

操作步骤：

步骤 1：单击“插入”选项卡下的“形状”，在下拉列表中选择“基本形状”下的“笑脸”图形，然后在幻灯片上“画”出一个笑脸；

步骤 2：选中“笑脸”图形，单击“动画”选项卡，在“动画”组中选择进入动画为“旋转”；

步骤 3：单击“插入”选项卡下的“形状”，在下拉列表中选择“动作按钮”下的“自定义”动作按钮，然后在幻灯片上“画”出一个矩形；

步骤 4：再次选中“笑脸”图形，然后单击“动画”选项卡，单击“高级动画”组中的“触发”，再在打开的下拉列表中选择“单击”，最后在“动作按钮：自定义 2”前面打上勾。

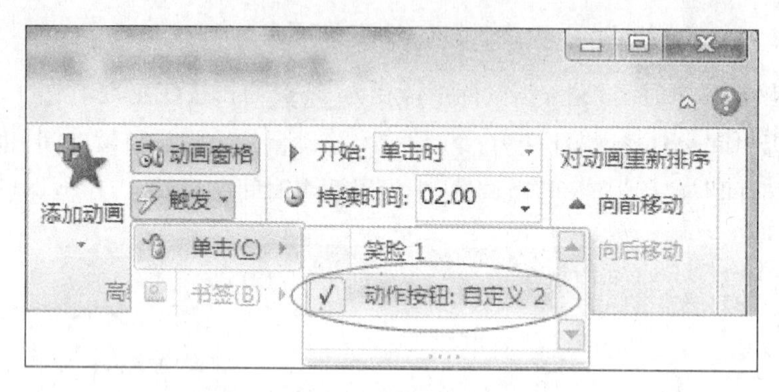

图 3-59　利用触发器播放动画

注 意

触发器除了可以播放动画，也可以播放声音、影片等。

3.5.5　使用动画刷

当需要对多个对象（文字、图片、自定义形状等）设置相同的动画效果时，可以使用“动画刷”来提高工作效率（见图 3-60）。特别是给一个对象设置了多个动画后，如果要将这多个动画应用到其他对象上时，动画刷的效率尤其显著。

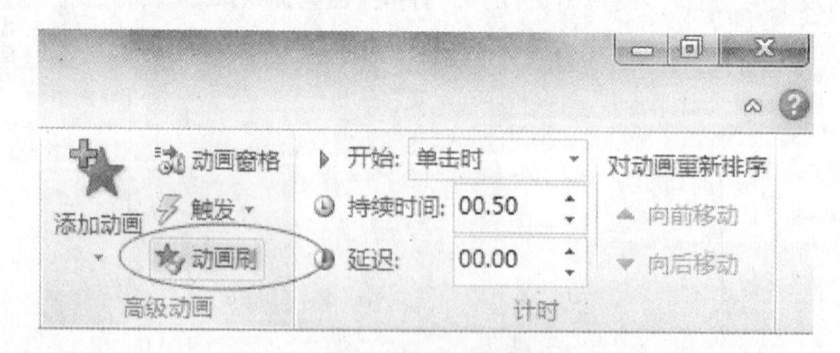

图 3-60　动画刷

动画刷的使用方法与“格式刷”几乎相同，在此不再赘述。

3.5.6 设置幻灯片的切换效果

幻灯片的动画效果分为两种：一种是幻灯片对象动画，另一种是幻灯片切换动画。

PowerPoint 中，幻灯片的切换效果是指：从一张幻灯片到下一张幻灯片的动态转换效果。

前面我们所说的动画效果，是指单个对象进入和退出幻灯片的效果，而幻灯片的切换指的是整张幻灯片的动画效果。

1. 为幻灯片添加切换效果

操作步骤如下：

步骤1：在幻灯片缩略图窗口中选择需要添加切换效果的幻灯片，然后单击"切换"选项卡，在"切换到此幻灯片"组中，单击右边的 按钮，在弹出的下拉列表中选择一种切换效果；

步骤2：如果希望对当前演示文稿中所有幻灯片都设置上述同一种切换效果，则可以单击"计时"组中的"全部应用"按钮。

2. 设置幻灯片切换效果

为幻灯片添加切换效果后，用户在"计时"组中还可以对幻灯片切换效果进行设置，例如：调整幻灯片切换的效果选项、为切换添加声音、设置切换的持续时间等。

具体操作步骤如下：

步骤1：在幻灯片缩略图窗口中选择需要设置切换效果的幻灯片，然后单击"切换"选项卡，在"切换到此幻灯片"组中，单击"效果选项"按钮，在弹出的下拉列表中选择一种效果（见图3-61）；

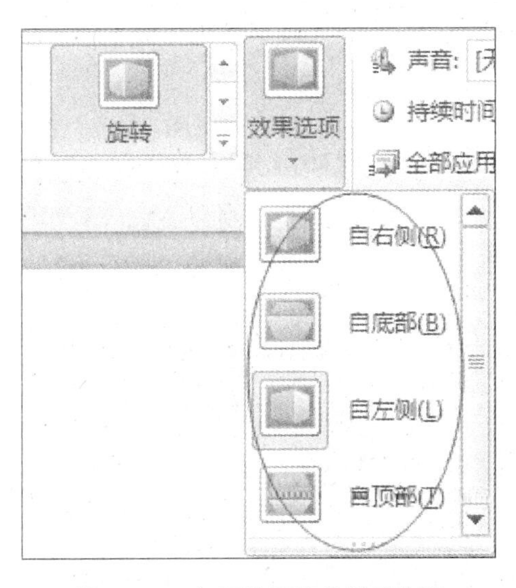

图3-61 幻灯片切换的效果选项

步骤2：在"计时"组中，单击"声音"右侧的下拉列表，选择一种声音；

步骤3：在"计时"组中，单击"持续时间"右侧的微调框，还可以设置幻灯片切换的持续时间；

步骤4：在"计时"组中，选中"设置自动换片时间"，然后在右侧的微调框中，设置自动换片时间。

自动换片时间是指：隔多少时间，自动（无需单击鼠标）进入下一张幻灯片。

3.6 幻灯片的放映、打包和输出

演示文稿制作完成后，在放映之前，通过需要进行一些设置，如：调整幻灯片的放映方式、放映顺序和放映时间等。

3.6.1 设置放映方式

1. 幻灯片的放映类型

在“幻灯片放映”选项卡下，单击“设置幻灯片放映”按钮，打开“设置放映方式”对话框，在“放映类型”选项组中，可以选择幻灯片的放映方式(见图3-62)。

放映方式分为3种，分别是：

◆ 演讲者放映(全屏幕)：这是一种最常用的方式，用于演讲者亲自播放，演讲者有完全的控制权，可以使用鼠标点击逐个放映、也可以自动放映，同时还可以进行暂停、回放、录制旁白以及添加标记等。

◆ 观众自行浏览(窗口)：以该方式放映时，演示文稿默认在标准窗口中进行放映，并且可以提供相应的操作命令，允许用户编辑、复制和打印幻灯片，但无法像演讲者放映方式那样可以设置“白屏/黑屏”，也无法将鼠标指针改成“笔”或者“荧光笔”。

◆ 在展台浏览(全屏幕)：全屏幕自动循环播放方式，用户无法控制演示文稿的放映，只能通过预先设定自动换片或排练计时进行自动播放。

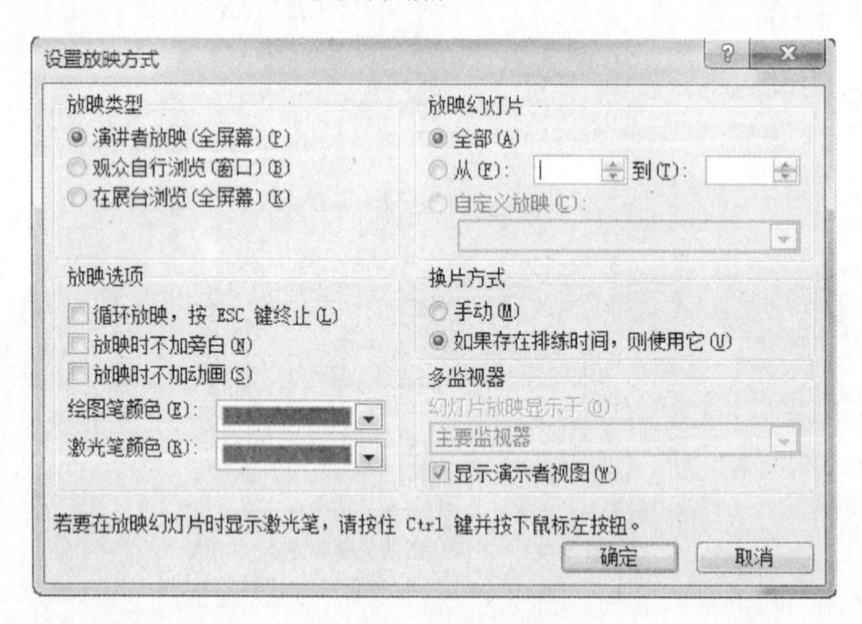

图3-62 设置放映方式

2. 设置播放方式(放映选项)

◆ 循环放映，按ESC键终止；

◆ 放映时不加旁白；

◆ 放映时不加动画：选中该选项，则放映时取消所有对象的动画效果，但保留幻灯片的切换效果。

3. 多监视器设置

当放映幻灯片的电脑连接投影仪后，幻灯片放映输出有如下几种选择：

◆ 仅显示到电脑

◆ 仅显示到投影仪

◆ 电脑与投影仪同时显示

◆ 扩展桌面

通常情况下，我们都是使用"电脑与投影仪同时显示"这种方式来放映幻灯片。但有时演讲者担心忘记那些演讲台词，但又不希望去死记硬背，那么只要利用幻灯片备注，并对"多监视器"进行相应设置，就能使得演讲者本人可在电脑上看到台词，而观众在投影仪上则看不到。具体操作如下：

步骤 1：在电脑桌面空白处单击右键，按照图 3－63 所示选择"监视器＋内置显示器"；

步骤 2：打开"设置放映方式"对话框（见图 3－64），在"显示演示者视图(W)"前打上勾，并在"幻灯片放映显示于(O)"下面的下拉列表框中，选择"监视器 2 通用即插即用监视器"；

步骤 3：单击"确定"按钮；

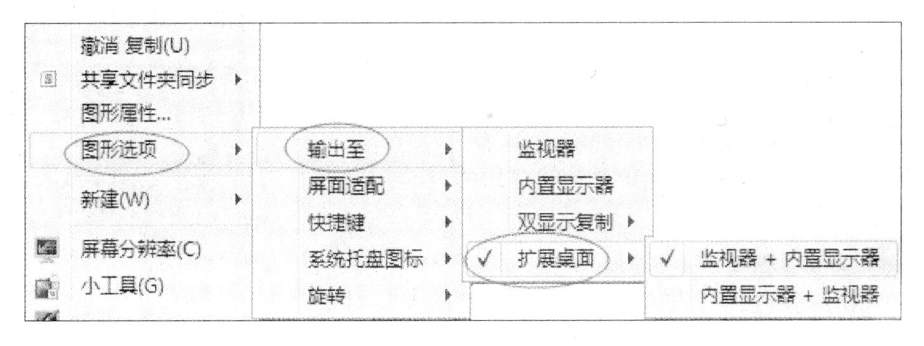

图 3－63 设置显示器输出——扩展桌面

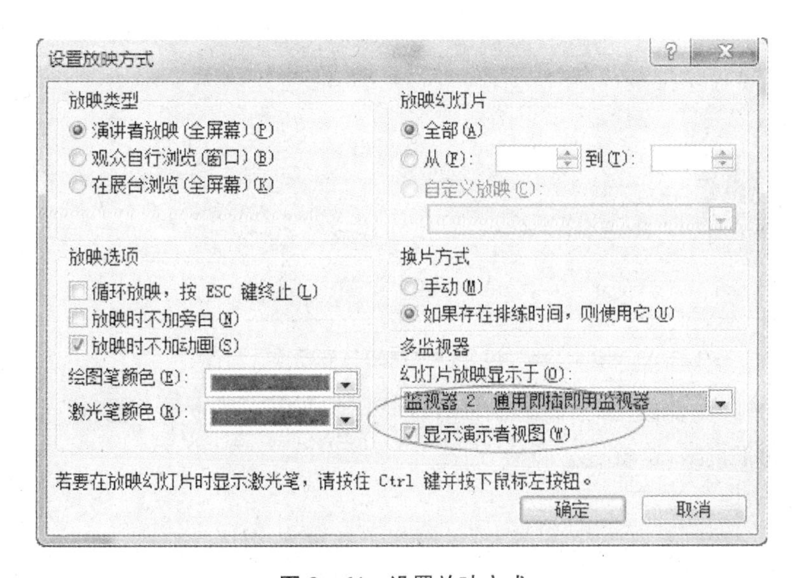

图 3－64 设置放映方式

步骤 4:按 F5 放映幻灯片,此时我们可以看到,演讲者的电脑屏幕上显示的是图 3-65 所示的界面,而投影仪上则全屏幕播放正常的幻灯片,演讲者可以轻松地照着电脑的备注读出来即可,而观众在投影仪上并不会看到演讲者读的这些文字。

图 3-65 演示者视图

3.6.2 设置放映时间

自动放映幻灯片时,需要设定每张幻灯片的持续时间以及幻灯片之间的时间间隔。可以有 2 种方式实现以上目的。

方式一:设置幻灯片自动切换。

利用幻灯片切换选项卡下的“计时”组中的“持续时间”与“设置自动换片时间”来设置自动放映的时间(见图 3-66)。单击“全部应用”,则表示所有幻灯片都使用相同的持续时间与相同的换片时间。

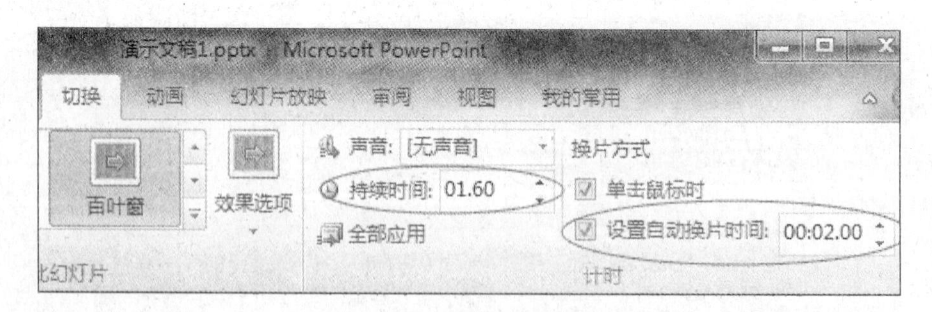

图 3-66 设置持续时间与自动换片时间

如果每张幻灯片的持续时间与自动换片时间并不相同,则使用方式一比较麻烦,而使用“排练计时”则简单得多,这就是下面的方式二。

方式二:利用排练计时。

单击“幻灯片放映”选项卡下的“排练计时”,开始播放幻灯片,并显示如图 3-67 所示的“录制”窗口,单击 ➡ 按钮,进入下

录制 0:00:01 0:00:01

图 3-67 排练计时

一张幻灯片，PowerPoint 会自动记录持续时间与间隔时间，放映结束时，显示图 3－68 所示对话框，单击“是(Y)”保存排练计时。

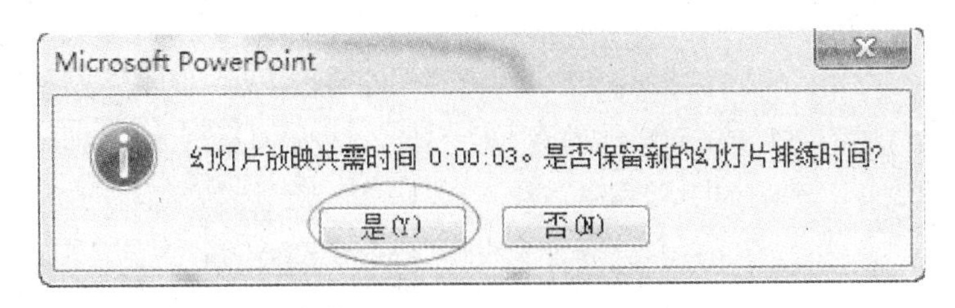

图 3－68　保存排练计时

无论通过“方式一”还是“方式二”设置放映时间，最终要实现自动播放，都必须在图 3－69 中，将换片方式由“手动(M)”改为“如果存在排练计时，则使用它(U)”。

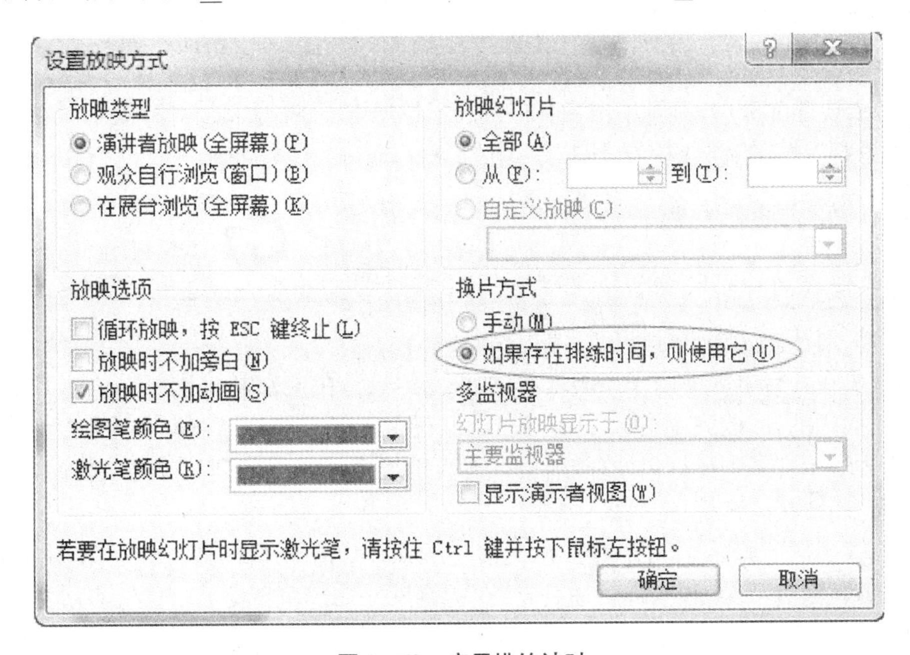

图 3－69　应用排练计时

3.6.3　录制声音旁白

使用“观众自动浏览”或“在展台浏览”方式放映幻灯片时，如果给幻灯片添加旁白，则可以实现“自动讲解”。

操作步骤：

步骤 1：单击“幻灯片放映”选项卡下的“录制幻灯片演示”，在打开的下拉菜单中，选择“从头开始录制(S)...”(见图 3－70)，显示图 3－71 对话框；

步骤 2：在图 3－71 对话框中，单击“开始录制(R)”，然后与“排练计时”完全相同的方式开始录制，不过此时会将演讲者的说话声音录入到演示文稿中。

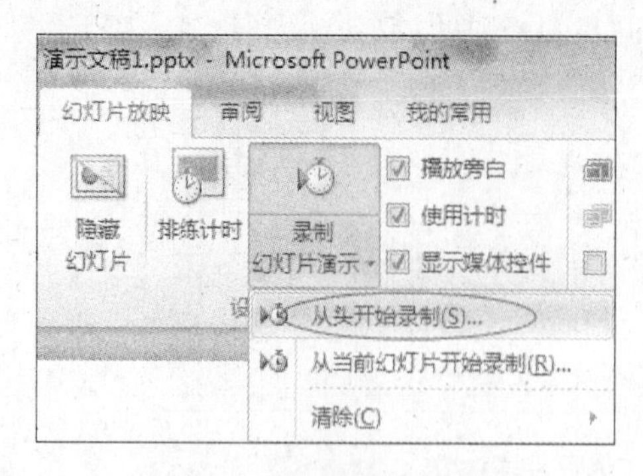

图 3-70 应用排练计时

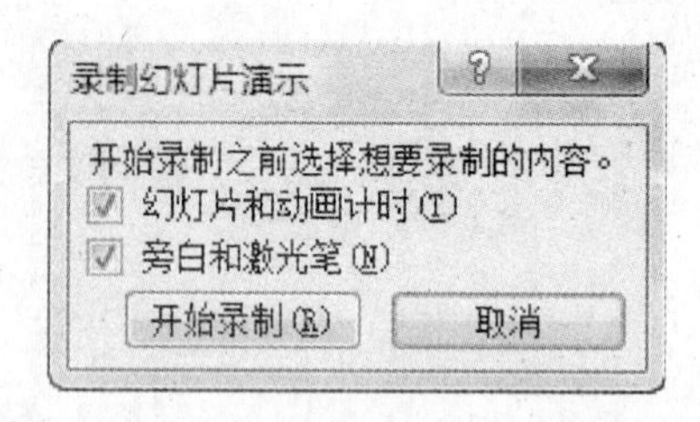

图 3-71 录制幻灯片演示

【注】(1) 录制旁白时,必须插上麦克风,并调整好音量大小。如果是笔记本电脑,则可以利用内置麦克风进行声音录制。

(2) 录制旁白后,每张幻灯片的右下角会出现一个声音图标。

(3) 如果要删除旁白,只要单击"幻灯片放映"选项卡下的"录制幻灯片演示",在打开的下拉菜单中,选择"清除当前(或所有)幻灯片中的旁白"即可。

3.6.4 发布演示文稿

1. 演示文稿的打包

为什么要对演示文稿进行打包?原因如下:

演示文稿在一台电脑上制作完成之后,如果仍然只是在该台电脑上演示放映,那么通常是不会有任何问题的,所以完全可以不用打包。但很多时候可能会拿到其他电脑上去放映,这时,如果不对演示文稿进行打包处理,则很可能会出现某些意想不到的问题,譬如:电影、声音等播放不了、超链接的链接目标找不到等。

出现上述问题的原因是:在制作演示文稿时,电影、声音或其他一些文件可能并不是以"嵌入"的方式插入到演示文稿中的,而是只是以"链接"的方式(见图 3-72),与演示文稿之间建

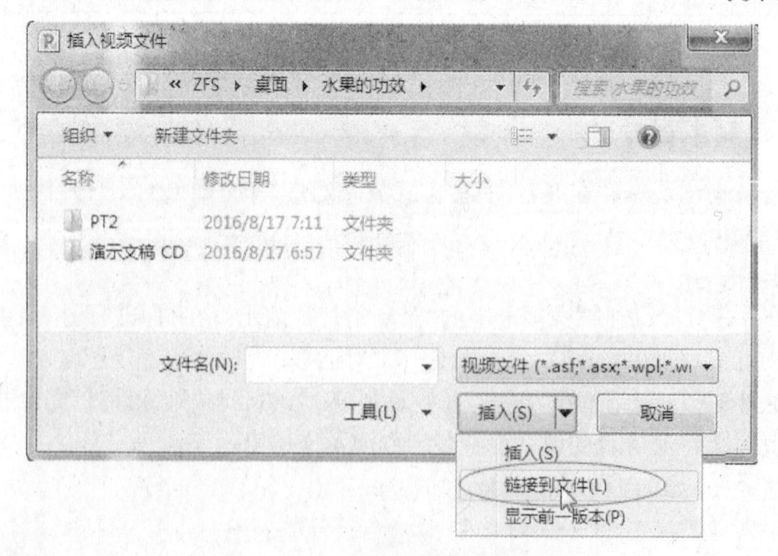

图 3-72 以链接方式插入视频文件

立了一个关联而已。所以，如果仅仅只是将一个.pptx文件复制到目标电脑上，那么播放时就会打不到那些视频、音频文件。

如何进行打包？

操作步骤：

步骤1：单击"文件"菜单，选择其中的"保存并发送"→"将演示文稿打包成CD"(见图3-73)，打开图3-74的"打包成CD"对话框；

图3-73 将演示文稿打包成CD

步骤2：在图3-74对话框中，可以给CD(或DVD)光盘起个名字；点击"添加(A)..."可以将其他的演示文件或其他类型的文件添加进来以打成一个包；还可以点击"选项(O)..."给演示文稿加上"打开/修改"密码；

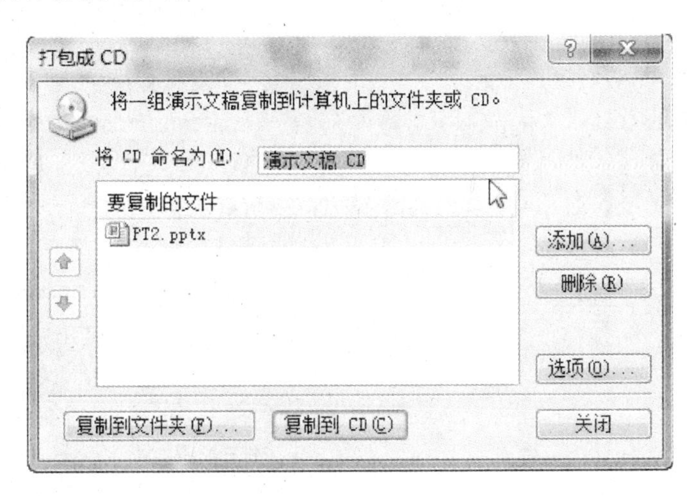

图3-74 "打包成CD"对话框

步骤 3：点击“复制到 CD(C)”，开始进行光盘刻录，将演示文稿及其他关联文件全部刻录到光盘上。

随着 U 盘的普遍使用，更多情况下，我们并不一定直接将演示文稿打包到 CD 光盘上，而是希望把它存储到 U 盘上，此时只要在“步骤 2”中选择“复制到文件夹(F)...”，然后在打开的图 3-75 的“复制到文件夹”对话框中，定义文件夹名称、选择文件夹位置即可。

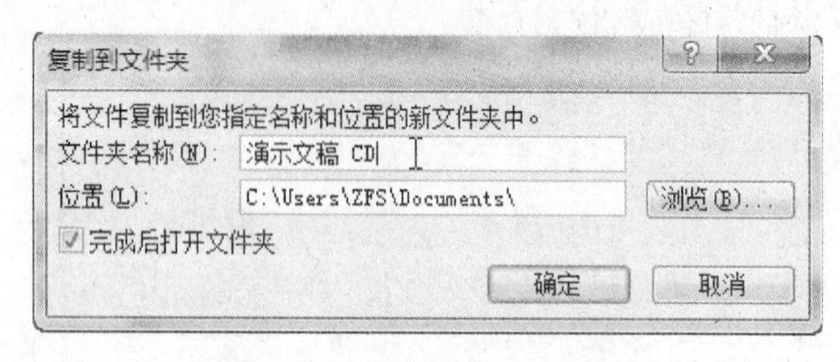

图 3-75　“复制到文件夹”对话框

2. 将演示文稿转换成 WMV 格式的视频

PowerPoint2010 中提供了将演示文稿转换成视频的功能，这为那些没有安装 Office2010 的电脑用户提供了另一种播放演示文稿的途径。

具体方法是：

单击“文件”菜单，选择其中的“保存并发送”→“创建视频”（见图 3-76），单击右边的“创建视频”按钮，打开图 3-77 的“另存为”对话框，在该对话框中，输入视频文件名、选择保存位置，单击“保存”即开始生成视频。

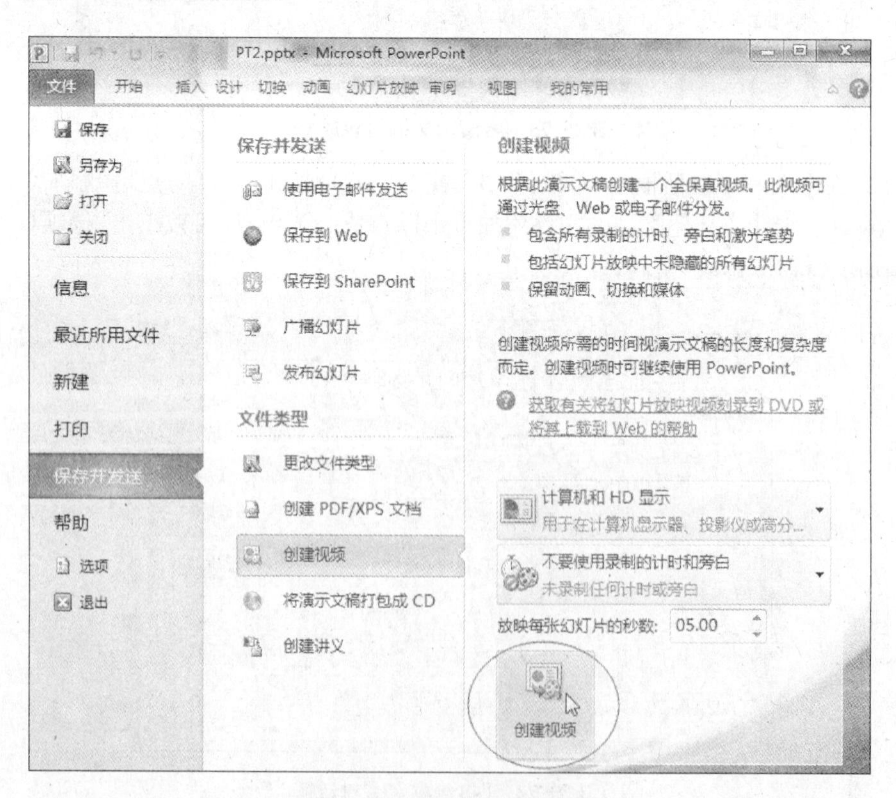

图 3-76　“创建视频”对话框

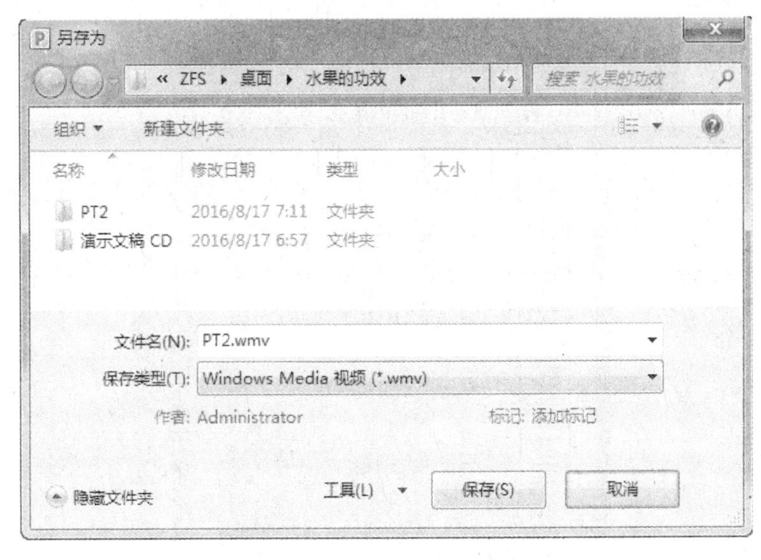

图 3-77 “另存为”对话框

3. 创建讲义

所谓创建为讲义，就是创建一个包含该演示文稿中的所有幻灯片和备注的 Word 文档，而且还可以使用 Word 来为文档设置格式以及布局，也可以添加其他内容。

具体方法是：

单击“文件”菜单，选择其中的“保存并发送”→“创建讲义”(见图 3-78)，单击右边的“创建讲义”按钮，打开图 3-79 的“发送到 Microsoft Word”对话框，在该对话框中，选择幻灯片备注或空行在 Word 中的版面位置，然后单击“确定”即开始生成一个包含幻灯片及备注的 Word 文档。

图 3-78 创建讲义

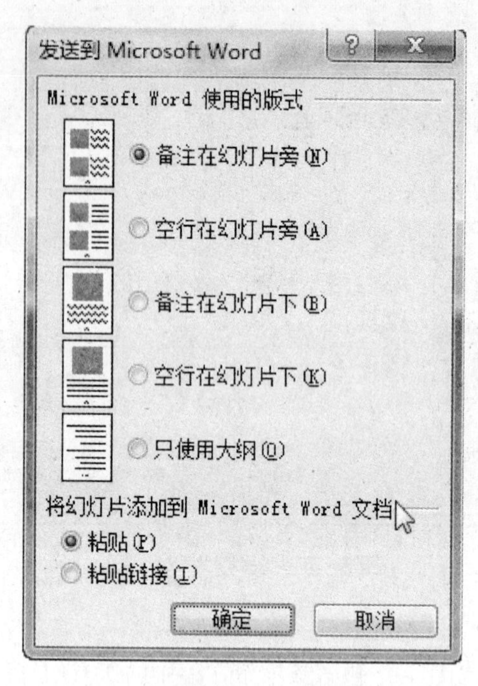

图 3-79 "发送到 Microsoft Word"对话框

4. 演示文稿的输出

演示文稿的输出是指:将演示文稿保存或者打印到纸张上。在 PowerPoint2010 中,用户可以将演示文稿保存为图片或幻灯片放映等多种格式。

PowerPoint2010 可以将演示文稿另存为. gif、. jpg、. png、. tif、. bmp、. wmf、. emf 7 种类型的图片格式。

将演示文稿另存为幻灯片放映格式(. ppsx),那么用户打开该演示文稿后直接处于放映状态而非编辑状态。

幻灯片的打印,可以选择"整页幻灯片""备注页""大纲"三种方式,见前面 3.2.2 节,在此不再赘述。

第 4 章　Access 数据库入门与应用

4.1　数据库基本概念

4.1.1　什么是数据库？

数据库(Database)：是为了实现一定目的，按照某种规则组织起来的数据以及针对数据进行的各种基本操作的对象集合。

举个例子来说：对于一个学校，要使用计算机管理几千甚至上万学生的信息(基本的个人信息、学籍、所学课程、成绩、…)，这些信息就组成了一个数据库。

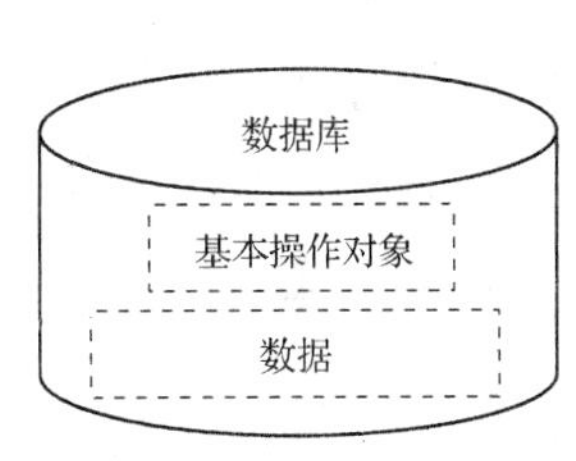

图 4－1　数据库示意图

根据数据库使用的数据模型不同，可以分为层次型、网状型、关系型，其中关系型数据库简单、易于理解，能够较全面地处理数据之间的关系而且结构明确，得到广泛的使用。Access 数据库就是一种典型的关系型数据库。

关系型数据库的特点是：采用表(格)的形式来组织数据。如下面的学生表：

学号	姓名	性别	出生日期	籍贯	院系代码	专业代码
090010144	褚梦佳	女	1991/2/19	山东	001	00103
090010145	蔡敏梅	女	1991/2/11	上海	001	00103
090010146	赵林莉	女	1991/12/2	江苏	001	00103
…	…	…	…	…	…	…

在数据库中，表中的一行称为一条记录，表中的一列称为一个字段。

通常，一个数据库中往往包含很多表，如教学管理系统数据库中，包含：学生表、成绩表、课程表、任课表等。

4.1.2　什么是数据库管理系统(DBMS)？

要将大量的数据，按一定关系、格式组织到数据库中，并且还要让用户方便地处理(增加、删除、修改、查询等)这些数据，就必须要使用相应的软件——数据库管理系统。

所以，数据库管理系统，它是一种管理和控制数据库中数据的软件，它提供了组织数据、以及处理这些数据的各种手段。

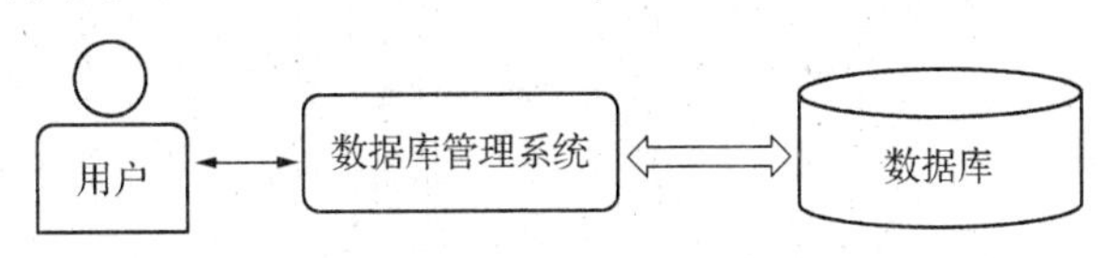

图 4－2　数据库管理系统示意图

Access2010 就是一个小型的桌面数据库管理系统，它是 Office2010 办公系列软件中的一个重要组成部分，主要用于小型数据库的管理，使用该软件可以高效地完成各种数据库管理工作，可广泛用于财务、行政、金融、经济、教育、统计和审计等众多的管理领域，具有很高的数据处理效率，尤其适合非 IT 专业的普通用户开发自己工作所需的各种小型数据库应用系统。

4.2 Access 数据库的创建

表是组成数据库的基础，数据库中所有其他对象如：查询、报表、窗体等都必须基于表来创建，如果没有表，那么这些对象也就没有存在的意义。

4.2.1 表结构的建立和修改

所谓创建表结构，就是定义表的名称、包含哪些字段、各字段的名称、数据类型、存储位数、主关键字等。

下面以 4.1 中的"学生"表为例，来说明如何创建表结构。

1. 表结构的建立

步骤 1：启动 Access2010；

步骤 2：选择图 4-3 中的"空数据库，再在右下角位置选择保存路径（此处为 C:\Users\ZFS\Documents）、定义数据库文件名（此处为 JXGL），然后单击创建，显示如图 4-4 所示的界面。

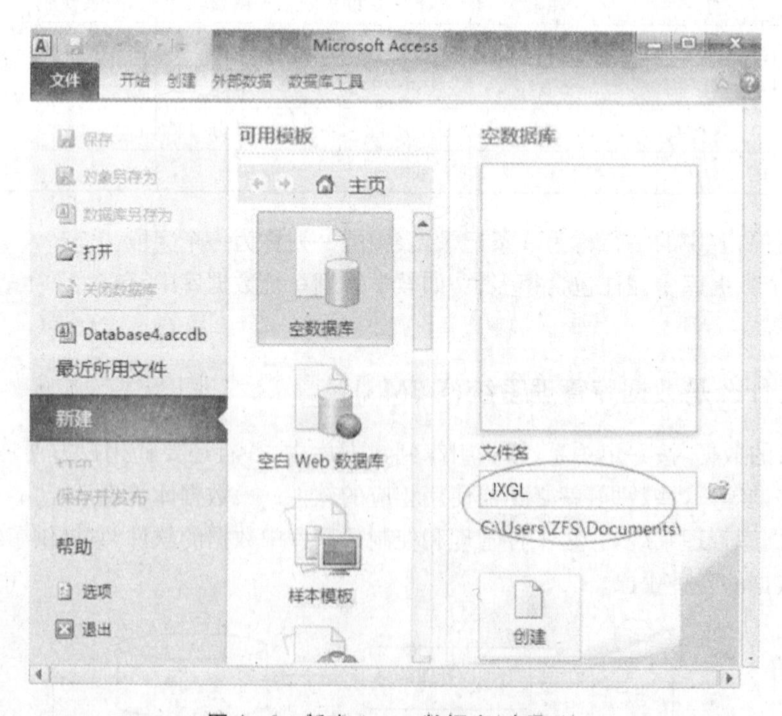

图 4-3 新建 Access 数据库（步骤 1）

打开 C:\Users\ZFS\Documents 文件夹，可以看到该文件中新生成了一个后缀为. accdb 的文件：JXGL. accdb，该文件就是 Access 数据库文件。这是一个空的数据库文件，里面没有任何表。接下来，继续在这个空的数据库中创建一张“学生”表；

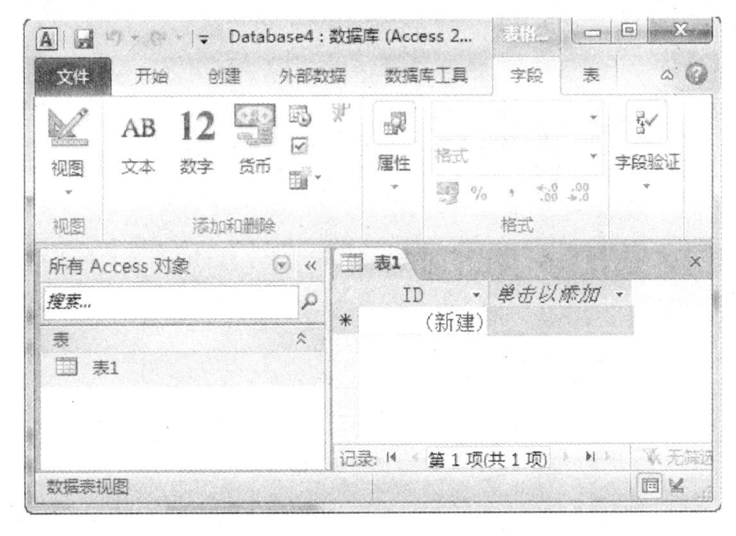

图 4－4　新建 Access 数据库(步骤 2)

步骤 3：单击左边的“表 1”，然后单击左上角的“设计视图”，显示图 4－5 的“另存为”对话框中，输入表名：学生；

步骤 4：在图 4－6 中，输入“学号”“姓名”“性别”等字段名，并选择相应的数据类型；

步骤 5：按 Ctrl＋W，关闭图 4－6 窗口，并保存。

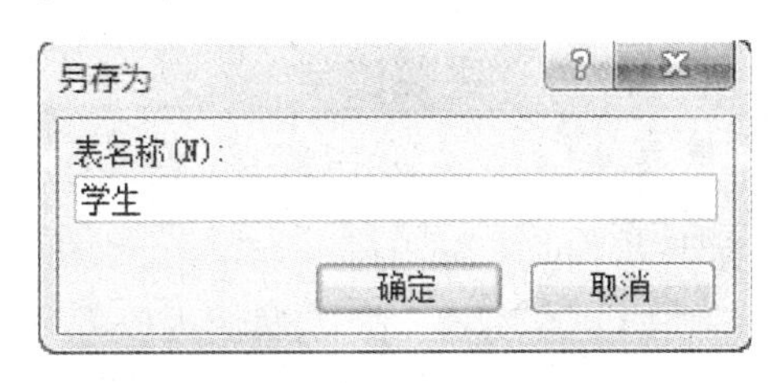

图 4－5　新建 Access 数据库(步骤 3)

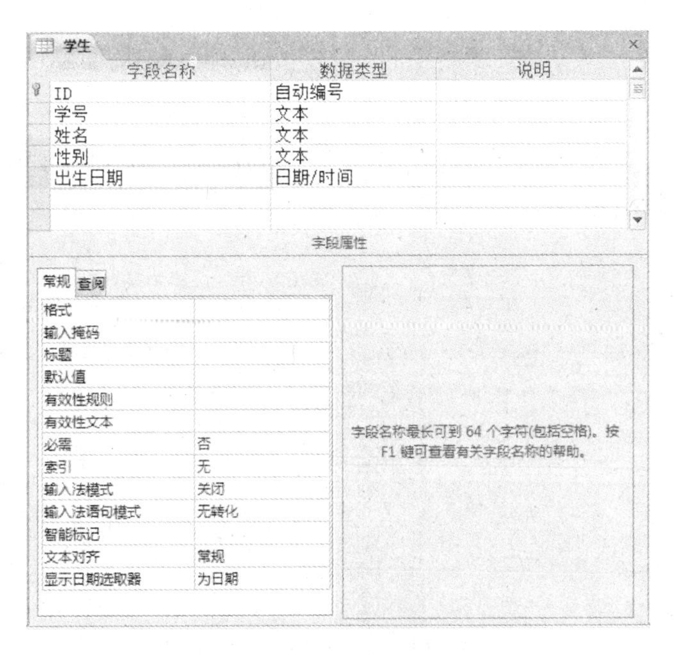

图 4－6　新建 Access 数据库(步骤 4)

【注意】(1) 从 2007 版开始，Access 数据库文件的默认后缀不再是.mdb，改成为了.accdb。

(2) 创建表结构时，Access 会自动新建一个名称为 ID 的字段，该字段类型为自动编号，而且会自动将此字段定义为主关键字。

2. *表结构的修改*

如果要对上述创建的“学生”表的表结构进行修改，只要在图 4－7 中的“学生”表上单击右键，选择快捷菜单中的“设计视图”，即可打开图 4－6 的表设计窗口。

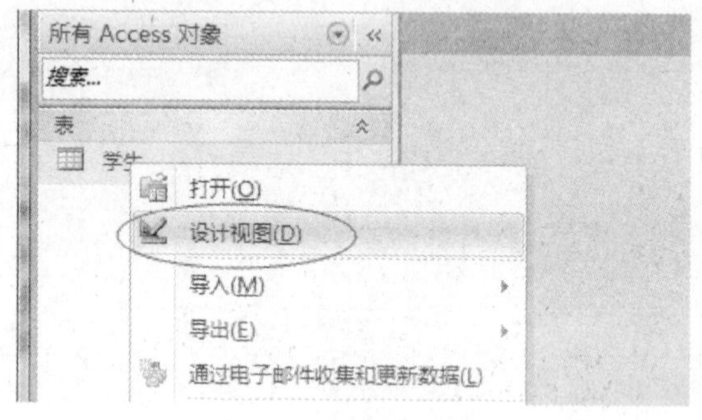

图 4－7 修改表结构

4.2.2 主关键字

主关键字，简称主键，是从一张表中挑选出的某个或者是某几个字段的组合，用于唯一地标识表中的一条记录。

如上述“学生”表中，我们可以将“学号”字段定义为主键，因为学号是不可能也不允许重复的，所以可以唯一地标识表中的一条记录。

创建主键的方法非常简单，只要右击“学生”表，选择“设计视图”，打开表结构修改窗口，将光标置于“学号”字段中，再单击工具栏中的“主键”按钮，即可看到“学号”字段左边出现一个钥匙标记(见图 4－8)。

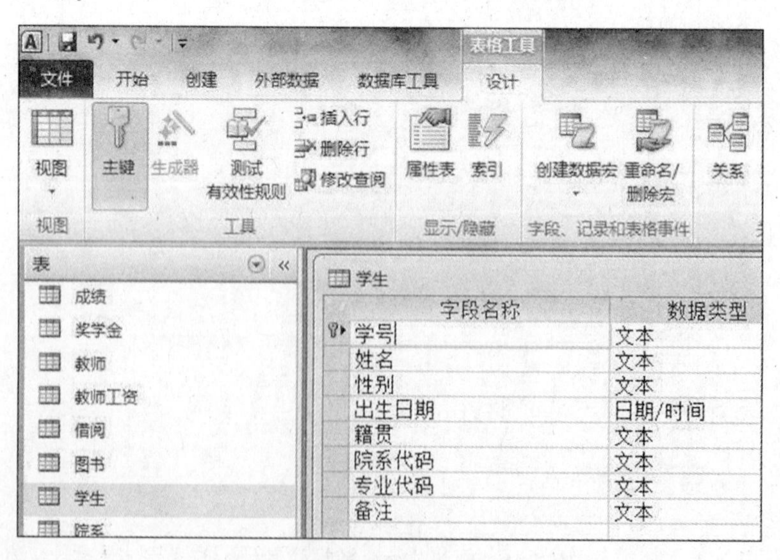

图 4－8 设置主键

"学号"字段设置为主键之后，再次打开"学生"表，此时如果输入两个相同的学号，当光标离开当前记录试图保存修改时，Access 会自动弹出如图 4－9 所示的错误提示，并且无法保存修改：

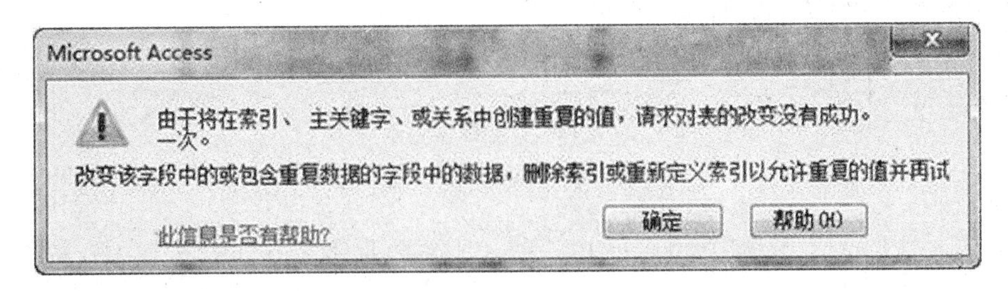

图 4－9　违反主键字段值的唯一性要求

4.2.3　记录的录入和修改

创建好表之后，就可录入数据。操作步骤是：

双击图 4－7 中的"学生"，打开如图 4－10 所示窗口，即可进行数据录入。录入一行数据后，只要光标离开本行，系统就会自动保存刚刚录入的这一行数据。

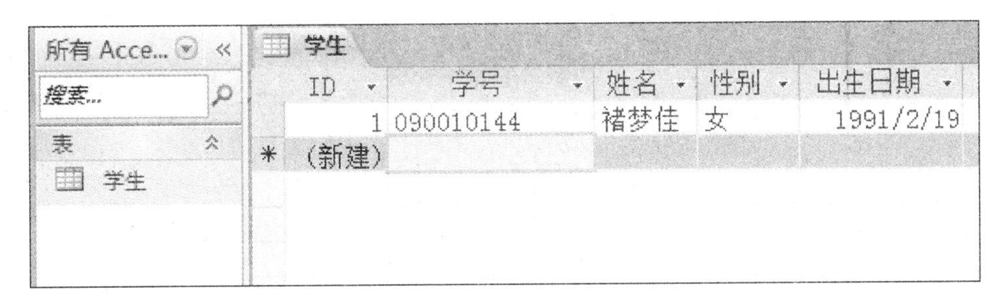

图 4－10　数据录入

4.3　数据查询

所谓查询，就是从数据库的指定表(一个或多个)中，根据给定的条件筛选出所需要的信息，供使用者查看、更改和分析。可以使用查询完成数据筛选、添加、更改或删除表中记录、执行计算、合并不同表中的数据等几乎所有数据库相关的操作。

◆ 概括地说，查询具有如下功能：

◆ 查看、搜索和分析数据；

◆ 追加、更改、删除记录；

◆ 实现记录的筛选、排序、汇总和计算；

◆ 用来作为报表和窗体的数据源；

◆ 对一个和多个表中获取的数据实现联接。

4.3.1 简单查询

关系型数据库中,查询都是通过结构化查询语言(SQL)来完成的,但对于非计算机专业的普通用户而言,SQL 语言很难一下子掌握,所以 Access 提供了一个称为“查询设计器”的工具,用可视化、交互的方式,来协助用户完成 SQL 语句的书写。

1. 单表查询

单表查询,即从一张表中查询所需的信息。以下通过一个例子来演示,如何使用 Access 的查询设计器,来完成一个简单的单表查询。

【实例 4-1】 打开数据库文件:test. accdb,创建查询,要求从“学生”表中筛选出所有籍贯为“山东”的学生,输出字段为:[学号]、[姓名]、[籍贯]。

步骤 1:启动 Access2010,打开 test. accdb;

步骤 2:单击“创建”选项卡,选择其中的“查询设计”(见图 4-11),打开查询设计器,如图 4-12 所示;

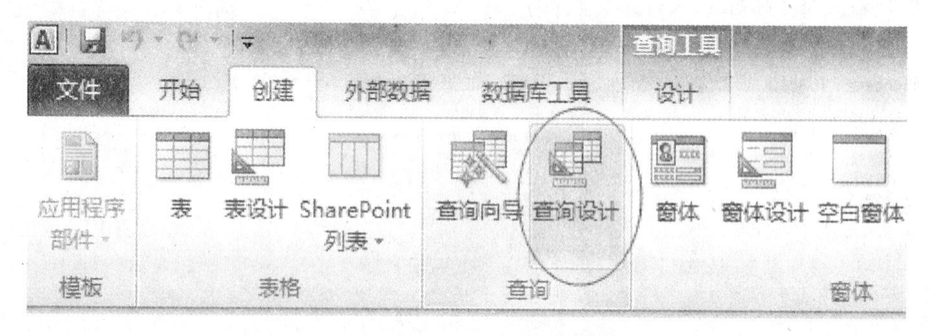

图 4-11 打开查询设计器

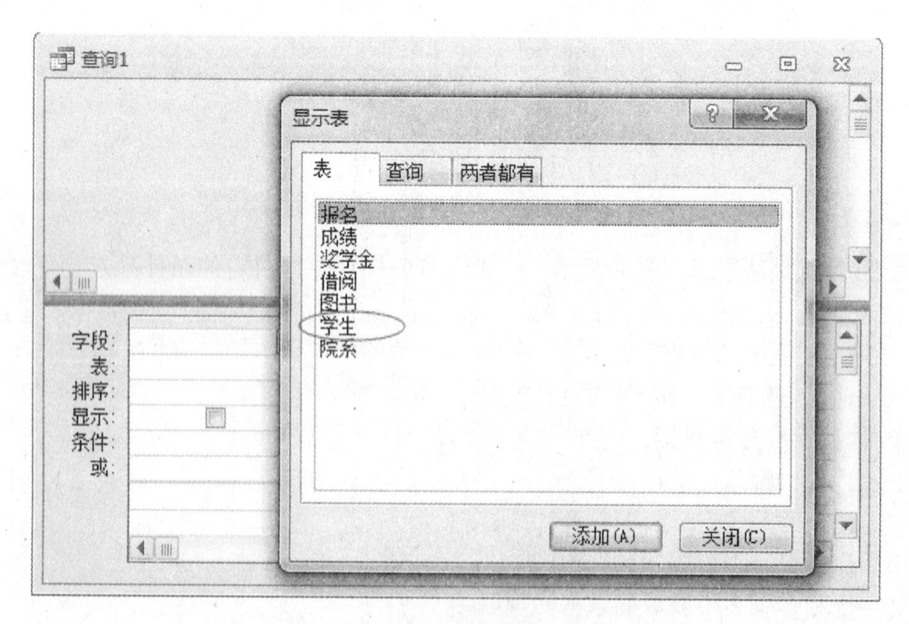

图 4-12 添加表

步骤 3：在图 4 - 12 中，选中“学生”然后单击“添加”，最后单击关闭；

步骤 4：分别双击查询设计器上部“学生”表中的[学号]、[姓名]、[籍贯]，将这 3 个字段添加到下面的输出字段列表；在“条件”行对应于“籍贯”这一列中，输入：“山东”；

步骤 5：单击菜单功能区“设计”，再单击左上角的“运行”，即可看到查询结果（见图 4 - 13）；

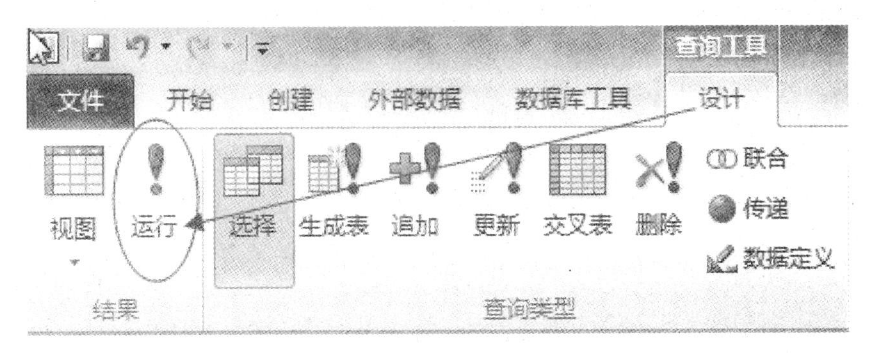

图 4 - 13　运行查询

步骤 6：单击菜单功能区左上角的“视图”，选择下拉列表中的“设计视图(D)”，即可返回图 4 - 14 的查询设计状态；

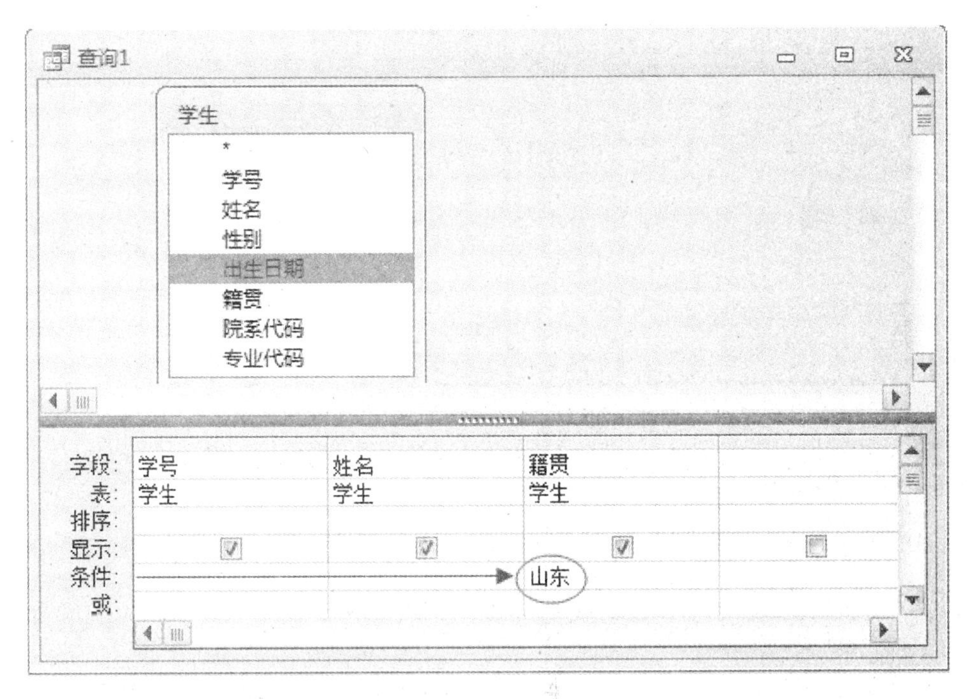

图 4 - 14　查询设计

步骤 7：关闭查询设计器，在图 4 - 16 的“另存为”对话框中，为查询命名：山东籍学生，然后确定。

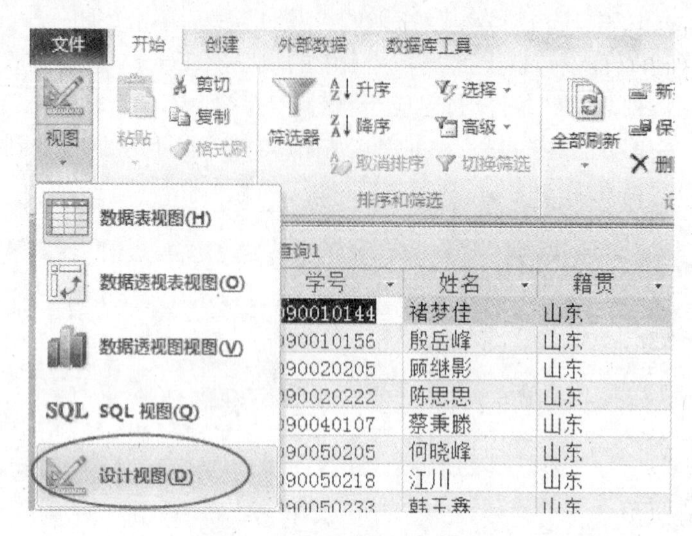

图 4-15 返回查询设计视图

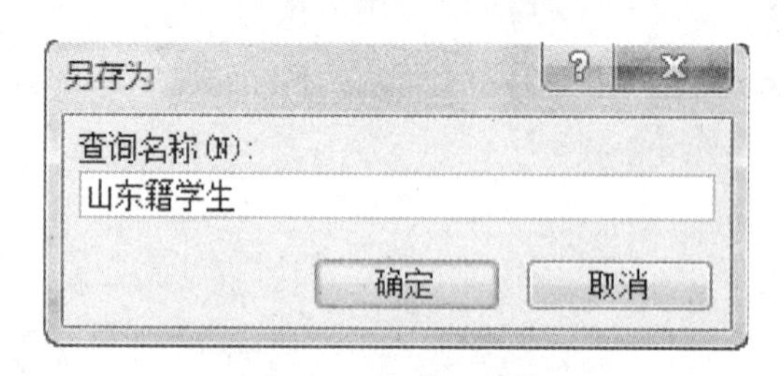

图 4-16 保存查询

2. 查询设计器的使用说明

Access 的查询设计器窗口分上下两个部分：

上面为查询的数据来源(源表)窗口，Access 用一个包含所有字段名称的小窗口来表示一张表；

下面则是查询设计网格窗口，由若干行、若干列组成。

● 字段：这一行列出查询所用到的所有字段名(或表达式)。若不小心添加了多余的字段，可以单击"删除列"按钮删除(见图 4-17)。

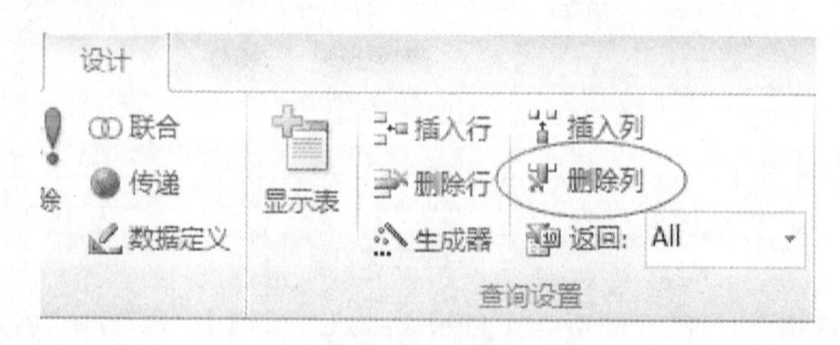

图 4-17 删除列

● 表：这一行表示上面的字段来自哪张表(见图 4-18)。

● 排序：表示是否要对查询结果进行排序。如：要按[学号]进行排序，则可单击[学号]这一列下面的排序，选择"升序/降序"。

● 显示：表示这一列的字段是否需要输出，打勾表示需要输出。

● 条件：为查询设置条件。同一行的条件是“与”的关系，不同行上的条件之间则是“或”的关系。

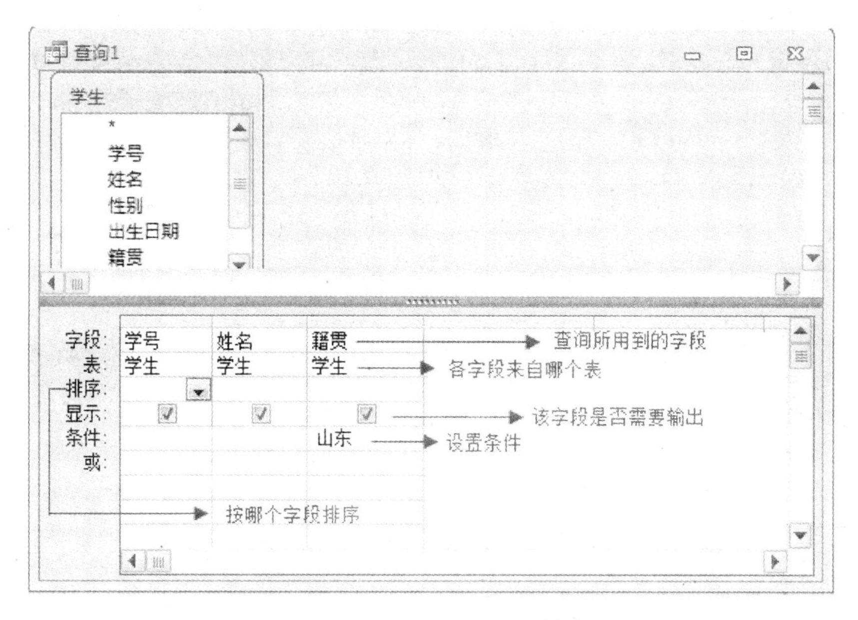

图 4－18　查询设计器使用说明

3. 修改查询

创建好的查询，如同表一样，作为一个对象被保存在数据库中。如果要修改查询，可以按如下操作：

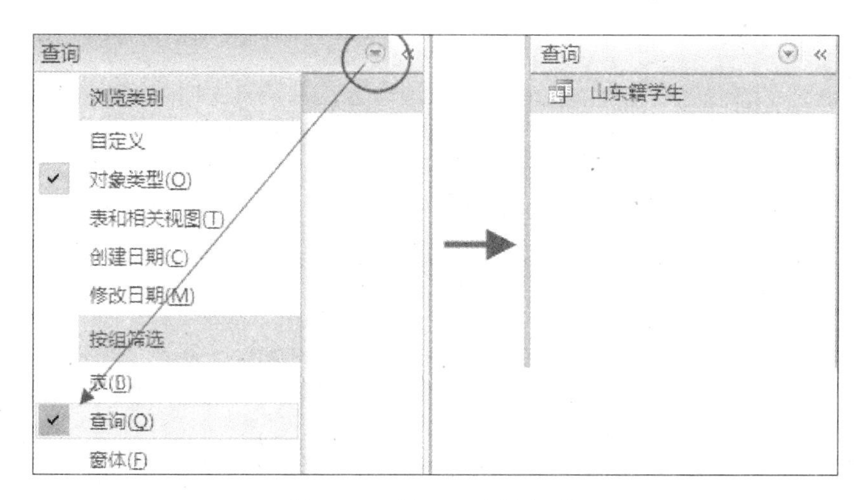

图 4－19　显示已创建的查询

单击左侧的对象导航栏上方的小倒三角形(见图 4－19)，然后选择下拉列表中的“查询”，就可以看到刚才创建的名为“山东籍学生”。

如果要对查询进行修改，则选中该查询，然后单击右键，选择快捷菜单中的“设计视图(D)”，即可打开图 4－20 的查询设计器进行修改。

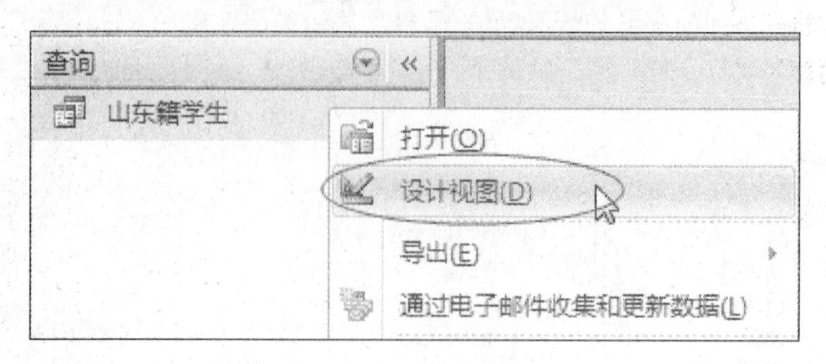

图 4-20 修改查询

另外,需注意的是:图 4-14 所示的查询设计器中,除了“学生”表之外,不能再添加其他任何表,也不能重复添加“学生”表,否则查询结果就会错误!

万一不小心添加了多余的表,如何移去呢?很简单,在查询设计器中多余的表上单击右键,在打开的快捷菜单中,选择“删除表”即可。

4. 多表查询

单表查询属于最简单的一种查询,实际应用中,更多的是涉及多张表的查询。

【实例 4-2】 打开数据库文件:test. accdb,创建查询,要求从“学生”“借阅”“图书”3 张表中查询出姓名为“周丽萍”的学生的借阅情况,输出字段为:[学号]、[姓名]、[书名]、[作者]、[出版社](见图 4-21)。

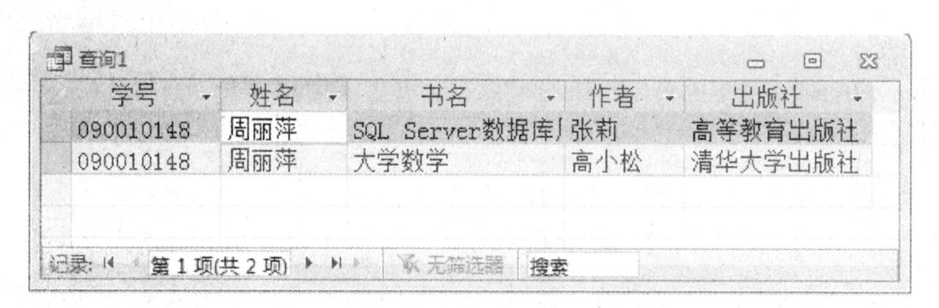

图 4-21 查询“周丽萍”的图书借阅情况

图 4-22 添加表

步骤 1:启动 Access2010,打开数据库文件 test. accdb;

步骤 2:单击“创建”选项卡,选择其中的“查询设计”,打开查询设计器;

步骤 3:在图 4-22 的“显示表”对话框中,按住 Ctrl 键,同时选中“学生”“图书”“借阅”三张表;

步骤 4:在图 4-23 所示的查询设计器上部,单击“学生”表中的[学号]字段,按住鼠标不放,将此字段拖到“借阅”表的[学号]字段上;同样,将“借阅”表中的[书编号]字段,拖到“图书”表的[书编号]字段上;

步骤 5:分别双击查询设计器上部“学生”表中的[学号]、[姓名],“图书”表中的[书名]、[作

者]、[出版社],将这 5 个字段添加到下面的输出字段列表;在"条件"行对应于"姓名"这一列中,输入:"周丽萍";

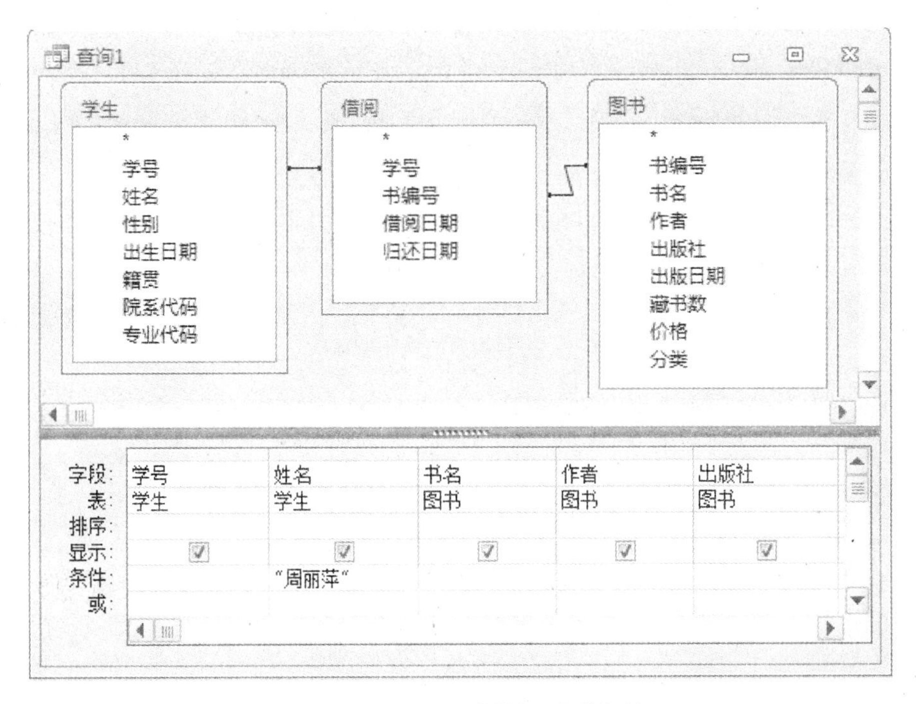

图 4-23　查询"周丽萍"的图书借阅情况

步骤 6:单击菜单功能区"设计",再单击左上角的"运行",即可看到查询结果;

步骤 7:关闭查询设计器,同时在"另存为"对话框中,将查询命名为:周丽萍图书借阅情况。

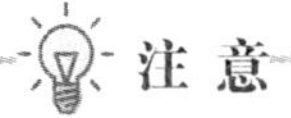
注 意

对于多表查询,特别需要注意的是上述操作过程的步骤 4:在不同表的相同字段之间,必须建立关联,也就是图 4-23 所示的表之间的那条连线。查询设计器中的任何一张表,都不允许"独立"存在,必须与别的表建立关联!

4.3.2　分类汇总查询

除了实现数据筛选,还可以使用查询来进行分类汇总,同时统计出用户所需的信息。

在 Excel 中,对数据分类汇总之前,必须按分类字段进行排序,然后才能进行汇总,而在 Access 数据库中,无需排序,会根据分类字段自动进行分类、自动进行统计。

下面通过几个实例,来演示分类汇总查询是如何创建的。

【实例 4-3】　打开数据库文件:test.accdb,查询各院系学生的平均总分,输出字段为:[院系代码]、[院系名称]、[成绩之平均值](见图 4-24)。

查询1

院系代码	院系名称	成绩之平均值
001	文学院	76.285714285714
002	外文院	65.457142857143
003	数科院	54.076923076923
004	物科院	74.769230769231
005	生科院	82.777777777778
006	地科院	70.147058823529
007	化科院	62.178571428571
008	法学院	82.632653061225
009	公管院	67.608695652174
010	体科院	74.25

记录: 第 1 项(共 10 项 无筛选器 搜索

图 4-24 查询各院系平均成绩

步骤 1:启动 Access2010,打开数据库文件 test.accdb;

步骤 2:单击"创建"选项卡,选择其中的"查询设计",打开查询设计器;

步骤 3:在"显示表"对话框中,按住 Ctrl 键,同时选中"学生""院系""成绩"三张表;

步骤 4:按图 4-25 所示,在三张表之间建立关联;

步骤 5:分别双击查询设计器上部"院系"表中的[院系代码]、[院系名称],"成绩"表中的[成绩],将这 3 个字段添加到下面的输出字段列表;

步骤 6:单击"设计"选项卡下的"汇总"按钮,查询设计器下部的就会增加一行"总计",接着将"成绩"下面的 GroupBy 改为"平均值";

步骤 7:单击菜单功能区"设计",再单击左上角的"运行",即可看到查询结果;

步骤 8:关闭查询设计器,同时在"另存为"对话框中,将查询命名为:各院系平均成绩。

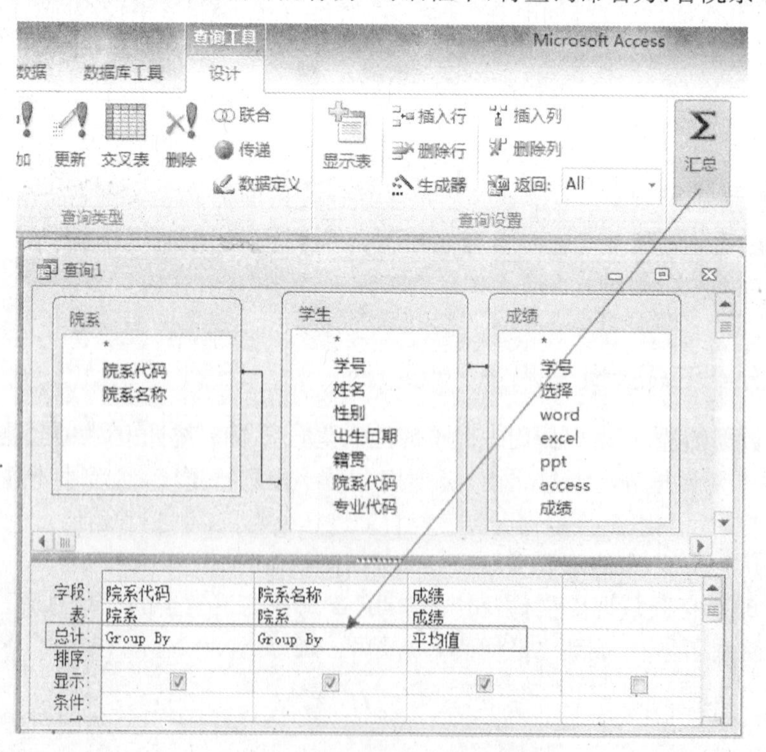

图 4-25 分组查询—求平均值

分类汇总查询的过程：

图 4－23 中，与 GroupBy 对应的字段为分类字段，即：按照[院系代码]与[院系名称]进行分类(组)，分类之后再对每一组成绩求出它的平均值。

【实例 4－4】 打开数据库文件：test. accdb，查询各院系成绩合格([总分]大于等于 60 分且[基础知识]大于等于 24 分)的学生人数，要求输出[院系代码]、[院系名称]和[合格人数]。

步骤 1～步骤 4：与【实例 4－3】完全相同。

步骤 5：分别双击查询设计器上部"院系"表中的[院系代码]、[院系名称]，"成绩"表中的[基础知识]、[总分]，"学生"表中的[学号]，将这 5 个字段添加到下面的输出字段列表；

步骤 6：单击"设计"选项卡下的"汇总"按钮，查询设计器下部的就会增加一行"总计"，接着按图 4－26 设置条件、选择汇总统计方式；

步骤 7：单击菜单功能区"设计"，再单击左上角的"运行"，即可看到查询结果；

步骤 8：关闭查询设计器，同时在"另存为"对话框中，将查询命名为：各院系合格人数。

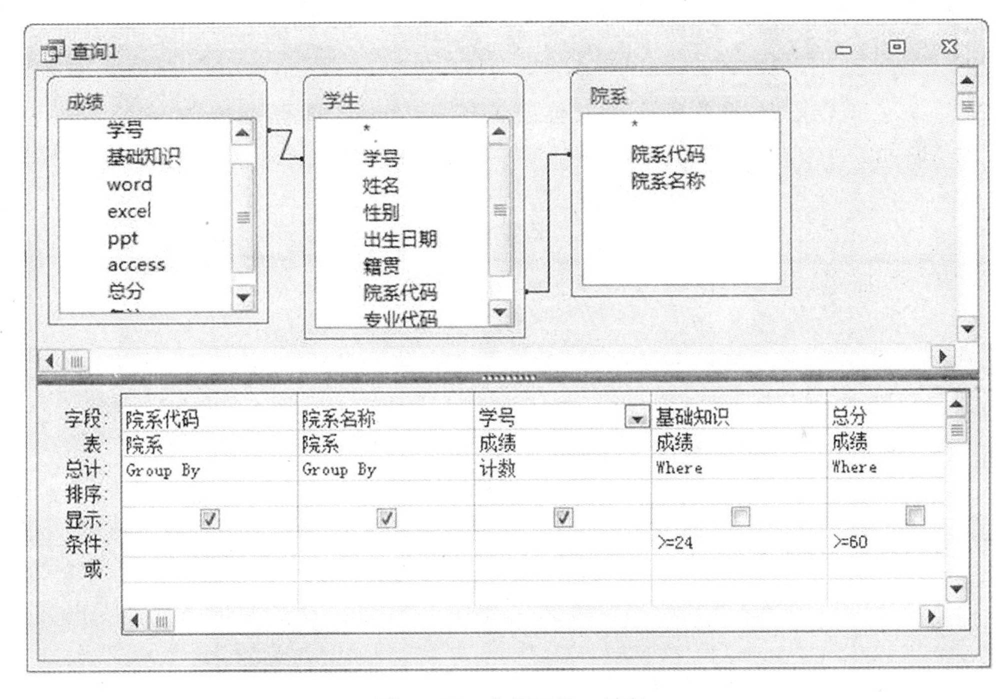

图 4－26　分组查询—计数

【说明】(1) 上述查询设计器中，Where 表示条件。

(2) 由于"基础知识大于等于 24"与"总分大于等于 60"是两个并列条件，所以"＞＝24"与"＞＝60"必须放在同一行上！

(3) "基础知识""总分"两个字段下面的复选框不能打勾。打勾表示输出该字段，而本题中，使用这两个字段只是为了设置条件而不是为了输出。

以上两个实例中，查询的输出或者是单个字段，或者是对单个字段的汇总统计。而事实上，查询输出也可以是一个"表达式"。

【实例 4－5】 打开数据库文件：test. accdb，查询书名为"电子政务导论"的图书被借阅的总天数，要求输出[书名]、[借阅总天数]。

操作步骤：

步骤 1：启动 Access2010，打开数据库文件 test. accdb；

步骤 2：单击“创建”选项卡，选择其中的“查询设计”，打开查询设计器；

步骤 3：在“显示表”对话框中，按住 Ctrl 键，同时选中“图书”“借阅”2 张表；

步骤 4：按图 4 - 27 所示，在 2 张表之间建立关联；

步骤 5：按图 4 - 27 所示添加[书名]作为输出字段、设置条件，同时构造表达式：[归还日期]—[借阅日期]，并对此表达式进行“合计”；

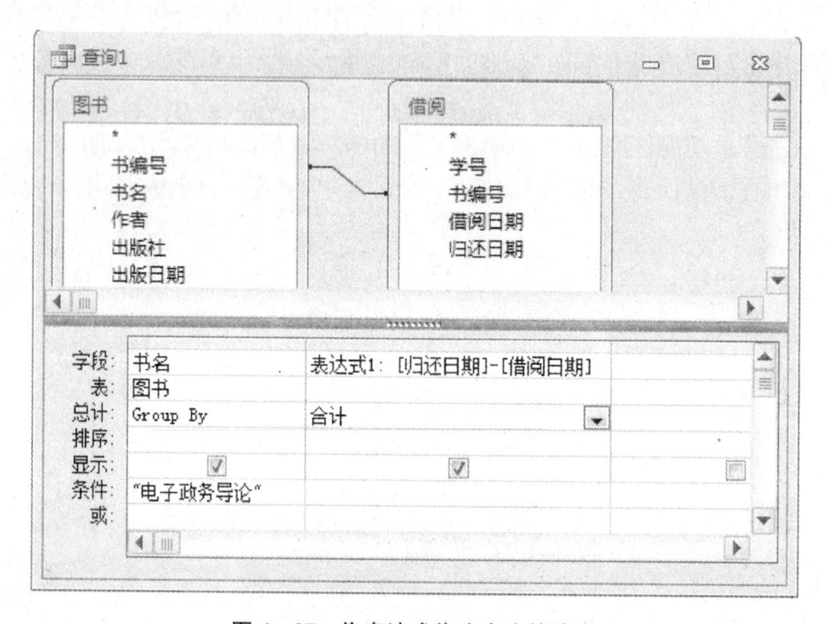

图 4 - 27　将表达式作为查询的输出

步骤 6：单击菜单功能区“设计”，再单击左上角的“运行”，即可看到查询结果(见图 4 - 28)。

书名	表达式1
电子政务导论	58

记录：第 1 项(共 1 项)　无筛选器　搜索

图 4 - 28　查询结果

如果要将查询结果中，列标题[表达式 1]改为[借阅总天数]，只要在图 4 - 27 中，将冒号左边的[表达式 1]改为[借阅总天数]。

【实例 4 - 6】　打开数据库文件：test. accdb，基于“院系”和“学生”表，查询各院系学生人数，备注为“退学”的学生不参加统计(用 IS NULL 条件)，要求输出“院系代码”“院系名称”“人数”，查询保存为“CX2”。

操作步骤：

步骤 1：启动 Access2010，打开数据库文件 test. accdb；

步骤 2：单击“创建”选项卡，选择其中的“查询设计”，打开查询设计器；

步骤 3：在"显示表"对话框中，按住 Ctrl 键，同时选中"院系""学生"2 张表；

步骤 4：按图 4－29 所示，在 2 张表之间建立关联；

步骤 5：按图 4－29 所示添加[院系代码]、[院系名称]、[学号]作为输出字段；

步骤 6：单击"设计"选项卡下的 Σ汇总 按钮，然后将"学号"下的 Group by 改为"计数"（见图 4－29）；

步骤 7：将"备注"字段添加到输出列表，将"学号"下的 Group by 改为"Where"，再在"备注"列对应的"条件"行处，输入"Is Null"（见图 4－29）。

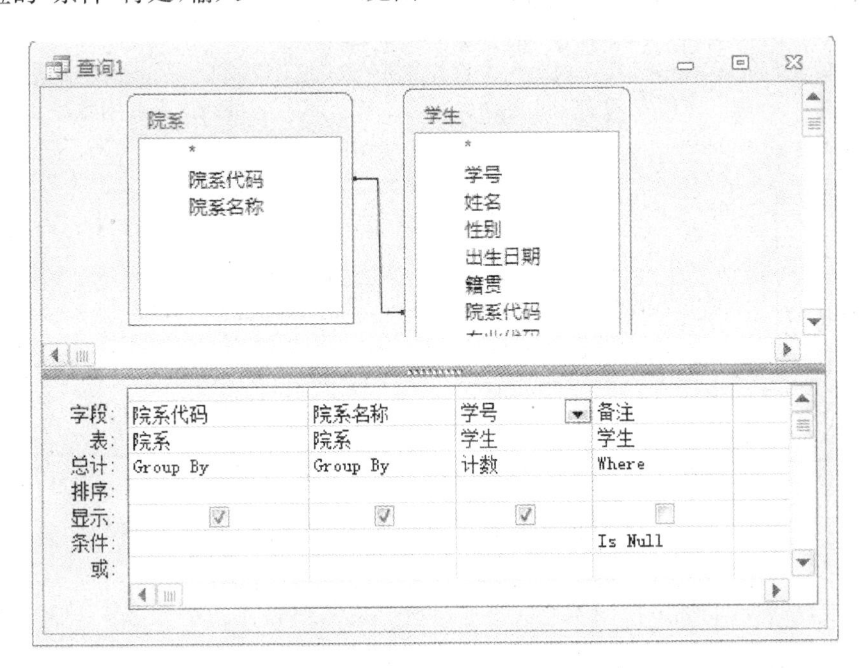

图 4－29　查询结果

4.3.3　表之间的连接

在创建多表查询时，通常表之间都应建立连接（相同字段之间连一条线）。大多数情况下，都是建立默认的"内连接"，对应于 SQL 语句中的 Inner Join 子句，但有时，也需要使用另外两种连接：左连接与右连接。

那么，究竟什么是内连接，什么是左连接、右连接？下面通过一个简单的例子来说明这些看似深奥的概念。

1. 内连接

基于两张表的查询，如果使用内连接，则查询结果为：两张表的公共部分的记录。

（学生表）

学号	姓名	性别	出生日期	籍贯
090010101	董红	女	21-Apr-91	江苏
090010102	王海霞	女	13-Jun-91	江苏
090010103	闫静	女	15-Nov-91	江苏
090010104	裴娟娟	女	13-Oct-91	江苏
090010105	曹淤青	男	17-Feb-91	江苏

学号	基础知识	总分
090010101	31	52
090010102	32	90
090010103	33	81
090010106	28	86
090010107	29	82
090010108	30	87
090010109	32	90

图 4-30 "学生"表与"成绩"表

以图 4-30 所示的两张表为例，创建查询，输出每个学生的成绩，则采用默认的内连接时，查询输出结果为：

学号	姓名	基础知识	总分
090010101	董红	31	52
090010102	王海霞	32	90
090010103	闫静	33	81

图 4-31 内连接时的查询结果

因为"学生"表与"成绩"表中，都存在学号为"090010101""090010102""090010103"这三条记录，所以内连接查询的输出结果就是上述三条记录，而其他记录则不会被输出。

2. *左连接*

基于两张表的查询，如果使用左连接，则查询结果为：包含左边一张表中全部记录和右边一张表中连接字段相等的那些记录(见图 4-32)。

在 Access"查询设计器"中，创建左连接之前，必须先创建默认的内连接，然后双击那条连线，打开如图 4-33 所示的"联接属性"对话框，选中单选按钮 2：包括"学生"中的所有记录和"成绩"中联接字段相等的那些记录，然后确定，就会看到两个字段之间的连接左侧，出现一个小箭头，指向"成绩"表(见图 4-33)。

执行带内连接的查询后，会看到如图 4-32 所示的输出结果：

学号	姓名	基础知识	总分
090010101	董红	31	52
090010102	王海霞	32	90
090010103	闫静	33	81
090010104	裴娟娟		
090010105	曹淤青		

图 4-32 左连接时的查询结果

此输入结果包含了"学生"中的所有记录及"成绩"表中对应"学号"的"基础知识"与"总分"。对于"学生"表中存在但"成绩"中的不存在的学号，查询输出时，对应于这些学号的"成绩"表中的"基础知识"与"总分"字段显示为空白。

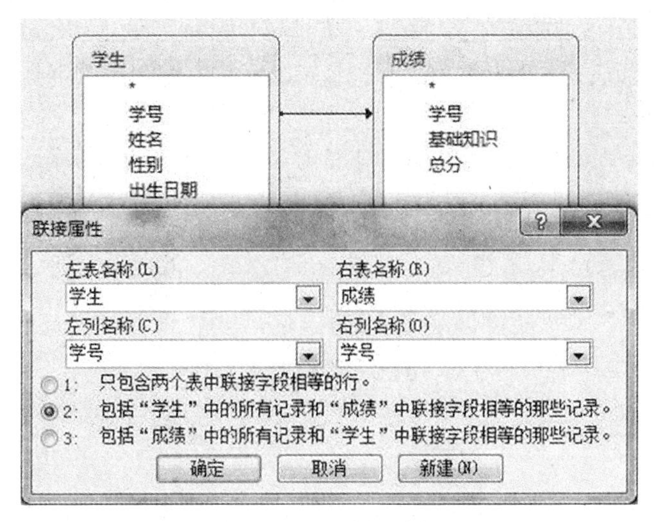

图 4－33　创建左连接

3. 右连接

基于两张表的查询，如果使用右连接，则查询结果为：包含右边一张表中全部记录和左边一张表中连接字段相等的那些记录（见图 4－34）。

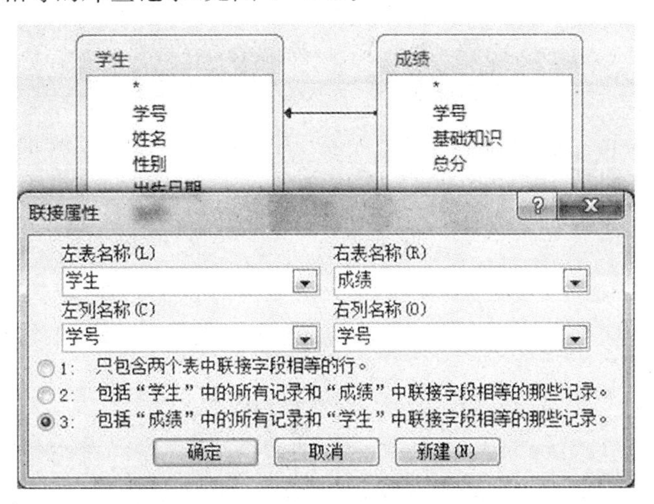

图 4－34　创建右连接

右连接与左连接刚好相反。上述查询采用右连接时，输出结果为：

学号	姓名	基础知识	总分
090010101	董红	31	52
090010102	王海霞	32	90
090010103	闫静	33	81
		28	86
		29	82
		30	87
		32	90

图 4－35　右连接时的查询结果

【实例 4－7】 打开数据库文件：test. accdb，基于"院系""学生"及"退学"表，查询各院系在校学生人数，要求输出"院系代码""院系名称""在校学生人数"，查询保存为"CX1"（在校学生为"学生"表中去除已退学学生）。

操作步骤：

步骤 1：启动 Access2010，打开数据库文件 test. accdb；

步骤 2：单击"创建"选项卡，选择其中的"查询设计"，打开查询设计器；

步骤 3：将"院系""学生""退学"三张表，添加到查询设计器中；

步骤 4：按照图 4－36 添加输出字段、创建连接，其中"学生"表与"退学"表之间，采用左连接；

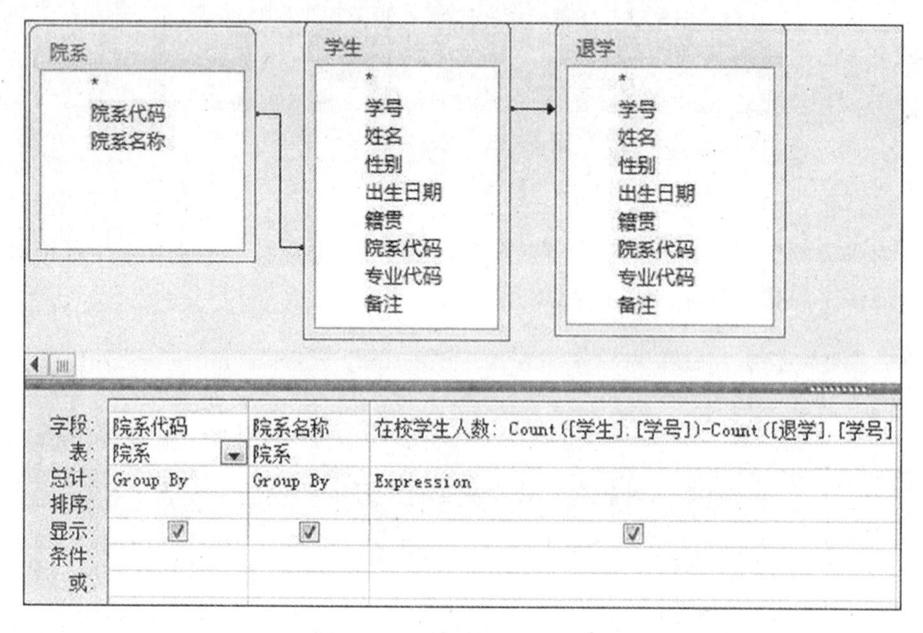

图 4－36 查询在校学生人数

步骤 5：运行上述查询，得到如图 4－37 所示的查询结果。

查询1

院系代码	院系名称	在校学生人数
001	文学院	54
002	外文院	35
003	数科院	26
004	物科院	26
005	生科院	54
006	地科院	34
007	化科院	28
008	法学院	48
009	公管院	46
010	体科院	38

图 4－37 查询结果

4.3.4 更新查询

此前我们使用 Access“查询设计器”，创建的查询，全都属于“选择查询”，即：从一张或多张表中，查询出需要的记录。

在查询设计器“查询设计器”中，除了选择查询，还可以创建“更新查询”，对满足条件的记录实现批量更改。

下面通过一个实例说明如何创建“更新查询”。

【实例 4-8】 打开数据库文件：test.accdb，基于“教师”“教师工资”表，设计更新查询，将所有职称为“副教授”的教师，绩效工资增加 500 元，查询保存为“CX1”。

操作步骤：

步骤 1：启动 Access2010，打开数据库文件 test.accdb；

步骤 2：单击“创建”选项卡，选择其中的“查询设计”，打开查询设计器，将“教师”“教师工资”两张表，添加到查询设计器中，并按图 4-38 所示建立关联；

步骤 3：单击“设计”选项卡，再单击“查询类型”中的“更新”；

步骤 4：按照图 4-38 所示，添加“绩效工资”与“职称”，然后在“更新到：”后面输入“【绩效工资】+ 500”，在“职称”列的条件行，输入“副教授”。

步骤 5：单击“运行”，即可执行此更新查询。最后单击窗口左上角的“保存”按钮，将此查询保存为“CX1”。

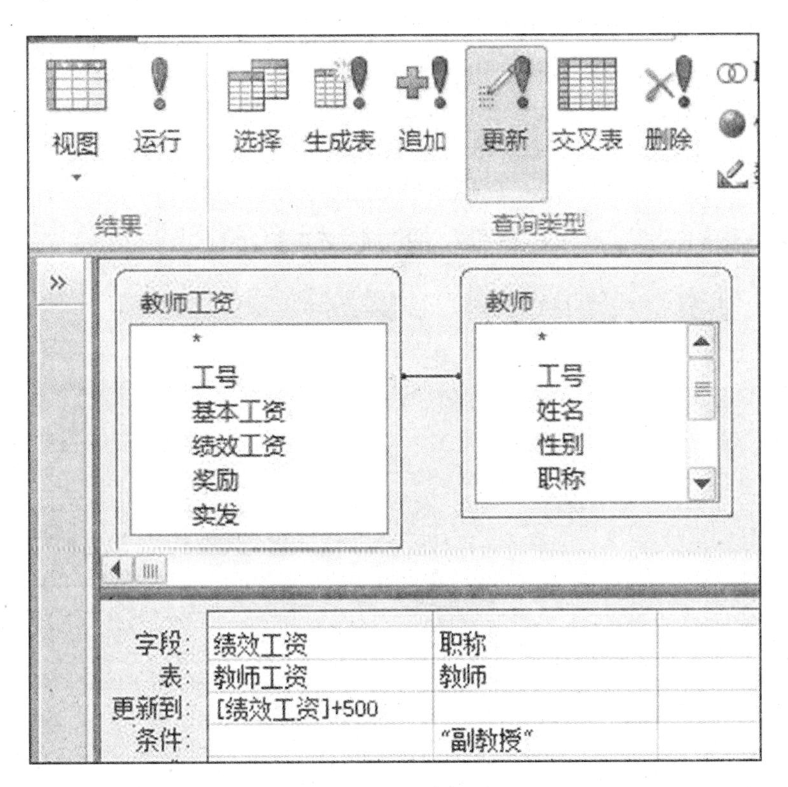

图 4-38 更新查询

4.3.5 删除查询

通过创建“删除查询”,可以批量删除表中满足给定条件的记录。方法非常简单,只要将查询类型指定为“删除”,然后添加条件字段。

如图 4-39 所示的删除查询,可删除“学生”表中所有性别为“男”的记录。如果不添加任何条件,则将删除表中所有记录。

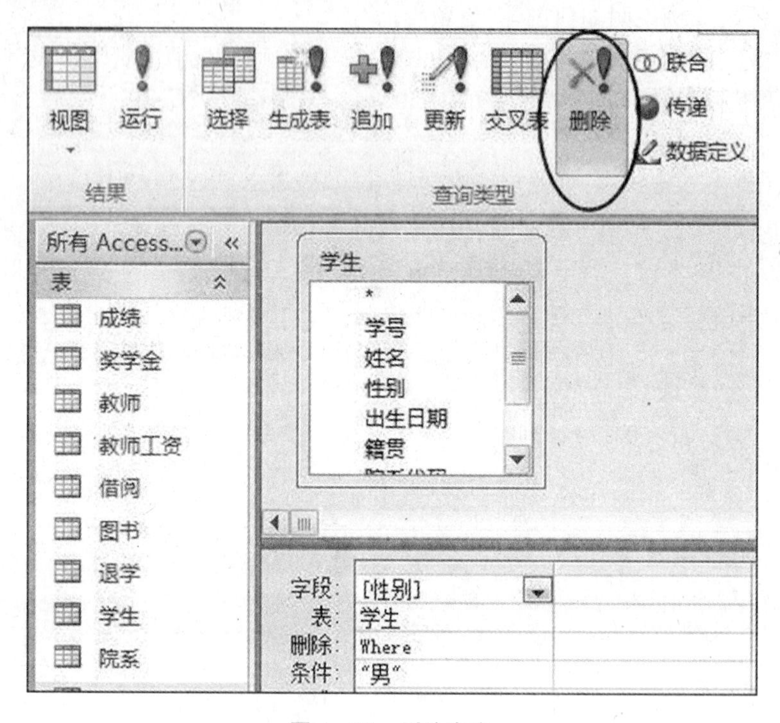

图 4-39 删除查询

第 5 章　VBA 编程入门

5.1　VBA 概述

5.1.1　什么是 VBA

VBA 是 Visual Basicfor Application 的简称，它是微软的 Office 办公软件中提供的一种编程语言，用于辅助用户来实现与完成一些繁琐、重复的工作，以提高用户的工作效率。

无论是 Word、Excel，还是 PowerPoint、Access，都支持 VBA 语言，用户借助 VBA 语言编制的程序，可以完成大量费时费力的工作。

5.1.2　创建第一个 VBA 程序

【实例 5-1】 创建一个 VBA 程序，执行该程序后，在 Excel 的 C2 单元格中输出一行文字："Hello World!"。

操作步骤：

步骤 1：鼠标右击 Excel 功能区，选择快捷菜单中的"自定义功能区(R)..."，选中"开发工具"复选框(见图 5-1)；

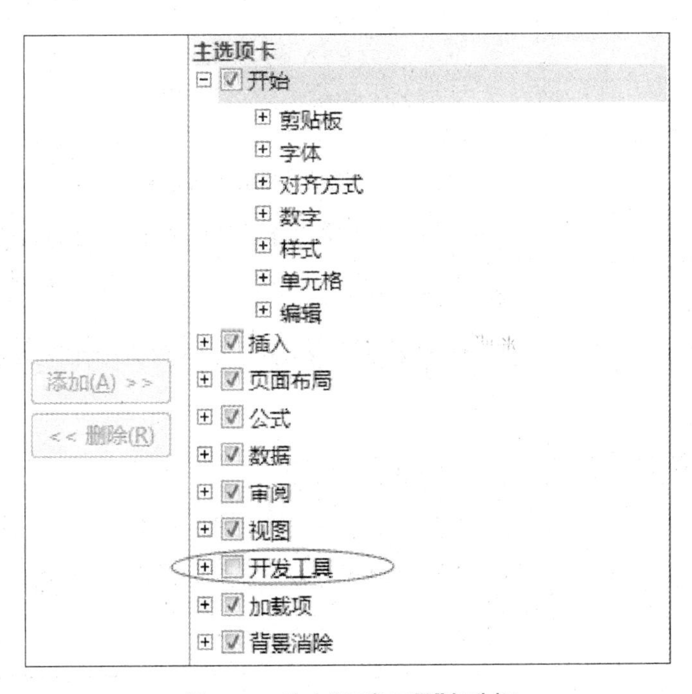

图 5-1　选中"开发工具"复选框

步骤 2:点击“开发工具”选项卡下的“Visual Basic”(见图 5-2),打开 VBA 编程窗口(也称为 VBE——Visual Basic Environment)(见图 5-3);

图 5-2　打开 VisualBasic 代码编辑窗口

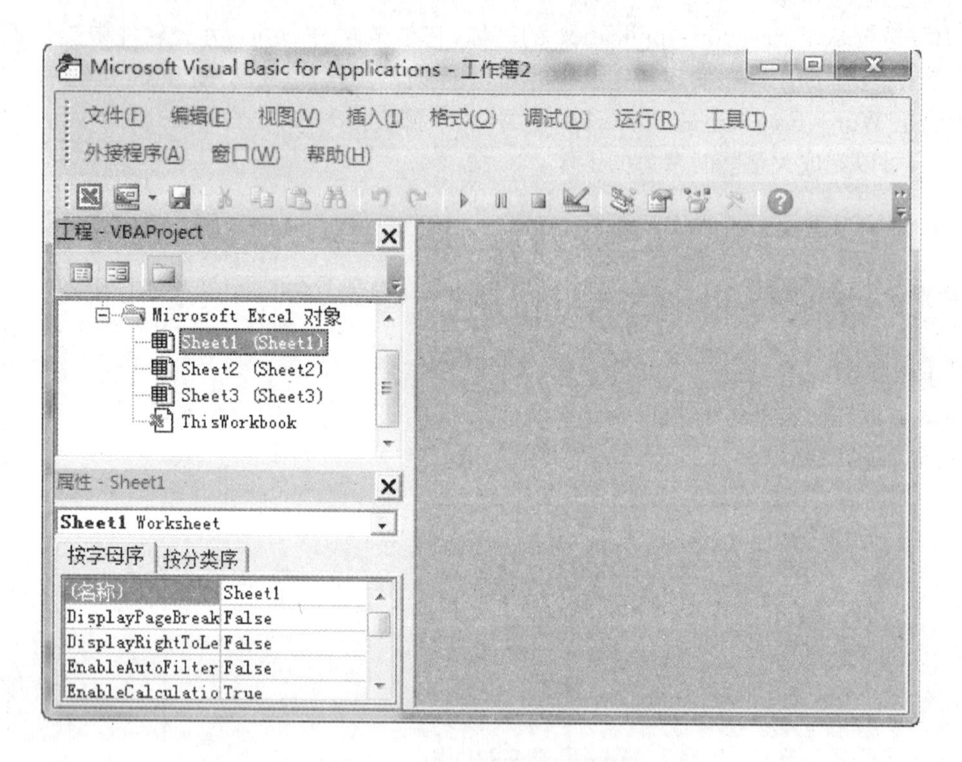

图 5-3　Visual Basic 编程环境

步骤 3:双击左侧 VBA 项目中的“This Workbook”,然后在右侧代码窗口(见图 5-4)中输入如下程序:

```
Sub test1()
    Worksheets("sheet1").Cells(2,3) = "Hello World!"
End Sub
```

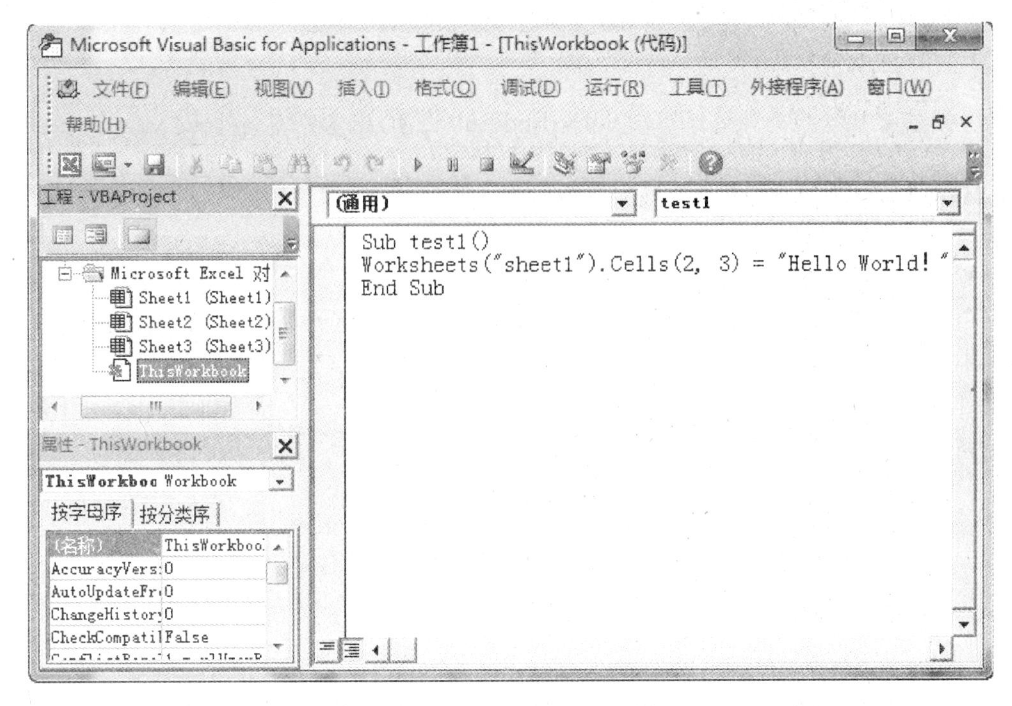

图5-4　输入一段VBA程序

步骤4:将光标置于上述程序行中,然后点击工具栏中的“运行”按钮(见图5-5),或者按快捷键F5,执行上述程序。此时可以看到工作表Sheet1的第2行第3列单元格(C2)中显示一行文字:Hello World!

图5-5　运行VBA程序

下面,我们对VBA程序结构作一简要分析。

上述VBA程序的基本格式是:

```
Sub <过程名称>([参数])
<代码行>
… … … …
… … … …
End Sub
```

Sub、End Sub是VBA语法强制规定的固定写法(称为保留字),不能省略也不能随意更改,但字母不分大小写;括号中可以有参数也可以没有;过程名称由用户自行决定,但必须以字母开头。

由Sub开头、End Sub结束,所构成的一段程序,称为“Sub过程”,后面5.2节会详细介绍。

注 意

1. 所有可执行代码都必须写在 Sub…End Sub 之间，绝不能写到外面！

2. 由于 Sub 过程可能存在多个，所以运行程序时必须将光标置于想运行的 Sub 过程中，否则 Excel 不知道您要运行哪个程序。

下面再举一个稍微复杂一些的例子：

【实例 5－2】 创建 VBA 程序，执行该程序后，根据当前时间弹出“同学们，上午好！”或“同学们，下午好！”。

操作步骤与【实例 5－1】完全相同，只要将程序代码改为：

```
Sub test2()
    If Hour(Time)<12 Then
      msgStr = "同学们,上午好!"
    Else
        msgStr = "同学们,下午好!"
    End If
    MsgBox msgStr
End Sub
```

将光标置于上述程序行中，然后点击工具栏中的“运行”按钮，或者按快捷键 F5，可以看到上述程序的执行结果。

5.1.3 VBA 程序的保存

在 Office2003 及之前的版本中，VBA 程序与所有的 Excel 工作表都包含在一个后缀为 .XLS 的工作簿文件中，所以当我们保存工作簿时，VBA 代码也跟着一起保存了。

但从 Office2007 开始，不仅工作簿文件的后缀改成了 .XLSX，而且 VBA 程序也无法保存到 .XLSX 文件中了，必须保存到 .XLSM 文件中。

所以，当我们保存上述工作簿文件时，会显示如图 5－6 所示的对话框，此时如果单击“是”，则继续保存工作簿，但所有 VBA 代码将会丢失；如果单击“否”，则会跳出“另存为”对话框（见图 5－7），此时，用户可以在“保存类型”下拉列表框中，选择“Excel 启用宏的工作簿（*.xlsm）”，这样 VBA 程序连同所有工作表数据，都保存在了一个后缀为 .xlsm 文件中。

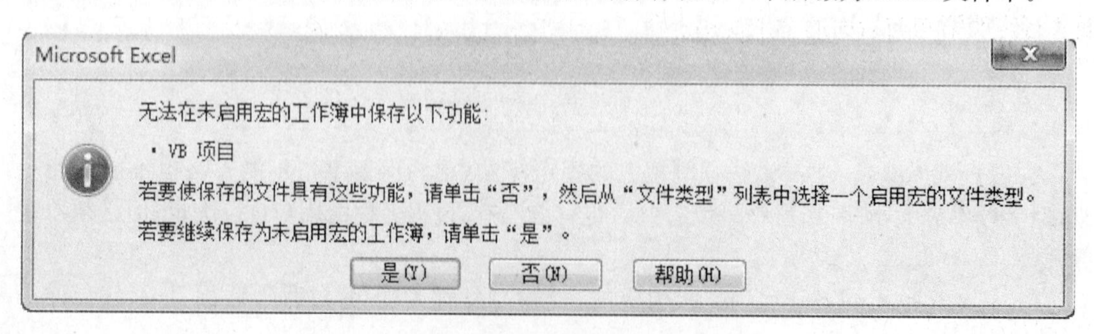

图 5－6 保存带有 VBA 代码的工作簿

图 5－7　另存为启用宏的工作簿

5.2　VBA 的项目结构与组成

一个 VBA 项目，通常由一些模块组成，包括：标准模块、窗体模块、类模块、文档模块等。那么，什么是模块呢？

5.2.1　模块

1. 什么是模块

模块就是一组声明与代码的集合。如图 5－8 中工作表 Sheet1 对应的模块，该模块由前面 4 行声明语句与后面的 2 个通用过程、1 个函数、1 个事件过程所组成。

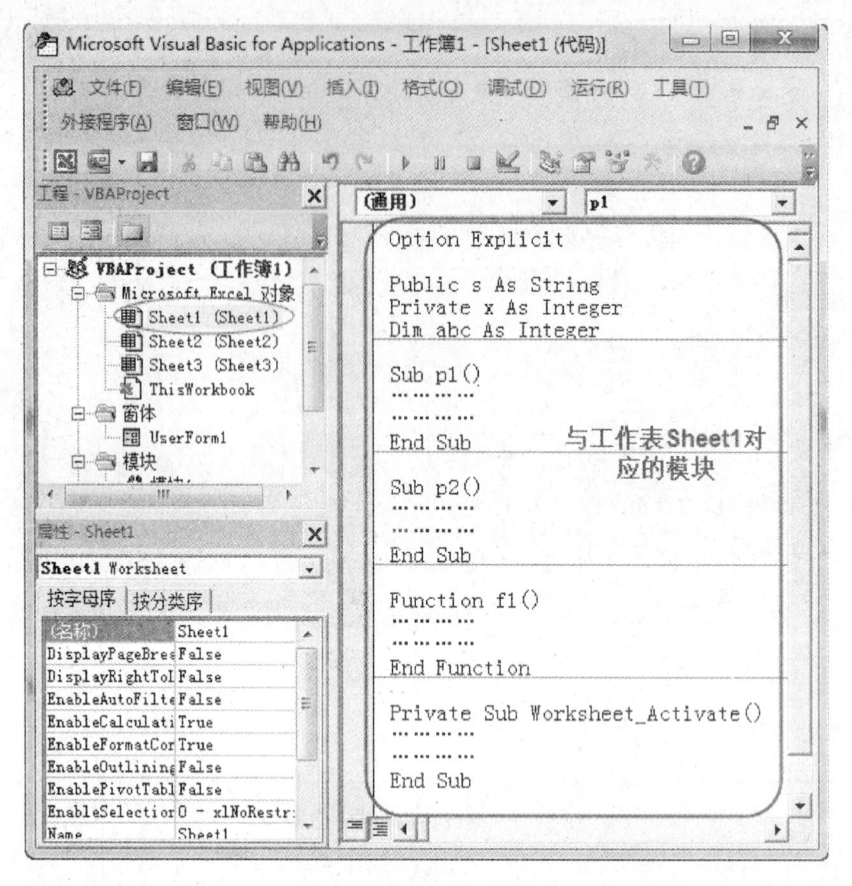

图 5-8　Sheet1 模块

2. 模块的分类

VBA 项目中,模块共分为 5 类,如图 5-9 所示。工作表模块(图 5-8 中 Sheet1～Sheet3)与工作簿模块(图 5-8 中的 ThisWorkbook)统称为"文档模块"。

除了文档模块之外,用户可自行添加"窗体模块""标准模块""类模块"。

各种模块有各自的作用,不同的使用场合使用不同类型的模块。限于篇幅,本书主要介绍前 4 种模块,而"类"模块则涉及面向对象的程序设计,已经超出江苏省计算机等级考试(二级)Office 高级应用的考试大纲,有兴趣读者可以自行找资料学习。

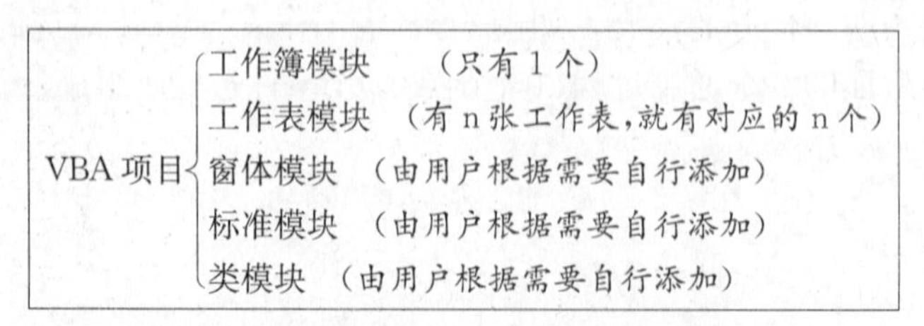

图 5-9　VBA 项目中可包含的 5 种模块

5.2.2　VBA 项目(工程)的组成

每一个 VBA 项目,都是由若干个模块所组成。一个新建的 Excel 工作簿,默认包含 3 张工作表，所以该工作簿中的 VBA 项目就会自动包含 4 个模块：一个工作簿模块、3 个工作表模块（见图 5－10）。

除了与工作簿、工作表对应的模块外，用户还可以根据需要，自行添加“窗体模块”“通用模块”“类模块”，如图 5－10 所示。

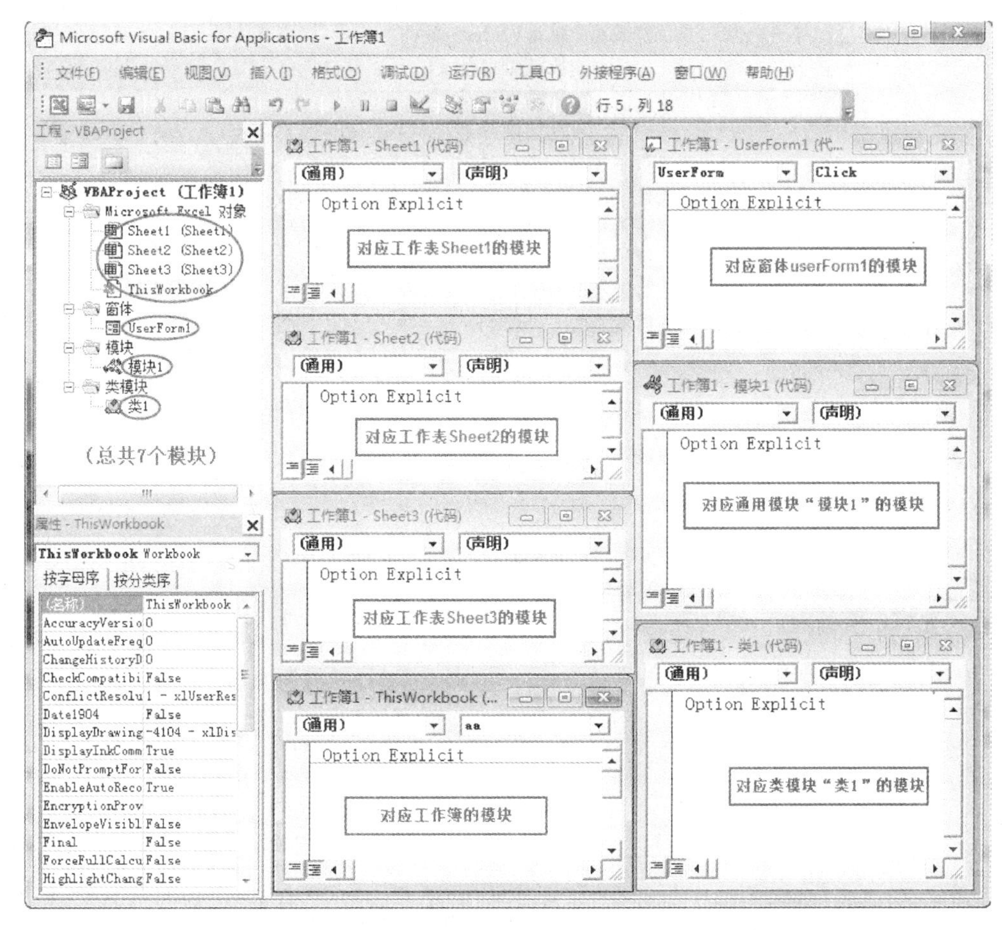

图 5－10　VBA 项目模块及对应代码窗口

至此，我们可以明白几个概念及相互之间关系：由“声明及过程”构成“模块”，再由各类模块构成一个 VBA 项目。

另外，除变量声明之外的所有可执行的代码，都必须包含在过程内，也就是说：可执行代码只能写在 Sub…End Sub 或 Function…End Function 之间，而不能写到外面！对于第一次接触 VBA 程序设计的新手来说，尤其值得注意。

5.3　VBA 数据类型与运算符

5.3.1　数据类型

学习某种编程语言，本质上就是学会该种语言所规定的一套语法规则、书写规则，然后使用这套规则来编写所需的程序。

编程必然要涉及数据的使用，而数据是分不同类型的，譬如：数值型数据、字符型数据、日期型数据等。所以掌握 VBA 中各种数据类型及其使用场合，是学习编程必备的基本功。

VBA 中的各种数据类型如下：

- 整数型
  - 字节型(Byte)
  - 整型(Integer)
  - 长整型(Long)
- 实数型
  - 单精度浮点型(Single)
  - 双精度浮点型(Double)
- 布尔型(Boolean)
- 日期型(Date)
- 字符串型(String)
- 货币型(Currency)
- 对象型(Object)
- 可变类型(Variant)
- 用户自定义类型

5.3.2 变量与常量

1. 变量

变量是程序执行过程中，用来临时保存数据的一个场所，它实际上是一块内存区域。变量的值可能会随着程序的执行而不断发生改变。

尽管 VBA 中，变量可以直接使用而无需预先定义(如【实例 5-2】中的变量 msgStr)，但这不是一个好习惯，当程序出错时，会难以查找到错误之处。

(1) 定义变量

最常见的定义(声明)变量的语法格式为：

```
Dim 〈变量名称〉 As [变量类型]
```

其中，〈变量名称〉必须以字母开头，但不区分大小写；[变量类型]可以是 VBA 中规定的所有数据类型(见 5.3.1 数据类型)。

譬如，【实例 5-2】中的变量 msgStr，如果要声明，则可以使用下面的写法：

```
Dim msgStr As String
```

(2) 强制声明变量

在程序模块的顶部添加“Option Explicit”语句，可以强迫用户进行变量定义，否则运行程序时会出现“变量未定义”的错误信息。

如果嫌手动添加“Option Explicit”语句麻烦，那么可以点击 VBA 编程环境主菜单中的“工具”—“选项(O)...”，打开如图 5-11 所示的“选项”对话框，在“要求变量声明(R)”的复选框打上勾，下次再次打开 VBA 编程环境窗口时，就会自动添加“Option Explicit”语句。

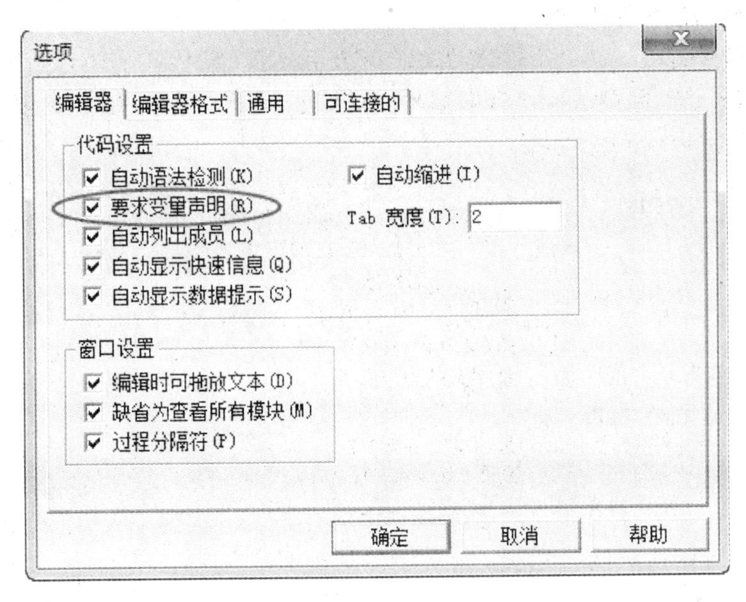

图 5－11　更改 VBA 编辑器选项

（3）变量的作用域

定义变量，除了使用前面所说的 Dim 语句外，还可使用 Private、Public、Global、Static 语句，但它们的含义及作用是不一样的：

■ Dim〈变量〉as〈类型〉

Dim 可以用于过程内部和外部，但不管用于过程内还是外，使用 Dim 语句定义的变量均为私有，无法在模块外使用；

■ Private〈变量〉as〈类型〉

只能在过程外使用，用来定义模块级变量。Private 定义的模块级变量，只能用于本模块，不能被其他模块调用。

■ Public〈变量〉as〈类型〉

只能在过程外使用，用来定义模块级变量。Public 定义的模块级变量对外界可见，可以被本模块和其他模块使用。

■ Static〈变量〉as〈类型〉

只能在过程内部使用。由 Static 定义的变量只能用于本过程，不能被本模块的其他过程或函数调用，更不能被其他模块调用。

用 Static 定义的变量称为“静态变量”，过程执行结束后，该变量并不会消失，其值一直保持，直到整个 Excel 窗口关闭。比较下面两个程序的执行结果，就可以清楚地看到 Static 与 Dim 之间的区别：

程序一：

```
Sub test3()
    Dim a As Integer
    a = a + 1
    MsgBox a
End Sub
```

a 的初值默认为 0。每次执行这个程序，a 的初值都重新赋值为 0，所以无论执行多少次，a 始终为 1。

程序二：

```
Sub test4()
    Static a As Integer
    a = a + 1
    MsgBox a
End Sub
```

a 的默认值也为 0。每次执行程序，a 都会保留上一次的值，进行累加，第一次 a 为 1，第二次 a 为 2，第三次 a 为 3，一直累加下去。

2. 常量

常量用 Const 定义，且在定义时赋值，程序中不能改变它的值。常量定义的语法格式为：

[Public|Private] Const <常量名> [As type] = <表达式>

例如：Const Pi=3.1415926

5.3.3 数组

数组是包含相同类型数据的一组变量，通过数组的下标可以对数组中的单个变量进行引用。VBA 中，数组分为静态数组和动态数组。

1. 定义静态数组

数组定义与变量定义一样，使用 Dim、Private、Public、Static 语句来声明。

语法格式如下：

```
Dim|Private|Public|Static <数组名>(数组元素的上下界,...) as <数据类型>
```

例如：Dim a(10) as Integer

此语句定义了一个整型一维数组，数组名为 a，下标从 0 到 10，即：该数组中可访问的数组元素可以从 a(0)、a(1)、…、a(10)，共 11 个元素。

又如：Dim b(1 to 10) as String

此语句定义了一个字符串类型的数组，下标从 1 到 10，可以访问其中的 b(1)～b(10)共 10 个元素。

再如：Dim c(1 to 20,1 to 10) as Integer

此语句定义了一个二维数组，包含从 c(1,1)～c(20,10)共计 200 个元素。

2. 定义动态数组

定义数组时，有时我们事先并不知道上下界需要多大，定义小了可能不够用，而定义大了则造成浪费。此时，我们可以使用动态数组来解决该问题。

动态数组的字义与静态数组几乎相同，所不同的只是数组名后面的括号中，不要指定上下界，保留空括号即可。如：

Dim a( ) as Integer

动态数组在定义之后，并不能直接使用，必须使用 Redim 语句为动态数组指定上下界。如：

Redim a(i to j)

其中,i、j不必为常量,可以是变量,这正是动态数组与静态数组的区别!(静态数组定义时,上下界不能使用变量,必须使用常量)

5.3.4　运算符

运算符是表示执行某种运算功能的符号。VBA中有如下运算符:

1. 赋值运算符(=)

用于给变量或对象赋值。赋值时先计算右边表达式的值,然后再赋给左边的变量或对象。其语法格式为:

〈变量名〉=〈表达式〉

或

〈对象名〉·〈属性〉=〈表达式〉

注意

给对象的属性赋值时,必须在属性名前加上对象名,中间再加一圆点。

2. 算术运算符

+(加)、-(减)、*(乘)、/(除)、Mod(取余)、\(整除)、^(指数)

3. 关系运算符

=(等于)、<>(不等于)、>(大于)、<(小于)、>=(不小于)、<=(不大于)、Like、Is

如:x>12;a+b<=c+d;m<>"星期日"等都是关系表达式,其结果为True或False。

4. 逻辑运算符

Not(非)、And(与)、Or(或)

将几个关系表达式用逻辑运算符连接起来,就得到一个逻辑表达式,其值为True或False。

5. 字符串连接运算符

&(连接两个字符串)

例如:"abcd" & "12345"(结果为:"abcd12345")

5.4　VBA程序控制结构

5.4.1　顺序结构语句

1. 赋值语句

赋值语句是程序设计中最基本也是最常用的语句,其语法格式为:

〈变量名〉=〈表达式〉

其中的“=”称为赋值号。

如【实例 5-2】中的

```
msgStr = "同学们,上午好!"
```

就是一条典型的赋值语句,赋值号左边为变量名 msgStr,右边为一个字符串。字符串必须放在一对双引号中。

又譬如:

$$X=12+45/8*25$$

首先计算出赋值号右边表达式的值,然后将该值赋给左边的变量 X。

下面这个赋值语句,是先计算出右边的逻辑表达式的值(True 或 False),然后赋值给左边的变量 Y。

$$Y=(a-b<c) \text{ and } (a-c<b)$$

2. 注释语句

理论上讲,注释语句在任何程序中都不是必需的,但为了别人也为了自己以后更容易阅读或修改程序,在一些关键之处添加若干行注释语句,是非常必要的。

注释语句的语法格式为:

Rem〈注释内容〉 或者 '〈注释内容〉

两者的区别是:

以 Rem 开头的注释,必须单独占一行,不能放在某一行程序的后面;而以单引号开头的注释,既可单独占一行,也可放在程序行后面。如:

```
MsgBox msgStr      '输出一行问候语
```

是正确的注释;而

```
MsgBox msgStr      Rem 输出一行问候语
```

则会提示错误!

〈注释内容〉既可用英文也可用中文,由用户自行决定。

5.4.2 选择结构语句

1. If…then…语句

格式一(单行格式):

If〈条件〉then〈一条语句〉

或者

If〈条件〉then〈一条语句〉Else〈一条语句〉

格式二(多行格式):

```
If 〈条件〉then
  〈语句序列〉
End if
```

```
If〈条件〉then
  〈语句序列 1〉
Else
  〈语句序列 2〉
End if
```

2. Select case 语句

语法格式为：

```
Select Case
Case e1
[语句序列 1]
Case e2
[语句序列 2]
……
Case Else
[语句序列 n]
End Select
```

说明：

e 为测试表达式，可以是算术表达式或字符表达式，其值应是数字或字符串；

e1、e2 等是测试项，取值必须与测试表达式的值类型相同，常用形式为：

1）具体取值，用逗号隔开，如：1，5，9

2）连续的范围：界 1 To 界 2，如：12 To 20

3）满足某个条件：Is 运算符，如：Is>10

4）三种形式可以组合使用

【实例 5-3】 根据学生成绩，判断其等级：

条件	成绩≥90	80≤成绩<90	70≤成绩<80	60≤成绩<70	成绩<60
等级	优秀	良好	中等	及格	不及格

程序如下：

```
Sub test3()
    Dim score As Integer
    Dim grade As String
    score = InputBox("请输入 0~100 之间的一个整数","输入成绩","")
    Select Case score
    Case Is> = 90
        grade = "优秀"
```

```
    Case 80 To 90
        grade = "良好"
    Case 70,71,72,73,74,75,76,77,78,79
        grade = "中等"
    Case 60,61,62,63 To 66,Is> = 67
        grade = "及格"
    Case Else
        grade = "不及格"
    End Select
    MsgBox grade '输出成绩
End Sub
```

说明：InputBox()是一个常用函数，用于获取用户的输入。执行 score＝InputBox("请输入 0～100 之间的一个整数","输入成绩","")语句时，首先执行赋值号右边的 InputBox 函数，此时弹出如下输入框：

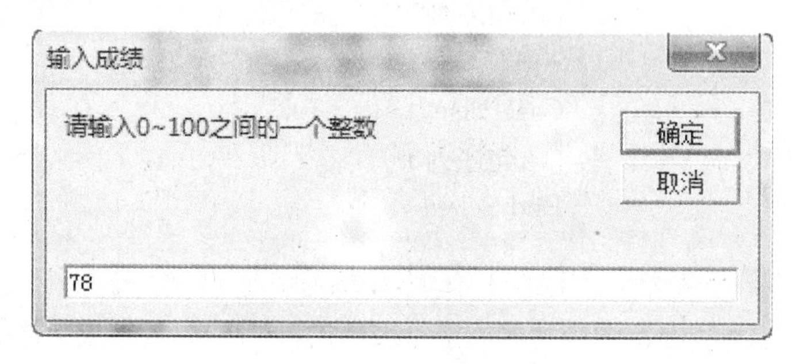

图 5－12　InputBox 函数

当用户输入成绩并点击确定后，InputBox 函数的返回值就是用户所输入的成绩（此处为 78），然后将该成绩赋值给左边的变量 score。

5.4.3　循环结构语句

1. For…Next 语句

语法格式：

```
For 〈循环变量〉=〈初值〉 to 〈终值〉 [Step〈步长〉]
  [语句序列 1]
[Exit For]
  [语句序列 2]
Next
```

2. Do…Loop 语句

语法格式：

```
Do While〈条件〉
    [语句序列 1]
    [Exit Do]
    [语句序列 2]
Loop
```

```
Do
    [语句序列 1]
    [Exit Do]
    [语句序列 2]
Loop Until〈条件〉
```

3. While…Wend 语句

```
While〈条件〉
    [语句序列]
Wend
```

4. For Each…Next 语句

```
For Each element In〈数组或集合〉
    [语句序列 1]
    [ExitFor]
    [语句序列 2]
Next[element]
```

【实例 5－4】 列出 Excel 工作簿中的所有工作表名称。

程序如下：

```
Sub test4()
    Dim oSheet As Worksheet
    For Each oSheet In ThisWorkbook.Worksheets
        MsgBox oSheet.Name
    Next
End Sub
```

5.5 过程和函数

所谓“过程”，其实就是具有相对独立功能的一段程序。

VBA 具有四种过程：Sub 过程、Function 函数过程、Property 属性过程和 Event 事件过程。本书仅讲解三种最常见的过程——Sub 过程、Function 函数过程以及事件过程(见图5－13)。

```
事件过程
通用过程 { Sub(子程序)
         { Function(函数)过程
属性过程
```

图 5－13　VBA 中常用的三类过程

5.5.1 事件过程

事件过程，也叫事件处理程序，它是当发生某个事件，如：单击窗体上的命令按钮时，对该事件做出响应的一段程序。

先来看个简单的例子：

步骤 1：单击 VBA 窗口主菜单中的“插入”，选择其中的“用户窗体(U)”，可以看到右侧出现如图 5-14 所示的一个窗口，标题显示“UserForm1”；

步骤 2：将工具箱中的文本框控件与命令按钮控件拖放到窗体 UserForm1 中，见图 5-14；

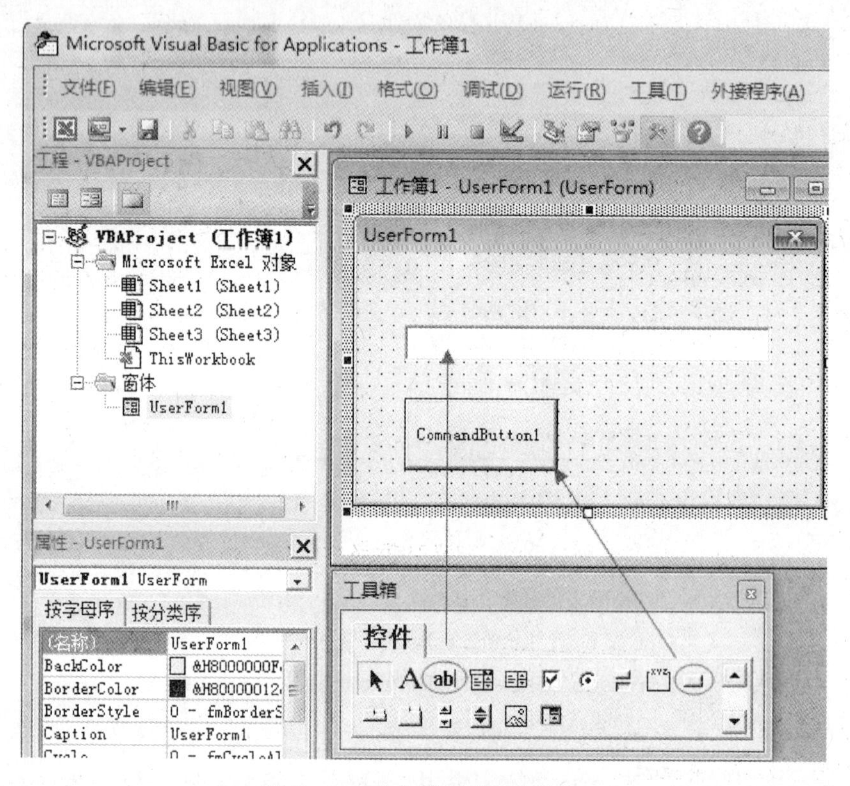

图 5-14 将控件拖放到窗体上

步骤 3：双击窗体上的命令按钮，打开代码编辑窗口(见图 5-15)，在自动生成的事件处理程序框架中输入一行代码：TextBox1. Text="事件处理程序演示"(见图 5-15)；

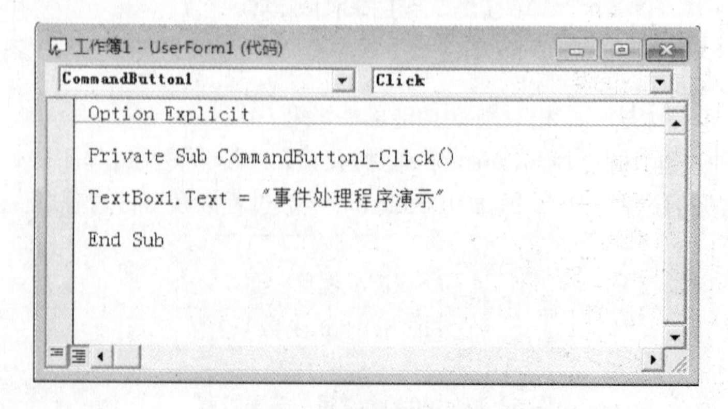

图 5-15 编写事件过程

步骤4:单击VBE窗体工具栏上的“运行”按钮(或按快捷键F5),运行上述窗体(见图5-16),然后单击命令按钮CommandButton1,可以看到,文本框中显示:事件处理程序演示。

图5-16　运行窗体程序

本例子中,当用户单击单击命令按钮CommandButton1时,就会触发此按钮的Click事件(单击),执行与该事件对应的名为“CommandButton1_Click”的事件处理程序。

VBA中,除了Click事件之外,还有很多事件,如:Change事件、DblClick事件、KeyPress事件、Open事件等。

注意

VBA的事件处理程序框架是自动生成的,用户不能随便更改,否则会出现错误!

5.5.2　通用Sub过程

1. 通过Sub过程的语法格式

```
[Private|Public] Sub 〈过程名〉[(参数1,参数2,…)]
    [语句序列1]
    [Exit Sub]
    [语句序列2]
End Sub
```

说明:Privat——表示只有在包含其声明的模块中的其他过程可以访问该Sub过程。

Public——表示所有模块的所有其他过程都可访问这个Sub过程。如果在Sub前面省略关键字,则表示其为Public。

参数的具体书写格式是:

```
[ByVal|ByRef] 〈参数名〉 as 〈数据类型〉
```

注意: Sub过程的定义不能嵌套,即不能将过程的定义放在另一个过程中!

2. 创建通用Sub过程

操作步骤如下:

步骤1:双击“工程资源管理”窗口中的“ThisWorkbook”模块,打开代码窗口;

步骤2:在代码窗口中输入“Sub过程名”,并按回车键(实际的过程名由用户自定);;

步骤3:系统自动在过程名后面添加一对括号,并自动生成“End Sub”语句;

步骤4:在过程结构中输入以下代码:

```
Sub  过程名()
    MsgBox  "这是手工输入代码创建的Sub过程!"
End  Sub
```

3. 调用 Sub 过程

使用过程的目的就是将一个应用程序划分为多个功能相对独立的小模块，每个小模块完成一个具体的功能，最后通过组合这些过程来完成一个大任务。

Sub 过程的调用分两种方式：一种是在 VBA 代码中调用 Sub 过程；另一种是在 Excel 中以调用宏的方式来执行 Sub 过程。

(1) 用 Call 语句调用 Sub 过程

语法格式：

```
Call 过程名(参数列表)
```

如果使用 Call 语句来调用一个需要参数的过程，“参数列表”必须要加上括号；如果过程没有参数，可省略过程名后的括号。例如，以下代码：

```
Call  TestSub
```

将调用过程“TestSub”，该过程不带参数。

(2) 将过程作为一个语句

在调用过程时，如果省略 Call 关键字，也可调用过程。与使用 Call 关键字不同的是，如果过程有参数，这种调用方式必须要省略“参数列表”外面的括号。例如：

```
Call  Test(a,b)
```

可改为以下形式：

```
Test  a,b
```

(3) 以宏方式调用 Sub 过程

当我们在 Excel 中录制宏时，将会创建一个 Sub 过程，所以也可将 Sub 过程作为一个宏来调用。譬如，要执行 ThisWorkbook 模块中的一个名叫“aa”的 Sub 过程，可以按如下步骤操作：

步骤 1：切换到 Excel 工作簿界面，点击“开发工具”功能区中“宏”命令按钮或直接按快捷键 Alt+F8，打开“宏”对话框(见图 5－17)；

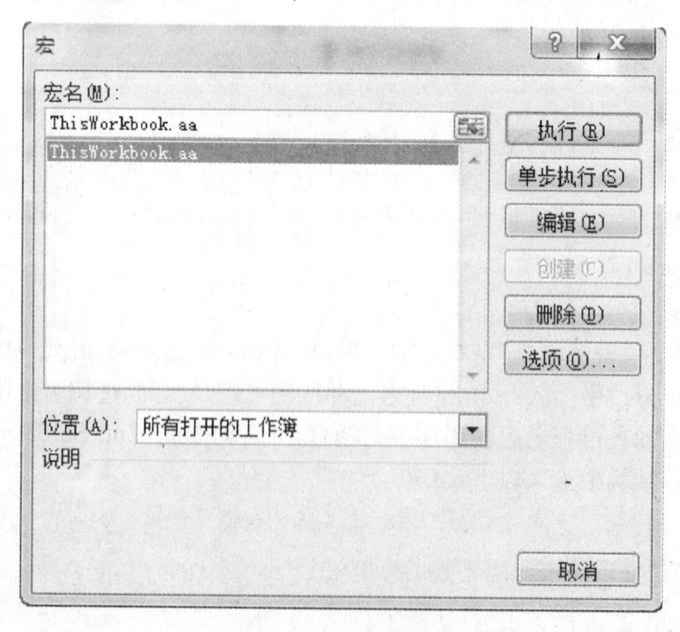

图 5－17　宏对话框

步骤2:在“宏”对话框的宏名列表中,选择ThisWorkbook.aa,然后点击“执行(R)”即可。

注意:以宏方式调用Sub过程无法给过程传递参数,所以带有参数的过程不会显示在图5-18所示的宏列表中。

4. 传递参数

(1) 形参与实参

定义Sub过程时,〈过程名〉后面括号(…)中的参数列表,称为“形式参数”。因其没有具体的值,只是形式上的参数,所以称为形参。

```
[Private | Public] Sub 〈过程名〉 [(参数1,参数2,…)]
                                    形式参数
```

实参是实际参数的简称,是在调用Sub过程时传递给形参的值。在VBA中实参可以是常量、变量、数组或对象等类型的数据。

(2) 传值

传值就是将实参的值赋给形参(相当于执行一次赋值操作)。当实参为常量或表达式时,VBA自动使用传值的方式,将实参的值传递给形参。下面通过一个实例来演示形参与实参的使用。

【实例5-5】 定义一个通用Sub过程,用于计算矩形的面积,然后在窗体上命令按钮的Click事件中调用该过程,显示一个“长*宽=12*15”的矩形面积。

操作步骤如下:

步骤1:打开一个新的工作簿窗口,再点击“开发工具”功能区中的“Visual Basic”打开VBE窗口;

步骤2:单击VBE窗口主菜单中的“插入”,选择“用户窗体(U)”,然后从控件工具箱中,将命令按钮拖放到窗体上(见图5-18);

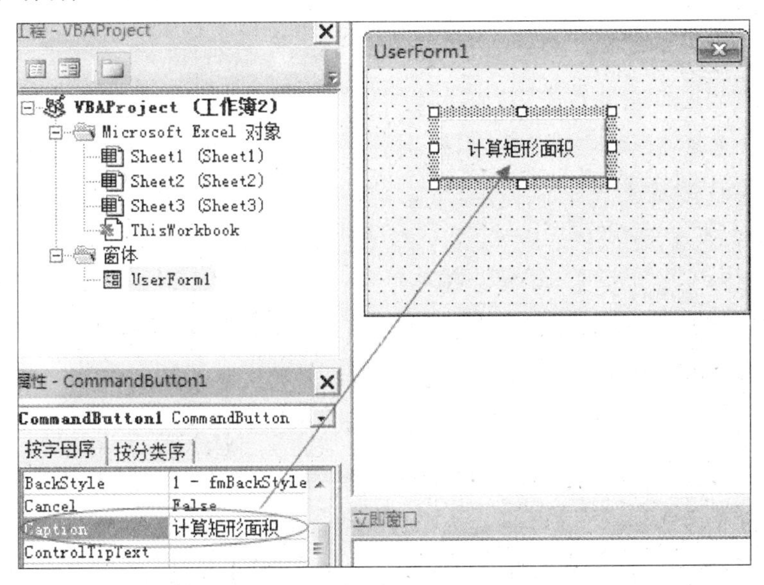

图5-18 创建窗体模块

步骤3:选中命令按钮,在左下角的“属性”窗口中,选中“Caption”属性,然后将属性值由CommandButton1改为“计算矩形面积”;

步骤 4:右击“工程资源管理器”窗口中的 UserForm1,选择快捷菜单中的“查看代码(O)”(见图 5－19 查看代码),打开代码编辑窗口;

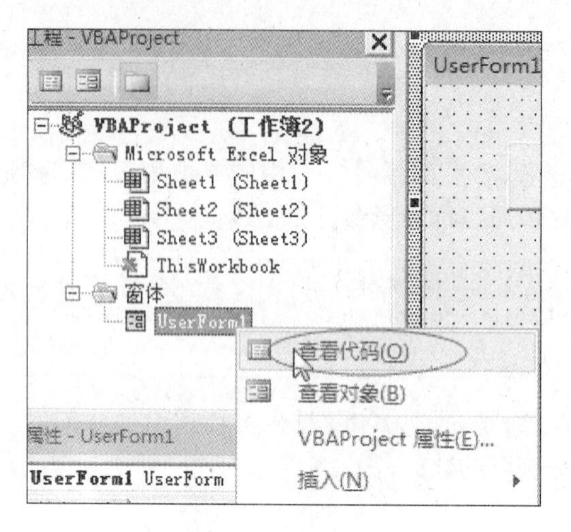

图 5－19　查看代码

步骤 5:在代码编辑窗口中,输入如下程序:

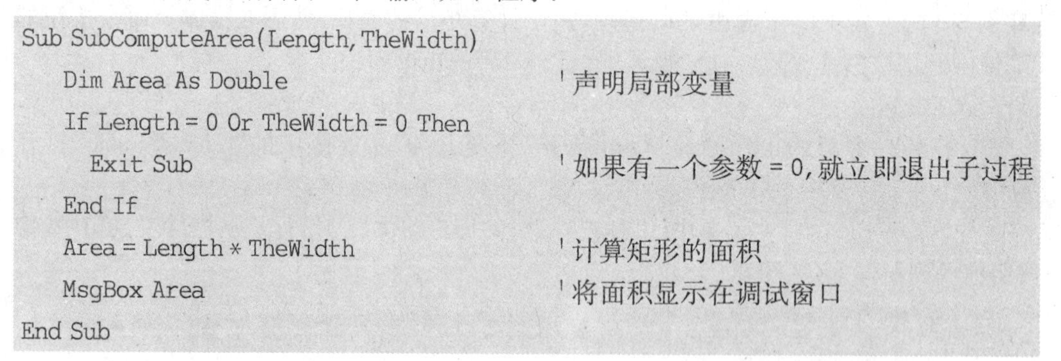

```
Sub SubComputeArea(Length, TheWidth)
    Dim Area As Double                        '声明局部变量
    If Length = 0 Or TheWidth = 0 Then
      Exit Sub                                '如果有一个参数 = 0,就立即退出子过程
    End If
    Area = Length * TheWidth                  '计算矩形的面积
    MsgBox Area                               '将面积显示在调试窗口
End Sub
```

步骤 6:在代码窗口左上角的“对象下拉列表”中,选择 CommandButton1,此时右上角的事件列表框中自动显示 Click,且在代码窗口中自动生成命令按钮 CommandButton1 的 Click 事件处理程序框架(见图 5－20);

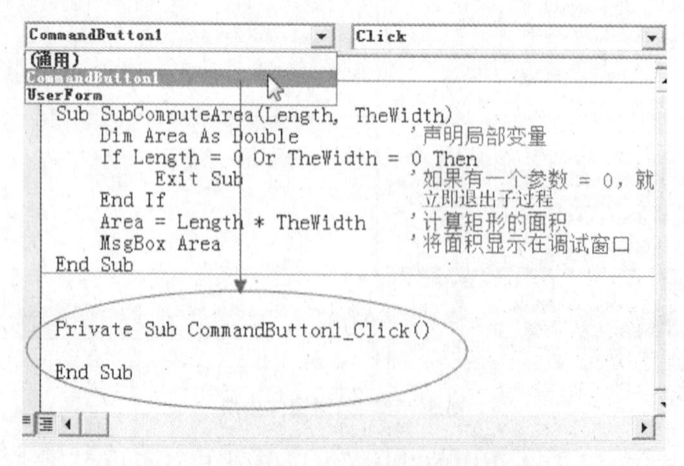

图 5－20　生成 Click 事件处理程序架构

步骤 7：在上述事件处理架构中，输入代码：

```
Call SubComputeArea(12,15)
```

或者

```
SubComputeArea12,15
```

步骤 8：按 F5 运行程序，然后单击窗体上的命令按钮，可以看到程序运行结果（见图5－21）。

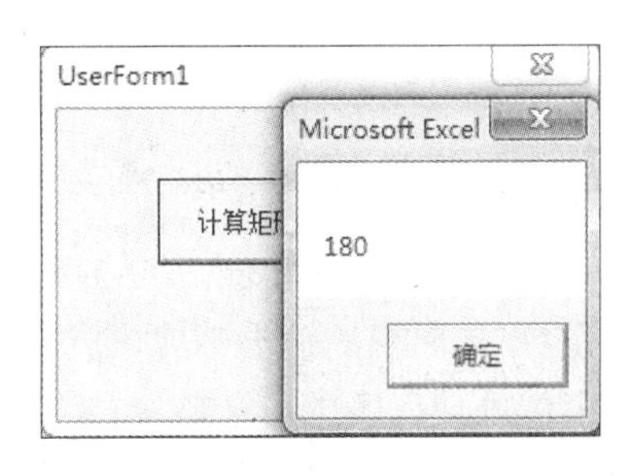

图 5－21　程序运行结果

（3）传地址

为让读者明白什么是“传地址”，我们将【实例 5－5】中的代码稍作变动，演示实参与形参之间的数据传递。

【实例 5－6】　实参传地址给形参。

在 SubComputeArea 过程的最后加上两条给形参赋值的语句，其余代码不变。

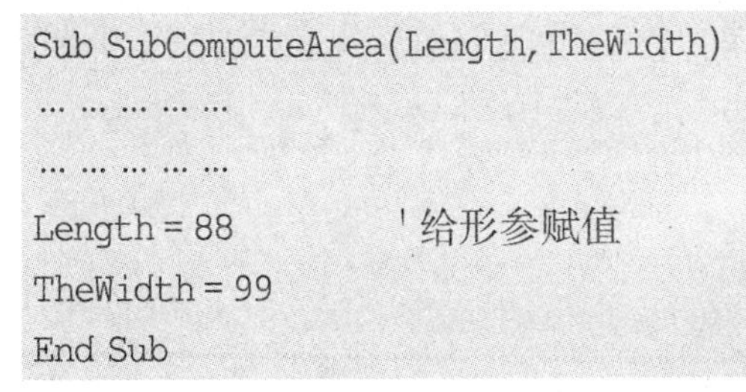

```
Sub SubComputeArea(Length,TheWidth)
… … … … …
… … … … …
Length = 88              '给形参赋值
TheWidth = 99
End Sub
```

将 CommandButton1 的 Click 事件处理程序，改为：

```
Private Sub CommandButton1_Click()
   Dim x As Integer
   Dim y As Integer
   x = 12
   y = 15
   SubComputeArea x,y
   MsgBox x
   MsgBox y
End Sub
```

原来的实参分别是常量 12 和 15，现在改为变量 x 和 y，并且在调用完过程 SubComputeArea 后，再显示 x、y 的值。

运行程序后，首先显示矩形面积，仍然为 12＊15＝180，接着显示变量 x、y 的值，分别看到是：88、99！ x、y 的初始值分别为 12、15，为何最后却变成了 88 和 99？

原因就在于：

当实参为变量时，且在过程定义中，形参前面不加“ByVal”关键字时，实参传递给形参的并不是值，而是实参的“内存地址”，也即，此时实参与形参实际上指向的是同一个存储单元。因此，当 Sub 过程中形参的值一旦被改变，则实参的值也就变成了新的值。

所以，如果不希望实参因形参的改变而改变，则在定义 Sub 过程时，形参前面必须加上 ByVal 关键字，此时实参传给形参的不再是地址，而是实参的值，也即此实参与形参是两个不同的存储单元，改变形参时并不会影响实参。

读者可以自行练习：上面的【实例 5－6】中，在 Sub 过程的形参 Length 前面加上 BayVal，然后运行程序,再看看结果如何。

注意

为明确表示实参与形参之间采用传地址方式而非传值,可以在形参前面加上 ByRef 关键字,如(ByRef a As Integer)。

5.5.3 Function 函数过程

坦白地讲,【实例 5 - 5】所给出的程序虽然能正常工作,但它并不是一个好的程序,原因是:矩形面积的输出不应该放在 Sub 过程中,而应该放在命令按钮 CommandButton1 的 Click 事件处理程序中!

那么,如何修改【实例 5 - 5】的代码呢?答案是:在 Sub 过程中添加一个形参。具体代码如下:

```
Sub SubComputeArea(Length, TheWidth, ByRef Area as Double)
    If Length = 0 Or TheWidth = 0 Then
      Exit Sub
    End If
    Area = Length * TheWidth
End Sub
```

命令按钮 CommandButton1 的 Click 事件处理程序则改为:

```
Private Sub CommandButton1_Click()
   Dim x As Integer
   Dim y As Integer
   Dim s As Double
   x = 12
   y = 15
   SubComputeArea x, y, s
   Msgbox s                                    '输出矩形面积
End Sub
```

上述改进后的程序,比原来好得多,但仍然不能算最佳。更好方式不是用 Sub 过程,而是用 Function 函数过程,见【实例 5 - 7】。

1. Function 函数过程的定义

定义函数的语法格式为:

```
[Private|Public] Function <函数名>[(参数 1,参数 2,…)] As <数据类型>
      [语句序列 1]
      [Exit Function]
      [语句序列 2]
      <函数名> = <表达式>
End Function
```

可以看出，Function函数过程的定义与Sub过程很相似，所不同的是：

◆ 声明函数的第一行最后使用"As〈数据类型〉"，用于指定该函数的返回值的类型；

◆ 在函数体内，通过使用给函数名赋值"〈函数名〉=〈表达式〉"来返回计算结果；

2. Function 函数的调用

有两种方法调用Function函数：一种是在VBA的过程里调用；另一种是在工作表的公式中使用。

(1) 在VBA代码中调用函数

函数的调用方法，通常是将函数作为表达式的一部分，使用其返回值参加表达式的运算。如：

```
t = t + MySum(1,3,8) * 3
```

该语句执行时，首先执行函数MySum(1,3,8)，函数执行结束时，返回的函数值乘以3，再加上变量t的值，再赋值给t。

【实例5-7】 将【实例5-5】中的Sub过程改为Function函数过程，实现同样的功能。

步骤1：将原来的Sub过程改为如下函数：

```
Function SubComputeArea(Length, TheWidth) As Double
If Length = 0 Or TheWidth = 0 Then
Exit Function
End If
SubComputeArea = Length * TheWidth
End Function
```

步骤2：将命令按钮的Click事件处理程序改成如下：

```
Private Sub CommandButton1_Click()
  Dim x As Integer
  Dim y As Integer
  Dim s As Double
  x = 12
  y = 15
  s = SubComputeArea(x, y)                    '调用函数，返回函数值
  Msgbox s                                    '输出矩形面积
End Sub
```

采用函数过程而非Sub过程的好处是：避免了为获取Sub过程的返回值而刻意增加一个形参，而且用函数来获取返回值更符合人们的思维习惯。

(2) 在工表中调用函数

自定义Function函数和Excel系统内置函数一样，可在Excel工作表的公式中进行调用，前提条件是：函数必须定义在"标准模块"中。具体做法是：

步骤1：单击VBE窗口主菜单"插入"，然后选择菜单命令"模块(M)"(见图5-22)。这

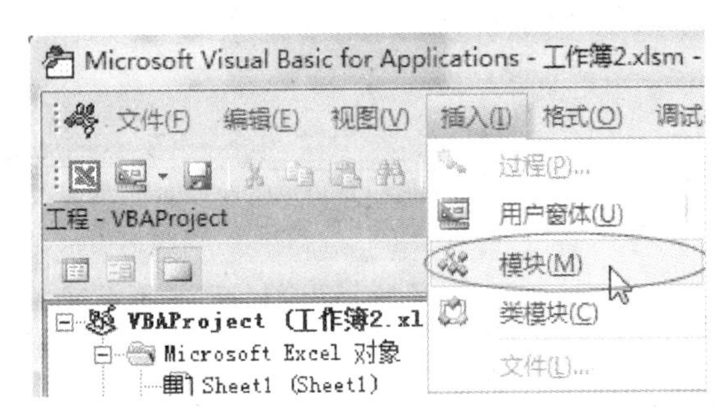

图5-22 插入标准模块

时可以看到左边的项目资源管理器窗口中新增了一项“模块 1”，同时在左边打开“模块 1”的代码输入窗口；

步骤 2：在右边代码窗口中输入【实例5－7】的步骤 1 的函数；

步骤 3：切换到 Excel 工作表窗口，然后选中某个单元格，再点击公式编辑栏左侧的“f_x”，然后在“插入函数”对话框中（见图5－23），函数类别选择“用户定义”，再在下面的列表框中选择函数 SubComputerArea，然后点击“确定”，继续打开“函数参数”对话框（见图 5－24）；

步骤 4：在“函数参数”对话框中，分别输入 Length 与 TheWidth 两个参数，最后确定即可。

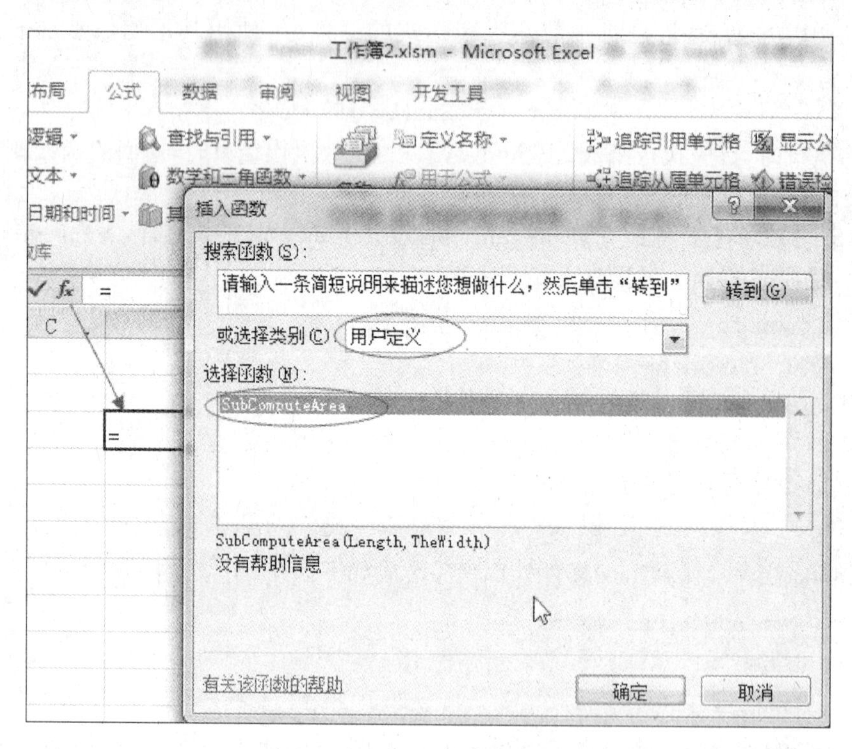

图 5－23 插入用户自定义函数

函数参数
SubComputeArea
Length 12 = 12
TheWidth 15 = 15
= 180
没有帮助信息
TheWidth
计算结果 = 180
有关该函数的帮助(H)
确定
取消

图 5－24 输入函数参数

5.6 Excel对象模型及其VBA编程操作

5.6.1 面向对象程序设计(OOP)基本概念

虽然VBA不是真正意义上的面向对象的程序设计语言(它只是一种嵌入到Office中的脚本语言),但了解一些面向对象程序设计的基本概念,对于VBA编程是必不可少的,否则不仅没法写代码,连看都可能看不懂。

1. 对象(Object)

所谓对象,是指那些独立存在的实体。譬如,在VBA中,工程、窗体、模块、控件(命令按钮、文本框、单选按钮、复选框……)、工作簿、工作表、图表等都是对象,因为这些都是实体,具备了独立存在的所有条件。

比如,我问你书是对象吗?答案当然"是",因为书可以独立存在。那么,颜色是对象吗?不是,因为你无法单独拿出来一个叫"颜色"的东西来,它只能作为其他东西的一种属性而存在。

VBA中,大部分对象都不具有可视界面,但也有一类对象例外——我们专门称之为"控件"。这些控件被安排在一个名为"工具箱"的面板中,在创建带窗体的应用程序时,可以根据需要,将这些控件拖放到窗体上,给用户提供一个可视化的操作界面。

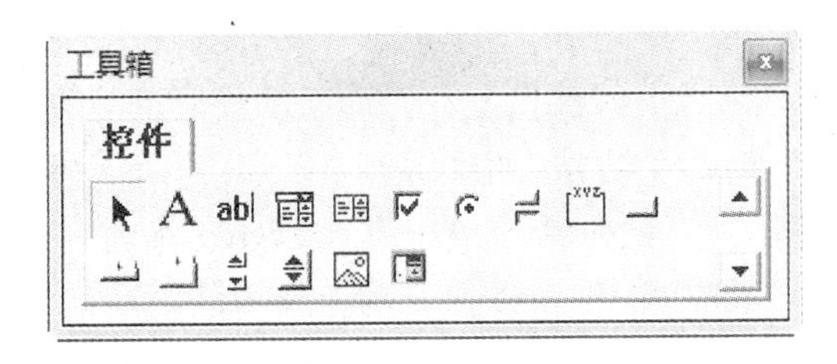

图5-25 控件工具箱

2. 属性(Property)

属性比较容易理解,它是指对象的特征,如大小、标题或颜色等。我们仍以"书"这个对象为例,书名、书的页数、纸张尺寸、出版社、作者、价格等都是书的属性。不同的对象会具有不同的属性。

在VBE编程环境中,对于那些具有可视界面的对象,如:窗体、控件等,可以在设计时通过"属性窗口"来修改它的属性。具体做法是:选中对象,然后在属性窗口中找到需要修改的属性,直接修改。

譬如:要将图5-26中窗体上的命令按钮的文字改为"确定",只要选中该按钮,然后在左侧的属性窗口中,找到Caption属性,然后将右边的"CommandButton1"改为"确定"即可。

另一种修改属性的方法是:通过执行VBA代码来修改对象的属性。具体做法是:执行如下的一条赋值语句(注意:对象与属性之间有一个"点")。

〈对象〉.〈属性〉=〈属性值〉

譬如：

```
CommandButton1.Caption = "计算成绩"      '修改命令按钮的"标题"属性
TextBox1.Value = "85"                    '修改文本框的 Value 属性,文本框中内容为 85
```

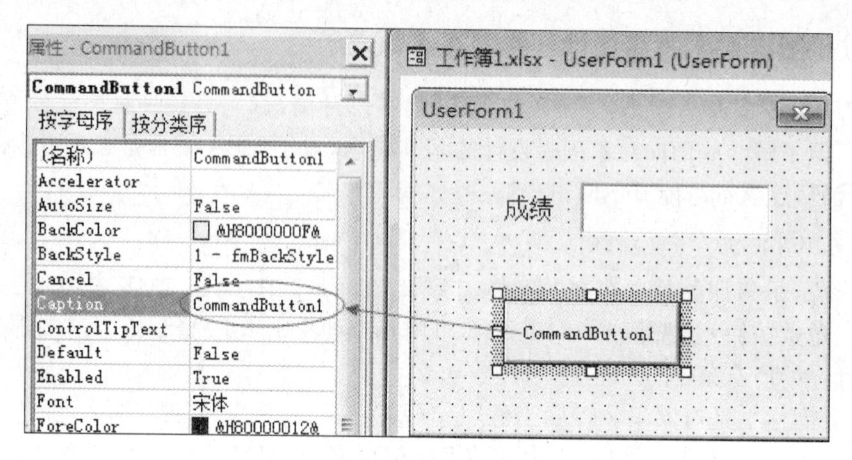

图 5-26　修改命令按钮的 Caption 属性

3. 方法

方法是该对象能够执行(或者能够施加在对象上)的某个动作。

方法是用来作用于对象,使其产生某种变化的。譬如:"书"这个对象,我可以定义一个方法——"撕"。当对象执行这个方法之后,书本就成了一堆碎纸;还可以定义另一方法——"包书"。当执行对象的这个方法后,书就被包上一件漂亮的外套。

下面再举一些例子,以加深对"方法"的理解。

VBA 中,Excel 工作簿是一个对象,它有 Close、Save 等方法,执行 Close 方法会关闭 Excel 工作簿窗口,而执行 Save 方法则可以保存对工作簿的更改。

对象的方法,实际上是对象内部的一段程序(一个 Sub 过程或 Function 过程),而想要执行该程序,则需要使用如下语法:

〈对象〉.〈方法名称〉(〈参数列表〉)
或者
〈对象〉.〈方法名称〉[参数列表]

4. 事件

什么是事件呢? 事件是指发生在对象身上的某件事情。譬如:当我们单击一下窗体或者命令按钮时,就会触发窗体或者命令按钮对象的 Click 事件;当我们打开一个工作簿时,就会触发这个工作簿对象的 Open 事件。

对象的每个事件都对应一个"事件过程"(见 5.5.1 节),也叫事件处理程序。当触发对象的某个事件时,就会自动执行该事件处理程序,这就是所谓的"事件驱动程序设计"。

默认情况下,这个事件处理程序只是一个空的框架,里面并没有什么实质性的代码,所以,当我们单击某个窗体时,通常都是毫无反应,看不到有什么事情发生。但是,当你在这个框架中写上几行代码,然后按 F5 运行,再次单击窗体,就会触发 Click 事件,并自动执行这些代码。

图5-27就是工作簿对象的Open事件处理程序，只不过是一个空的框架。

可能有读者会问：这个空的框架是如何生成的？答案非常简单：在代码编辑窗口左上角的下拉列表框中，将“通用”改为“Workbook”，右上角的下拉列表框中自动显示为“Open”，同时代码编辑窗口中会自动生成图5-27所示的两行代码。

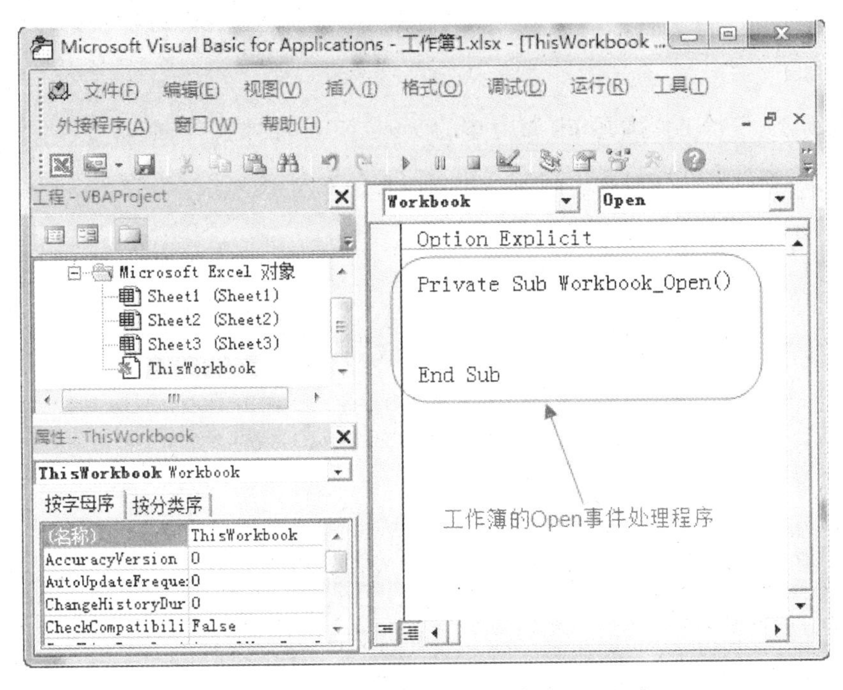

图5-27 工作簿对象的Open事件处理程序

图5-28中，左上角的下拉列表框中包含的是当前模块中的所有对象，而右上角下拉列表框中包含的则是当前所选对象(其名称显示在左上角下拉列表框中)的所有事件。

你试着单击一下图5-28中右上角的下拉列表框，会惊奇地发现里面列出一大堆事件，而Open只不过是其中的事件之一(见图5-29)！

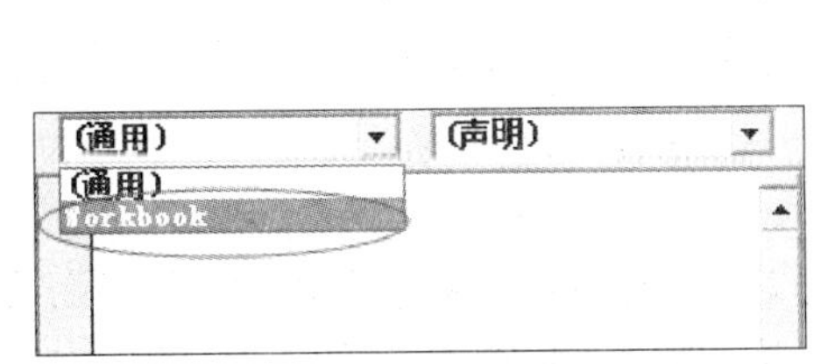

图5-28 如何事件处理程序框架

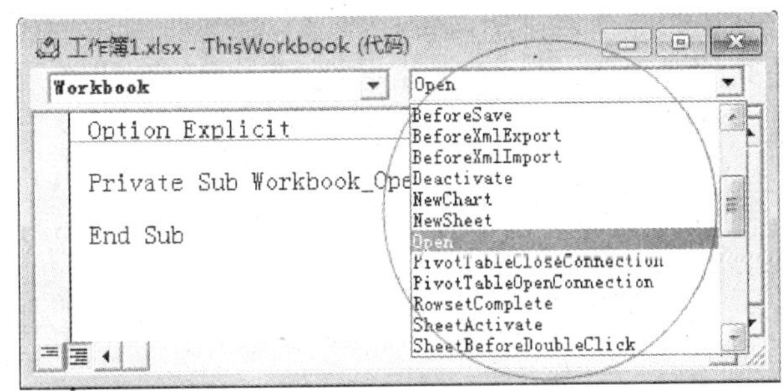

图5-29 工作簿对象的所有事件

5.6.2 Workbook对象

Workbook对象代表Excel工作簿，它是Workbooks集合的成员。Workbooks集合包含Excel中所有当前打开的Workbook对象。

代码示例1：(打开“学生信息.xlsx”工作簿)

```
Workbooks.Open("C:\学生信息.xlsx")
```

代码示例 2:(列举 Excel 中所有当前打开的工作簿名称)

```
Dim oWorkbook As Workbook
For Each oWorkbook In Workbooks
MsgBox oWorkbook.Name
Next
```

代码示例 2:(使得工作簿 Cogs.xlsx 中的 Sheet1 工作表成为当前工作表)

```
Workbooks("Cogs.xlsx").Worksheets("Sheet1").Activate
```

5.6.3 WorkSheet 对象

WorkSheet 对象代表一张工作表。由于一个工作簿中可以包含多张工作表,所以,WorkSheet 对象是 WorkSheets 集合的成员,WorkSheets 集合包含工作簿中所有的 WorkSheet 对象。

代码示例 1:(列出当前工作簿中所有的工作表名称)

```
Dim oSheet As Worksheet
For Each oSheet In Worksheets
MsgBox oSheet.Name
Next
```

代码示例 2:(隐藏活动工作簿中的第一张工作表)

```
Worksheets(1).Visible = False
```

代码示例 3:(在工作簿"test1.xlsx"中添加 3 张工作表)

```
Workbooks("test1.xlsx").Worksheets.AddCount: = 3
```

5.6.4 Range 对象

Range(翻译成中文为:"范围")对象可能是 VBA 代码中最常用的对象,Range 对象可以是某一单元格、某一单元格区域、某一行、某一列,或者是多个连续或非连续的区域组成的区域。下面介绍 Range 对象的一些属性和方法。

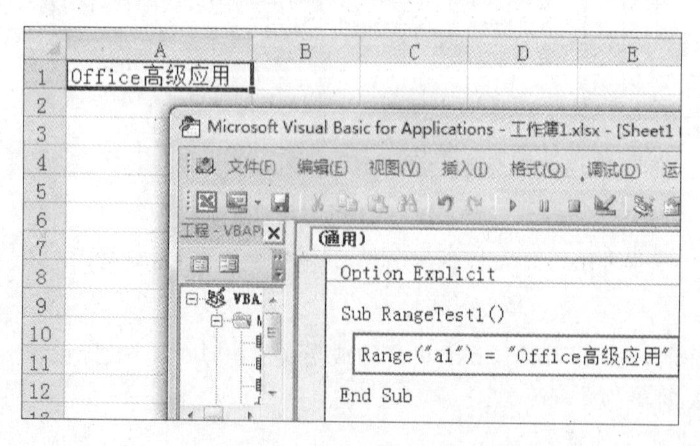

图 5-30 Range 表示一个单元格

Range 对象代表某一单元格、某一行、某一列、某一选定区域(该区域可包含一个或若干个连续单元格区域)。

◆ 表示一个工作表中的一个单元格

双击左边"项目资源管理器"中的 ThisWorkbook,打开右边的代码编辑窗口,输入图5-30 的一段程序,按 F5 执行,在 A1 单元格中将显示一行文字。

◆ 表示一个连续的区域

将图 5－30 的代码改成图 5－31，按 F5 执行，可以看到，当前活动工作表中从 A2 到 B4 的一片连续区域被选中。

【实例 5－8】 创建 VBA 程序，执行该程序后，将当前活动工作表中的 A1:C1 单元格区域的字体、字号设置为华文新魏、16 号、红色、加粗。

操作步骤：

步骤 1：双击左边“项目资源管理器”中的 ThisWorkbook，打开右边的代码编辑窗口，输入下面的程序：

```
Sub RangeTest4()
    With Range("a1:c1").Font
    .Name = "华文新魏"
    .Size = 16
    .Color = RGB(255,0,0)
    .FontStyle = "bold"
    End With
End Sub
```

步骤 2：按 F5 执行。

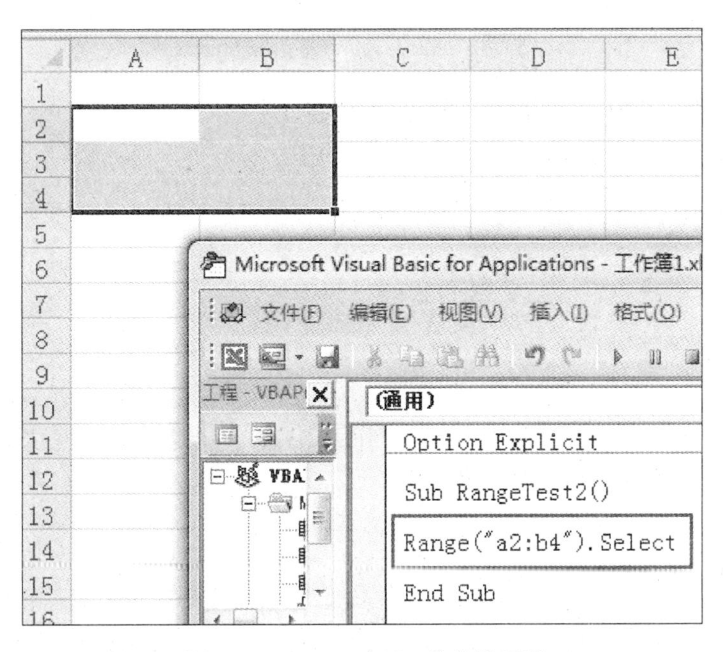

图 5－31　Range 表示一片连续区域

◆ 表示一个不连续的区域

将图 5－31 的代码改成图 5－32 的代码，按 F5 执行，可以看到，当前活动工作表中两片不连续区域被同时选中。

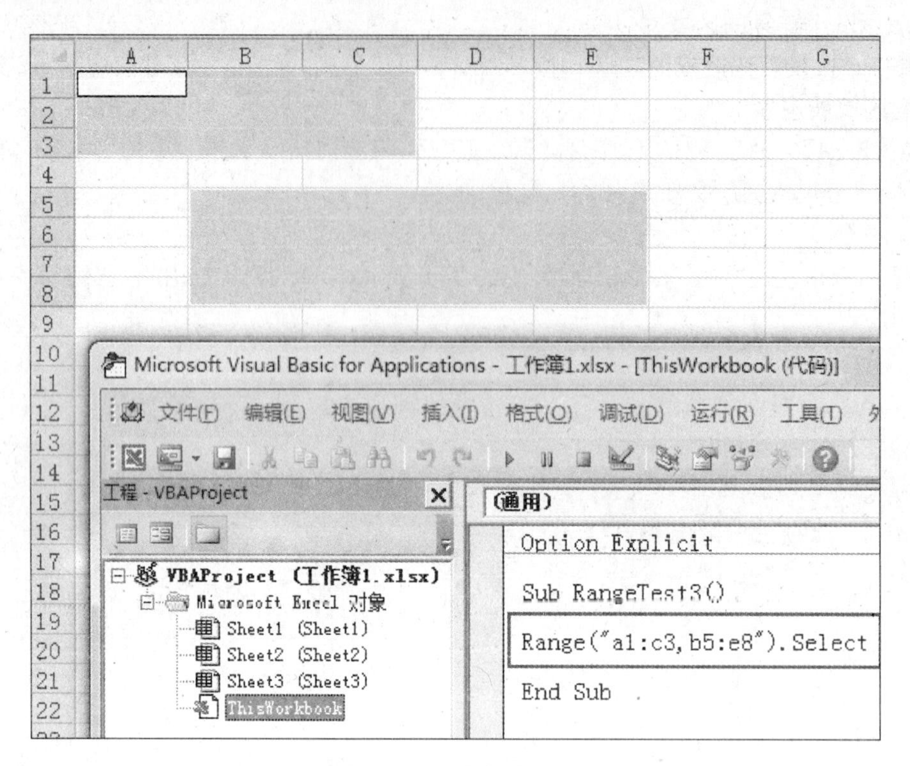

图 5-32　Range 表示几片不连续区域

◆ 表示行和列

Range("1:1")表示第 1 行;Range("a:a")表示第 1 列(A 列)。

5.6.5　Chart 对象

Excel 图表 { 嵌入式图表
　　　　　　 独立图表

嵌入式图表是嵌入在某个工作表(WorkSheet)中的图表,用鼠标可以移动它或者改变它的大小。

独立图表位于某张单独的工作表中,该工作表中除了图表之外,不会包含其他内容,所以,这种工作表也称图表工作表。

1. 嵌入式图表

嵌入式图表对象的父子关系为:

```
Application→Workbook→WorkSheet→ChartObject→Chart
```

从上面各对象的父子关系,可以看出:对于嵌入式图表,图表对象 Chart 并不是直接放在工作表(WorkSheet)中,而是放在 ChartObject 对象中,再将 ChartObject 放在工作表中。

ChartObject 是 Chart 对象的一个容器,所以,如果要控制嵌入图表的外观和尺寸,就需要用 ChartObject 的属性和方法,而要改变图表内部的数据、外观等,则需要用 Chart 对象的属性和方法。

由于一张工作表中可以包含多个嵌入式图表,所以 ChartObject 对象是 ChartObjects 集合的成员,ChartObjects 集合包含一张工作表上所有的嵌入图表。

例如：Worksheets(1).ChartObjects(1).Chart 代表第 1 张工作表中的第 1 个图表。

【实例 5-9】 通过 VBA 程序，将 Sheet1 工作表中已有的一张嵌入式"簇状柱形图表"（图 5-33），改为"折线图"（图 5-34），并将图表标题改为"《高等数学》成绩"，将图例去掉。

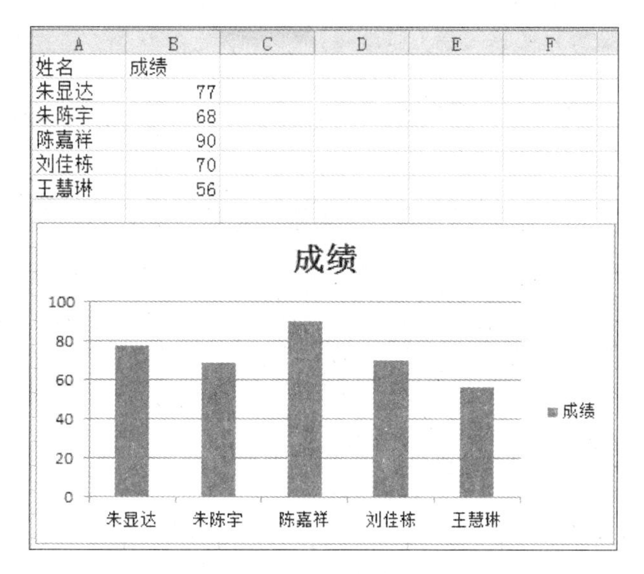

图 5-33　嵌入式簇状柱形图表

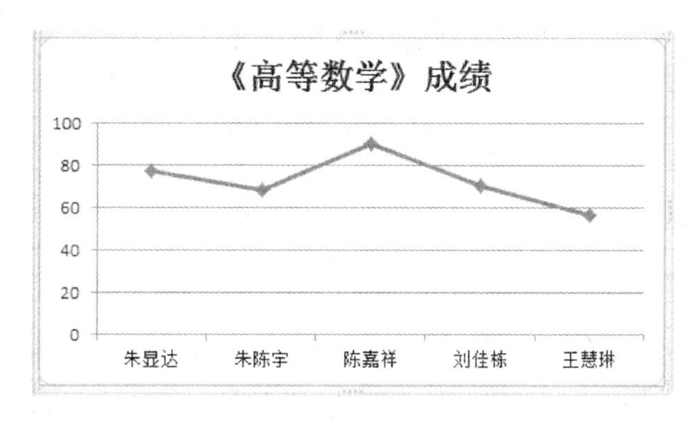

图 5-34　折线图表

操作步骤：

步骤 1：在 ThisWorkbook 模块中，输入如下代码：

```
Sub ChartTest1()
  Dim oChart As Chart
  Set oChart = Worksheets("Sheet1").ChartObjects(1).Chart
  With oChart
  .Type = xlLine
  .HasLegend = False
  .ChartTitle.Text = "«高等数学»成绩"
  End With
End Sub
```

步骤 2:将光标置于上述 Sub 过程中,按 F5 执行此程序。

2. 独立图表

独立图表对象的父子关系为:

```
Application→Workbook→Chart
```

即:嵌入式图表的父对象是 ChartObject 对象,而一个独立图表的父对象是 Workbook 对象。

Workbook 对象的 Charts 集合代表该工作簿中所有的独立图表,该集合中的成员就是某张独立图表。

如:ThisWorkbook. Charts(1)代表工作簿中的第一个独立图表。

所以,如果将【实例 5-9】中的第 2 行代码

```
Set oChart = Worksheets("Sheet1").ChartObjects(1).Chart
```

改为

```
Set oChart = ThisWorkbook.Charts(1)
```

就可将工作簿中的独立图表 Chart1(见图 5-35)的图表类型改为折线图。

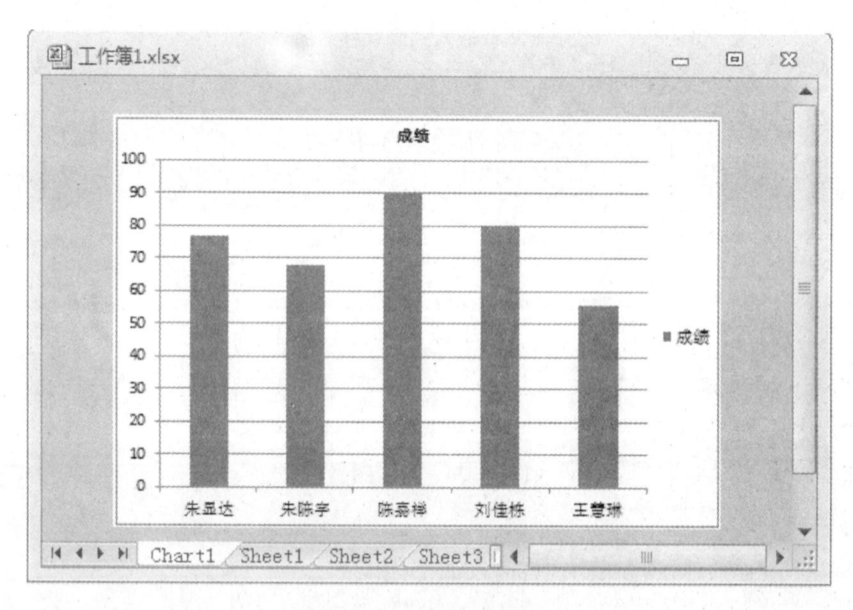

图 5-35 独立图表

第 6 章　Office2010 综合应用

6.1　Ms Office 宏及其应用

6.1.1　什么是宏

所谓“宏”，实际上是一个保存在 Office 文档中的 VBA 过程(见 5.5 过程和函数)。

在应用 Word、Excel、PowerPoint、Access 等软件处理 Office 文档时，如果经常要重复某项任务，那么你就可以先录制一个宏，以后只要运行这个宏就会自动完成那些繁琐的重复性操作。

6.1.2　宏的录制与运行

下面通过实例来演示如何录制与运行宏。

1. 录制宏

【实例 6－1】 在 Word 中，将用户的操作过程“选择性粘贴”→“无格式文本”录制为一个宏，并指定到快捷键 Ctrl＋Alt＋V 。

操作步骤：

步骤 1：启动 Word，随意输入一些文字，然后选中并复制，再单击“视图”选项卡，选择下拉菜单中的“录制宏(R)...”；

步骤 2：在图 6－1 所示的“录制宏”对话框中，输入宏名(默认为“宏 1”)，再单击“键盘(K)”，打开“自定义键盘”对话框(见图 6－2)；

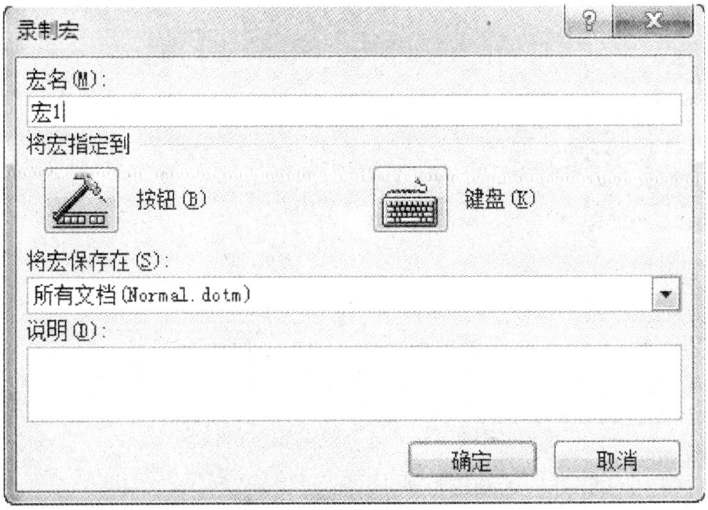

图 6－1　“录制宏”对话框

步骤 3：在图 6－2 的“自定义键盘”对话框中，将光标置于“请按新快捷键(N)”下的文本框中，同时按下 Ctrl、Alt、V 三个键，然后单击“指定(A)”按钮，可以看到左边的“当前快捷键(U)”下拉列表框中，出现“Ctrl＋Alt＋V”；

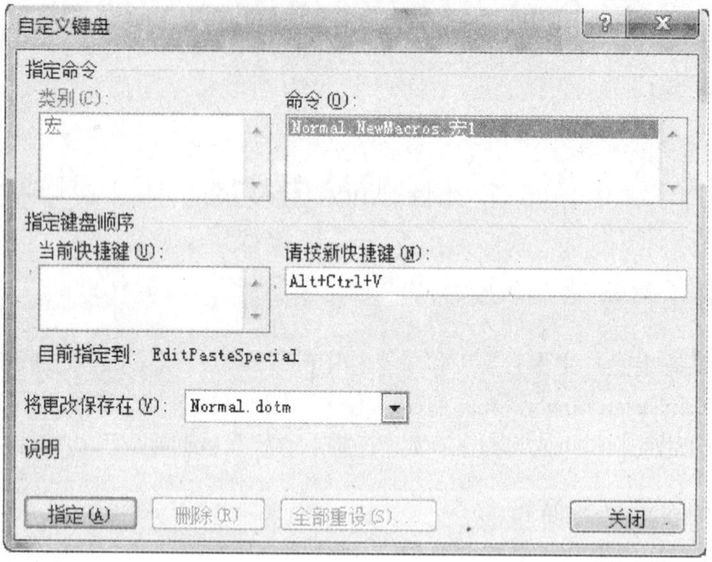

图 6－2 “自定义键盘”对话框

步骤 4：单击图 6－2 中的“关闭”按钮，此时看到，鼠标指针变成  ，此后用户所有的操作都会被记录下来，直到停止录制；

步骤 5：单击“开始”选项卡下的“粘贴”按钮的下半部，选择下拉列表中的“选择性粘贴(S)...”，打开“选择性粘贴”对话框(见图 6－3)；

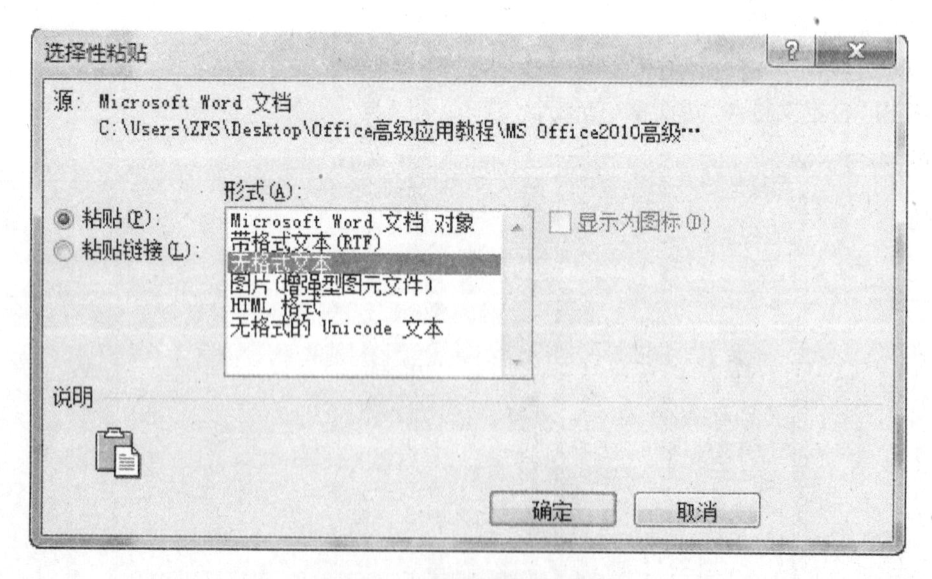

图 6－3 “选择性粘贴”对话框

步骤 6：在图 6－3 对话框中，选择列表框中的“无格式文本”，然后单击确定；

步骤 7：单击“视图”选项卡，选择下拉菜单中的“停止录制(R)”，录制结束。

2. 运行宏

方式一：单击“视图”选项卡，选择下拉菜单中的“查看宏(V)”，打开图 6－4 对话框，然后单击“运行”按钮即可。

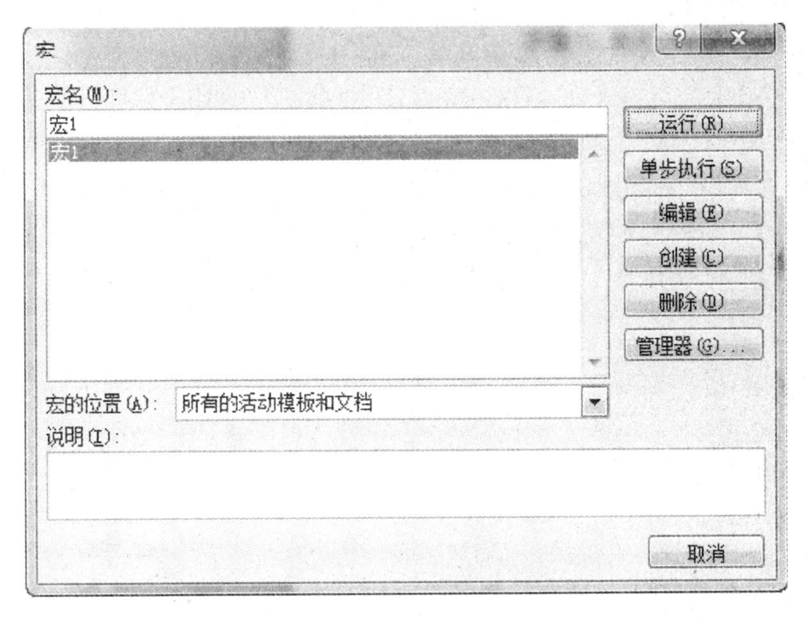

图 6－4　“宏”对话框

方式二：由于在录制上述宏时，已经将宏指定到快捷键 Ctrl＋Alt＋V，所以直接按此快捷键即可运行宏。

6.1.3　查看与保存宏

1. 查看宏代码

在图 6－4 对话框中，选择“宏 1”，单击右边的“编辑(E)”按钮，打开 VBA 编程窗口(见图 6－5)，可以看到“宏 1”对应于一个名称为“宏 1”的 Sub 过程。

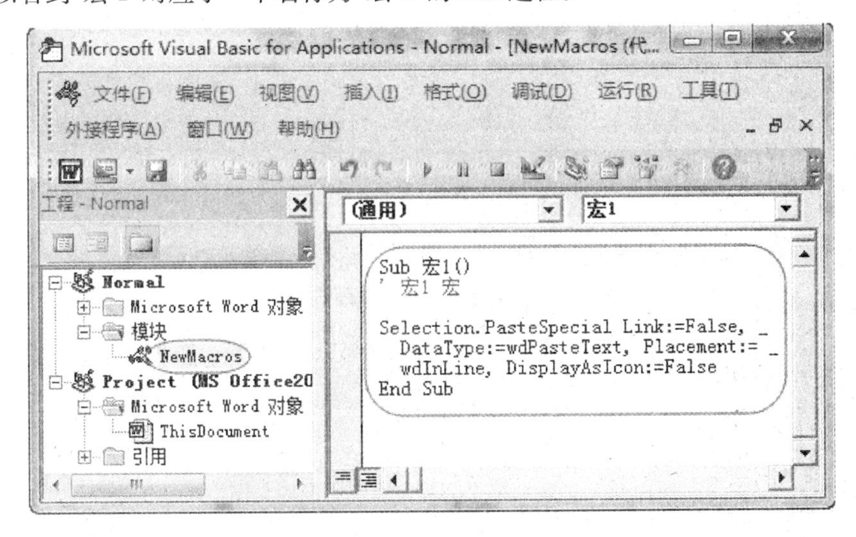

图 6－5　查看宏代码

2. 宏代码的保存

在图 6－1 所示的“录制宏”对话框中，可以看到“将宏保存在(S)”下面的下拉列表框中显示的是“Normal. dotm”，这是 Word 默认的文档模板，所有 Word 文档都是基于该模板的，保存在该模板文件中的宏，可以用于所有 Word 文档。

所以，【实例 6－1】录制的宏，如果保存在了 Normal. dotm 中，则以后无论是新建还是打开 Word 文档，当需要粘贴无格式文本时，只要按下快捷键 Ctrl＋Alt＋V 即可。

如果“将宏保存在(S)”下面的下拉列表框中选择当前打开的其他 Word 文档，则所录制的宏仅仅保存在该文档中，其他文档将无法使用这个宏。

从 Word2007 开始，“. docx”类型的 Word 文档无法保存宏，必须将文档另存为启用宏的 Word 文档 “. docm”中，所以，如果如图 6－6 中选择将宏保存在“文档 1”中，则当关闭“文档 1”时，将显示图 6－7 所示的对话框，提醒用户：“是否继续将其另存为未启用宏的文档?”

如果选择“是(Y)”，则保存文档，但所录制的宏将会丢失！

如果选择“否(N)”，则显示图 6－8 的“另存为”对话框，在此对话框中，将保存类型改为“启动宏的 Word 文档(* . docm)”，然后单击保存，则文档内容及宏代码都会被保存到一个后缀为. docm 的文档中。

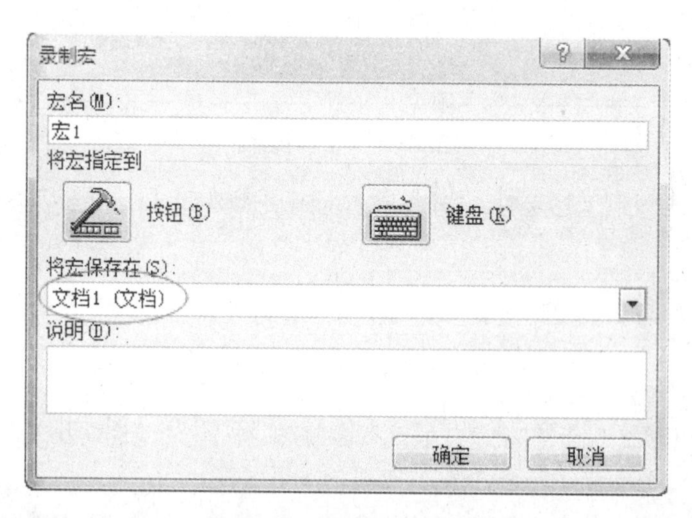

图 6－6　“录制宏”对话框

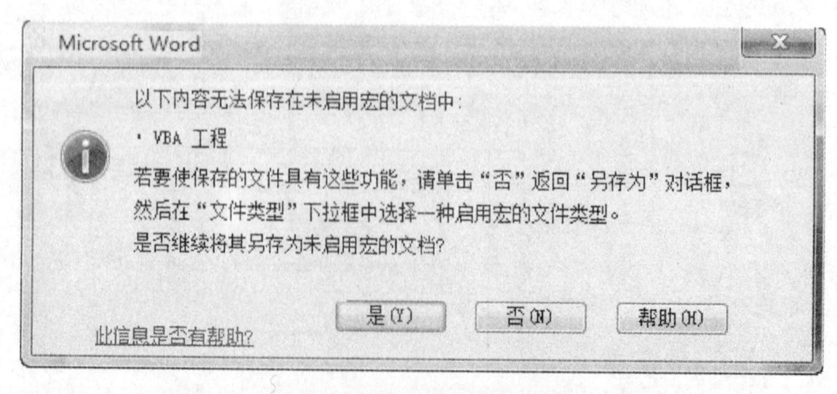

图 6－7　提示用户是否另存为启用宏的文档格式

图 6-8 另存为对话框

【实例 6-2】 对素材文件“工资. xlsm”中的“工资表”按部门升序进行排序，然后通过编程实现自动插入分页符，使得每个部门职工强制分页。

操作步骤：

步骤 1：打开“工资. xlsm”，选择“工资表”C 列(部门列)中任一非空单元格；

步骤 2：单击“数据”选项卡下的 按钮即可对部门按升序排序；

步骤 3：单击“开发工具”选项卡下的“Visual Basic”，打开 VBE 编程环境窗口；

步骤 4：双击左边“工程资源管理器”中的 ThisWorkbook，打开代码编辑窗口，在该窗口中输入以下代码：

```
Sub 分页()
  Sheet1.Activate
  "部门" = Sheet1.Cells(2, 3)
  For i = 2 To 106
    If Sheet1.Cells(i, 3) <> "部门" Then
     "部门" = Sheet1.Cells(i, 3)
     Sheet1.Rows(i).Select
     ActiveWindow.SelectedSheets.HPageBreaks.Add Before: = ActiveCell
    End If
  Next
End Sub
```

步骤 5：将光标置于上述过程中，单击工具栏按钮 ，运行此程序，即可看到“工资表”已经按部门进行了分页。

注 意

ActiveWindow. SelectedSheets. HPageBreaks. Add Before: =ActiveCell

这一行代码的作用是:在当前选中的行之前插入一个分页符。读者可以通过录制宏的方式,来获取这一行分页代码。

【实例 6-3】 打开"工资. xlsm",在模块 1 的"批注( )"中,完成代码实现查找因离退休而扣税为 0 的单元格,并插入批注:"VBA:" & Chr(10) & "离退休免税!"(提示:可用录制宏功能,获得所需代码)。

操作步骤:

步骤 1:打开"工资. xlsm",选择"工资表"中任一空白单元格(例如:K8 单元格);

步骤 2:选择"视图"选项卡下的"宏"/"录制宏(R)..."，打开"录制新宏"对话框,单击"确定"开始录制宏;

步骤 3:单击"审阅"选项卡下的"新建批注"按钮,给 K8 单元格新建一个批注,批注内容如图 6-9 所示;

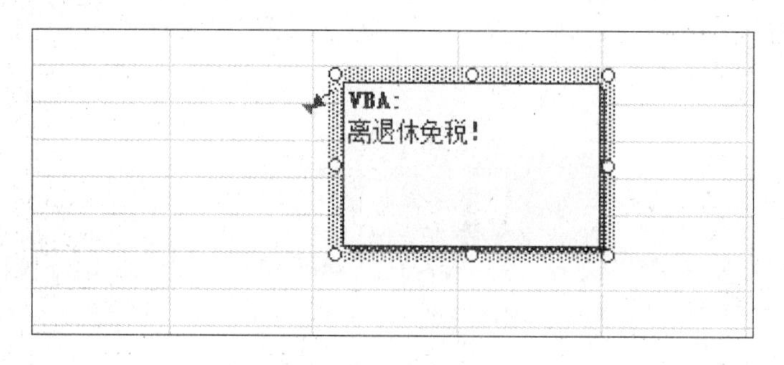

图 6-9 添加批注

步骤 4:批注输入完毕,按 ESC 键退出编辑状态,然后单击选择"视图"选项卡下的"停止录制(R)...";

步骤 5:单击"开发工具"选项卡下的"Visual Basic",打开 VBE 编程环境窗口;

步骤 6:双击左边"工程资源管理器"中的"模块 2",打开代码编辑窗口,选中该窗口中的 3 行代码,按 Ctrl+C 复制(见图 6-10)。

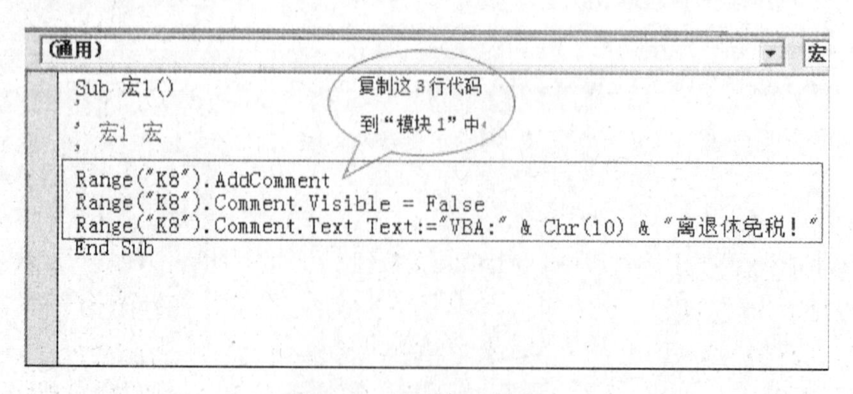

图 6-10 复制生成的代码

步骤 7:双击左边"工程资源管理器"中的"模块 1",打开代码编辑窗口,将步骤 6 中复制的 3 行代码粘贴到" 此处加代码"下面。

步骤 8:将 3 处 Range("K8")改成 Selection (见下面代码)。

```
Sub 批注()
  Sheets("补贴发放表").Select
  For i = 2 To 106        效记录
    If Cells(i, 6) = 0 And Cells(i, 8) = "离退休" Then
        Range("F" & i).Select
        Selection.AddComment
        Selection.Comment.Visible = False
        Selection.Comment.Text Text: = "VBA:" & Chr(10) & "离退休免税!"
    End If
  Next
End Sub
```

步骤 9:执行上述过程,即可看到"补贴发放表"中,凡是离退休的职工, F 列(扣税列)对应的单元格都添加了批注。

6.2 Word 域功能简介

6.2.1 什么是域

域:是插入到 Word 文档中的一段指令(也叫域代码),用于实现诸如页码、图表的题注、脚注、尾注等的自动编号、自动创建目录、关键词索引、图表目录等。

域代码是由域特征字符、域类型、域指令和开关组成的字符串。如:

```
{Seq Identifier [Bookmark ] [Switches ]}
```

域特征字符:即包含域代码的大括号"{}",它不能使用键盘直接输入,而必须同时按 Ctrl +F9 组合键来输入。

域名称:上式中的 Seq 即是域名称。Seq 对文档中的章节、表格、图表和其他项目按顺序编号。

域指令和开关:设定域工作的指令或开关。例如上式中的 Identifier 和 Bookmark,前者是为要编号的一系列项目指定的名称,后者可以加入书签来引用文档中其他位置的项目。Switches 称为可选的开关,域通常有一个或多个可选的开关,开关与开关之间使用空格进行分隔。

域结果:即是域的显示结果,类似于 Excel 函数运算以后得到的值。例如在文档中输入域代码{ Date \@ "yyyy' 年 'm' 月 'd' 日 '" \ * MergeFormat }的域结果就是当前系统日期。

域可以在无须人工干预的条件下自动完成任务,例如编排文档页码并统计总页数;按不同格式插入日期和时间并更新;通过链接与引用在活动文档中插入其他文档;自动编制目录、关键词索引、图表目录;实现邮件的自动合并与打印等。

6.2.2 在文档中插入域

如果对域代码比较熟悉，使用键盘直接输入会更加快捷。其操作方法是：

把光标放置到需要插入域的位置，按下 Ctrl＋F9 组合键插入域特征字符“{ }”。接着将光标移动到域特征代码中间，按从左向右的顺序输入域类型、域指令、开关等。结束后按键盘上的 F9 键更新域，或者按下 Shift＋F9 组合键显示域结果。

对于大多数用户来说，上述方式可能并不适合，更容易的方式是通过菜单命令来插入域。下面通过一个实例，来演示如何通过菜单命令的方式，来插入域。

【实例 6-4】 打开素材文件“中国高铁.docx”，按如下要求操作：

(1) 为 4 个章标题设置段前分页，使得每一章都从新的一页开始；

(2) 使用 StyleRef 域设置对章标题的引用，使得各章的页眉为章标题，同时页眉可随章标题自动变化。

首先，打开素材文件“中国高铁.docx”，可以看到：4 个章标题均应用了内置的“标题 1”样式，所以只要修改“标题 1”样式，即可使得所有章标题段前分页。具体操作步骤如下：

步骤 1：鼠标右击“开始”选项卡下的“样式”组中的“标题 1”（见图 6-11），在弹出的快捷菜单中，选择“修改(M)...”，打开如图 6-12 所示的对话框；

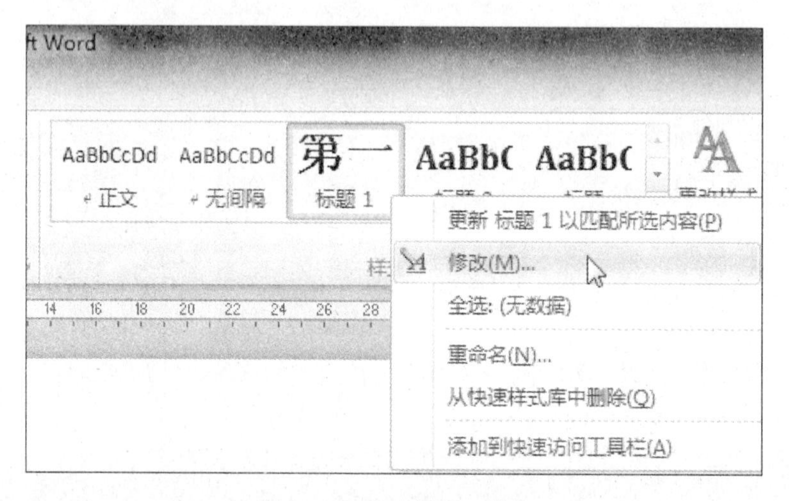

图 6-11 修改标题 1 样式

步骤 2：在图 6-12 对话框中，单击左下角的“格式(O)”按钮，选择弹出菜单中的“段落(P)...”命令，打开图 6-13 所示的“段落”格式对话框；

步骤 3：图 6-13 所示的段落格式对话框中，选择“换行和分页(P)”选项卡，然后勾选“段前分页(B)”，最后单击确定即可。

接下来，设置各章页眉为章标题。由于要求页眉必须跟随章标题自动变化，所以必须使用 StyleRef 域来实现。

具体操作如下：

步骤 1：在页眉空白处双击，进入页眉编辑状态；

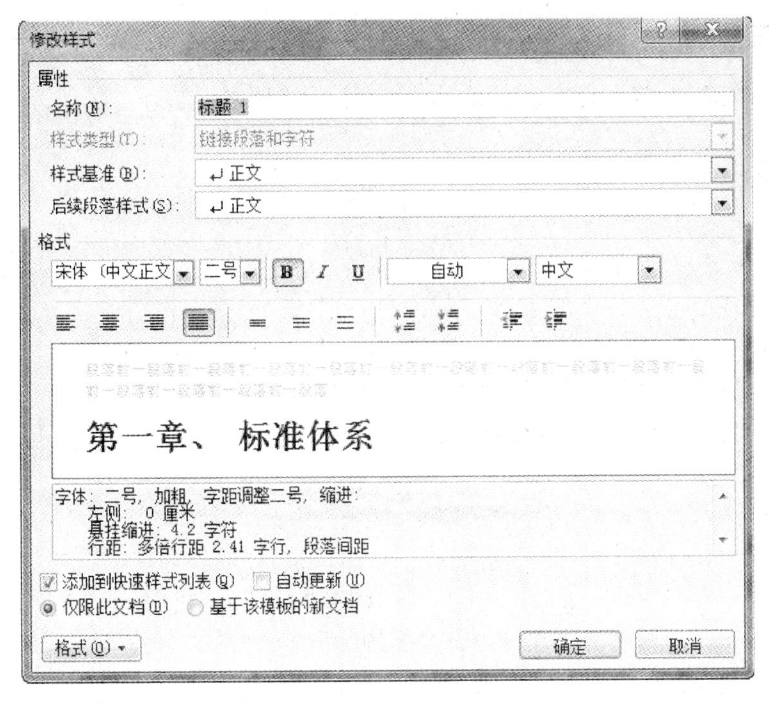

图 6-12　样式修改对话框

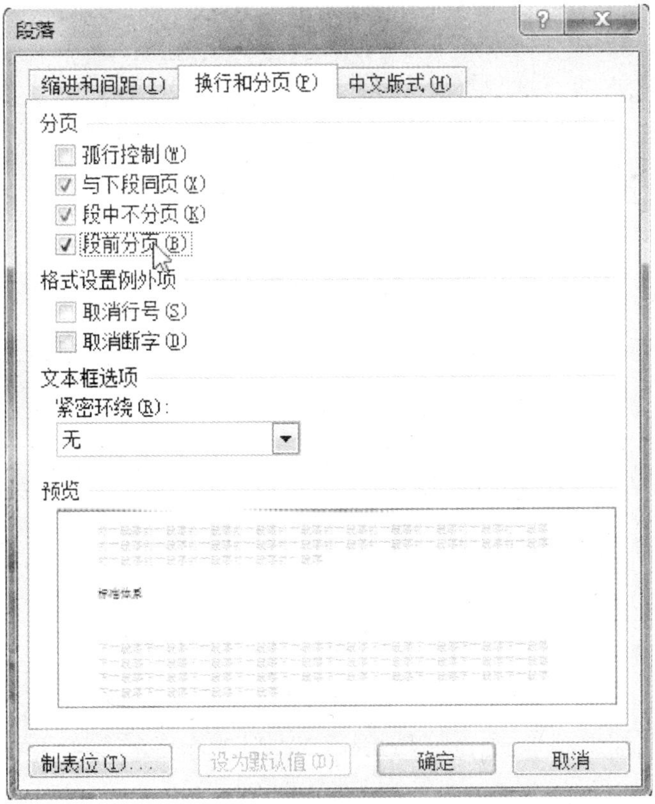

段落
缩进和间距(I) 换行和分页(P) 中文版式(H)
分页
孤行控制(W)
与下段同页(X)
段中不分页(K)
段前分页(B)
格式设置例外项
取消行号(S)
取消断字(D)
文本框选项
紧密环绕(R):
无
预览
标准体系
制表位(T)... 设为默认值(D) 确定 取消

图 6-13　设置段前分页

步骤 2：单击“插入”选项卡，再单击“文档部件”，然后选择下拉列表中的“域(F)...”(见图 6-14)，打开如图 6-15 所示的“域”对话框；

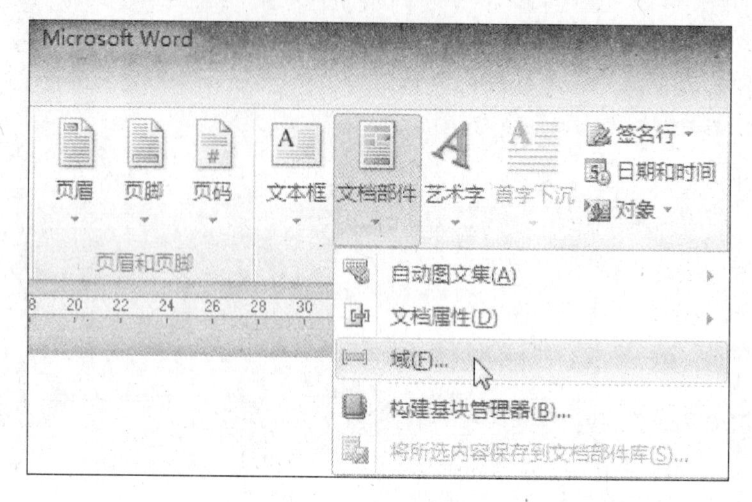

图 6-14 插入域

步骤 3：在图 6-15 所示的对话框中，从左侧域名列表框中选择需要的域名 StyleRef，中间列表框中选择域属性“标题 1”样式，再勾选右侧的“插入段落编号(G)”复选框，最后单击“确定”即可。

当我们改变某个章标题时，可以看到：页眉也会跟着改变。

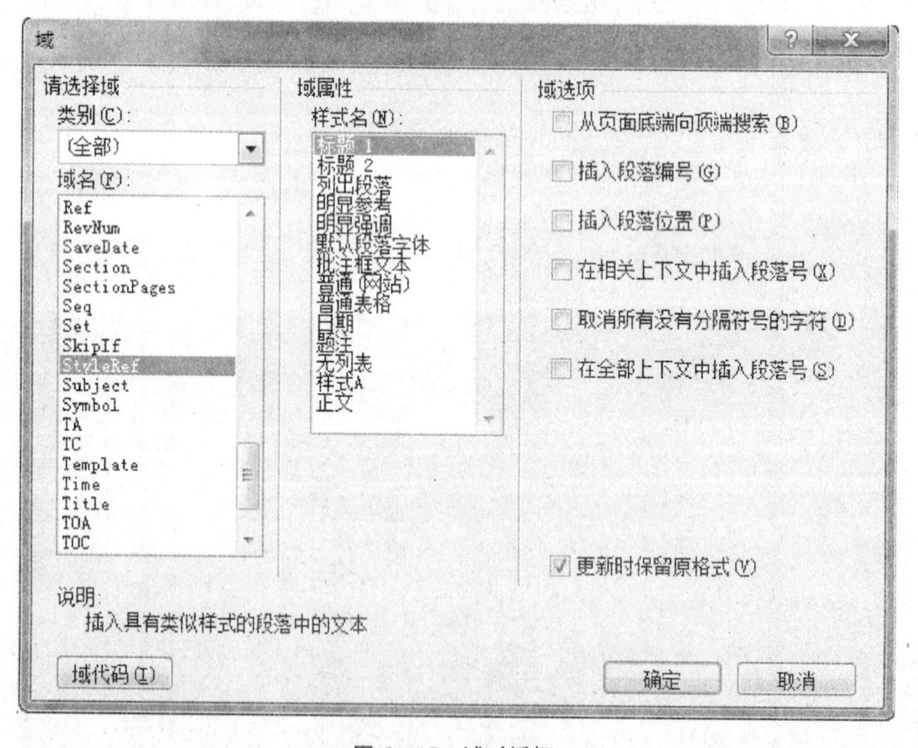

图 6-15 域对话框

6.3 Word 文档与其他格式文档相互转换

6.3.1 Word2010 格式转换为 97－2003 格式

Word2007 以后的文档格式与 Word97－2003 不同，前者的文件后缀是 .docx，而后者则是 .doc，Word2007－2013 可以打开 .doc 格式文件，但反之则无法打开，除非另外安装微软的“Word2003－2007 兼容包”。

为了在 Word2003 中能正常打开 .docx 文档，只要在 Word2010 中，将文档另存为“Word97－2003”格式即可（见图 6－16）。

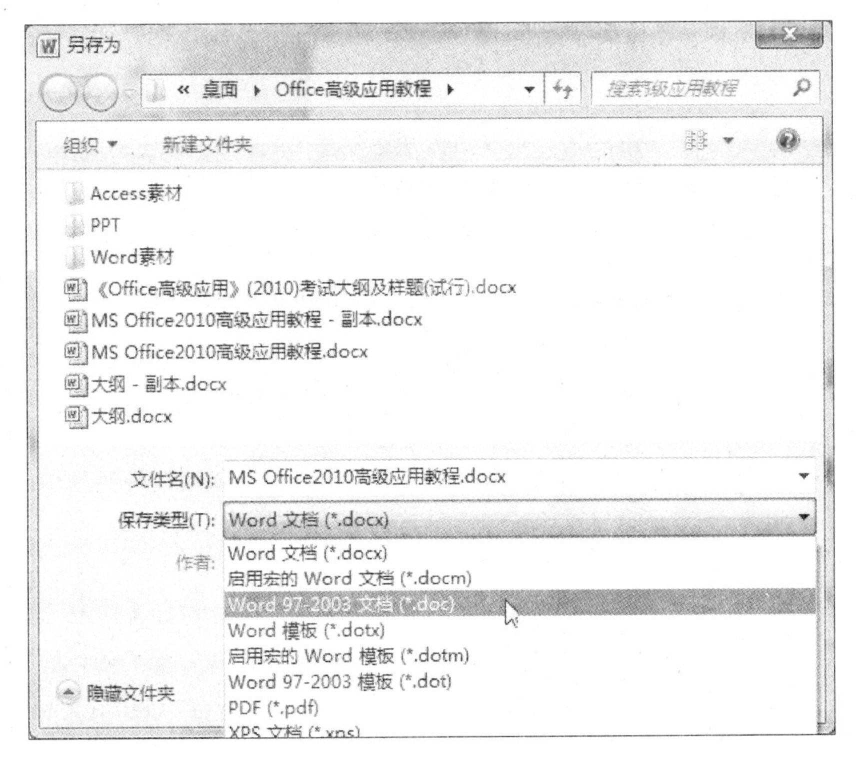

图 6－16 另存为 Word97－2003 格式

反过来，如果要将 .doc 格式文档转换为 .docx 格式，也只要在 Word2010 中打开 .doc 文档，然后另存为 .docx 格式文档即可。

6.3.2 Word 文档另存为 PDF 格式文档

PDF（Portable Document Format，可移植文档格式）是由 Adobe 公司推出的全世界电子版文档分发的公开实用标准。Adobe PDF 是一种通用文件格式，能够保存任何源文档的所有字体、格式、图像和图形，而不管创建该文档所使用的应用程序和操作系统平台。

PDF 文件中不仅可以包含文字、图形和图像等静态页面信息，还可以包含音频、视频和超文本等动态信息。所以，PDF 格式文档非常普遍。

Office2010 中，可以直接将 Word 文档另存为 PDF 格式，而无需安装别的转换软件。具体方法是：只要在图 6 - 16 中将保存类型改为“PDF(*. pdf)”即可。

6.4 Word 查找/替换中通配符的用法

1. 任意单个字符

“?”可以代表任意单个字符，输入几个“?”就代表几个未知字符。如：输入“? 国”就可以找到诸如“中国”“美国”“英国”等字符；输入“??? 坦”可以找到“哈萨克斯坦”“塔吉克斯坦”“土库曼斯坦”等字符。

2. 任意多个字符

“ * ”可以代表任意多个字符。如：输入“ * 国”就可以找到“中国”“美国”“孟加拉国”等字符。

3. 指定字符之一

“[]”框内的字符可以是指定要查找的字符之一，如：输入“[中美]国”就可以找到“中国”“美国”。又如：输入“th[iu]g”，就可查找到“thigh”和“thug”。

输入“[学硕博]士”，查找到的将会是“学士”“硕士”“博士”等内容。

输入“[大中小]学”可以查找到“大学”“中学”或“小学”，但不查找“求学”“开学”等内容。

输入“[高矮]个”的话，Word 查找工具就可以找到“高个”“矮个”等内容。

4. 指定范围内的任意单个字符

“[x-x]”可以指定某一范围内的任意单个字符，如：

输入“[a-e]ay”就可以找到“bay”“day”等字符，要注意的是指定范围内的字符必须用升序。如：

输入“[a-c]mend”的话，Word 查找工具就可以找到“amend”“bmend”“cmend”等字符。

5. 排除指定范围内的任意单个字符

“[! x—x]”可以用来排除指定范围内的任意单个字符，如：

输入“[! c-f]ay”就可以找到“bay”“gay”“lay”等字符，但是不会找到“cay”“day”等字符。要注意范围必须用升序。

6. 指定起始字符串

“<”可以用来指定要查找字符中的起始字符串，如：

输入“<ag”，就说明要查找的字符的起始字符为“ag”，可以找到“ago”“agree” “again”等字符。

输入“<te”的话，可能查到“ten”“tea”等字符。

7. 指定结尾字符串

“>”可以用来指定要查找字符中的结尾字符串，如：

输入“er>”，就说明要查找的字符的结尾字符为“er”，可以找到“ver”“her”“lover”等字符。

输入“en>”，就说明要查找到以“en”结尾的所有目标对象，可能找到“ten”“pen”“men”等字符。

输入“up>”，就说明要查找到以“up”结尾的所有目标对象，例如会找到“setup”“cup”等字符。

8. 表达式查找

“()”，尤其用于多个关键词的组合查找。

键入“(America)(China)”，在“替换为”中键入“\2\1”，Word 找到“AmericaChina”并替换为“ChinaAmerica”。

输入“<(江山) * (多娇)>”，就表示查找的是所有以“江山”开头并且以“多娇”结尾的字符串。

另外为了更精确的查找，你还可以把以上的通配符联合起来使用，如：

输入“<(ag) * (er)>”则表示查找所有以“ag”开头并且以“er”结尾的单词，注意这时需要用括号来区分开不同的查找规则。最后还要注意如果要查找已经被定义为通配符的字符，如“ * ”“?”等字符，必须在该字符前面加上反斜杠“\”，如：输入“\ * ”则表示查找字符“ * ”。

6.5　Excel 与 Access 之间的数据转换

6.5.1　将 Access 表中数据导入到 Excel 工作表中

【实例 6 - 5】 将 Access 数据库 Test. accdb 中的“人均消费”表（见图 6 - 17）导出到 Excel 工作簿 Ex. xlsx 中。

人均消费

地区	省市区	粮食	蔬菜	食油	猪牛羊肉
华北	北京	99.37	96.25	10.27	18.2
华北	天津	140.92	62.87	11.52	12.6
华北	河北	180.15	53.66	7.8	7.21
华北	山西	177.65	70.56	6.84	5.71
华北	内蒙古	187.04	70.9	4.16	27.96
东北	辽宁	179.36	167.92	7.57	18.52
东北	吉林	153.26	99.25	7.92	11.32
东北	黑龙江	156.23	83.67	10.36	10.1
华东	上海	138.54	64.76	8.06	19.08
华东	江苏	200.07	140.35	6.15	12.54
华东	浙江	170.28	76.88	5.94	15.43
华东	安徽	180.36	76.94	6.29	9.55

图 6 - 17　Access 数据库中的“人均消费”表

操作步骤如下：

步骤 1：启动 Access，打开数据库 Test. accdb；

步骤 2：在左侧的 Access 数据库对象窗格中，右击“人均消费”表，选择快捷菜单中的“导出”→“Excel”（见图 6 - 18），打开“导出－Excel 电子表格”对话框（见图 6 - 19）；

步骤 3：在图 6 - 19 对话框中，单击“浏览(R)...”按钮，打开如图 6 - 20 所示的“保存文件”对话框；

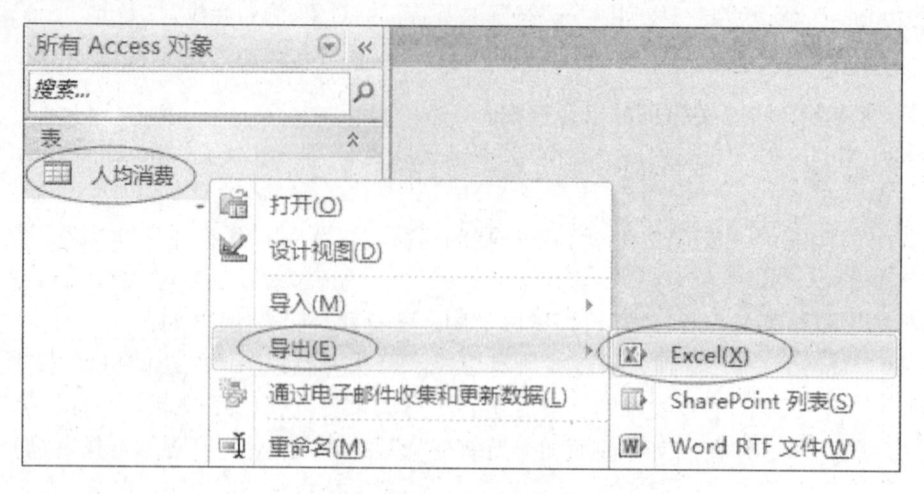

图 6 - 18　导出到 Excel

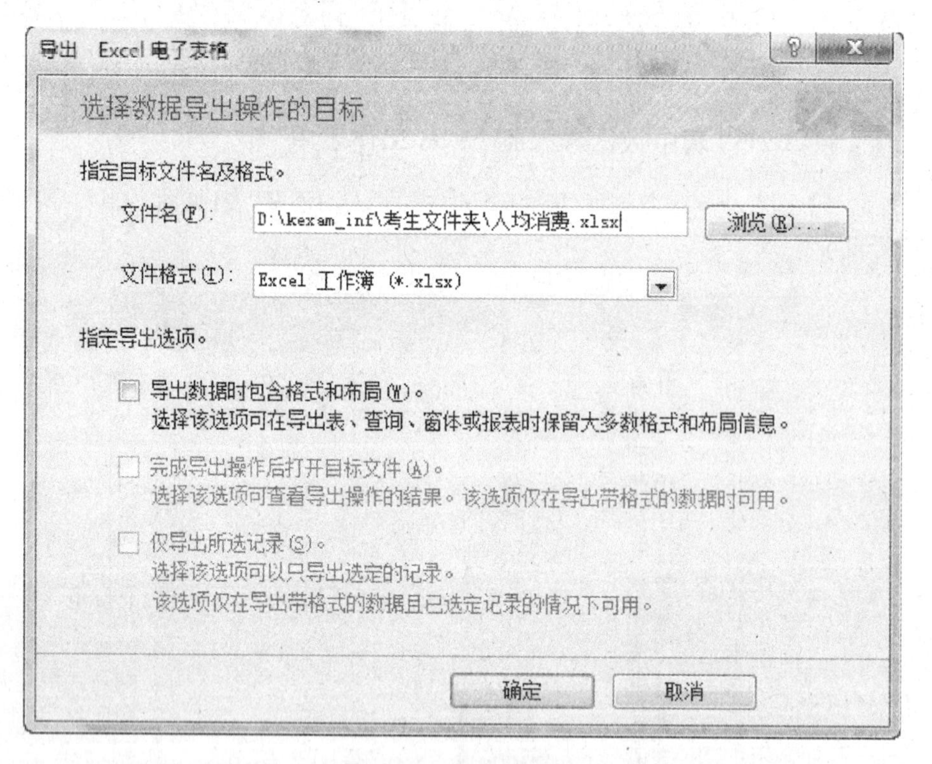

图 6 - 19　导出到 Excel

步骤 4：在图 6 - 20 所示的对话框中，选择保存位置，并输入文件名，然后单击“保存”，返回到图 6 - 19 的“导出- Excel 电子表格”对话框；

步骤 5：在图 6 - 19 的“导出- Excel 电子表格”对话框中，单击“确定”即可将“人均消费”表导出到 Excel 中。

【注】(1) 上述步骤 4 中,如果输入一个新的文件名,则 Access 会自动生成一个 Excel 工作簿文件,并以这个新的文件名命名,而“人均消费”表数据则会保存到这个工作簿中一个名为“人均消费”的工作表中。

(2) 如果要将“人均消费”表导出到一个已经存在的 Excel 工作簿中,则只要在步骤 4 中,选择这个 Excel 工作簿文件就行了。

(3) 如果将 Access 中的表改为查询,导出到 Excel 中,则操作方法与上述没有任何区别,读者可自行练习。

图 6-20 “保存文件”对话框

(4) 本实例也可反过来操作:打开 Excel 工作簿,将 Access 中的表导入到 Excel 中,读者可自行练习。

6.5.2 将 Excel 工作表数据导入到 Access 表中

【实例 6-6】 将 Excel 工作簿 Ex. xlsx 中的“人均消费”工作表,导入到 Access 数据库 Test. accdb 中。

操作步骤如下:

步骤 1:启动 Access,打开数据库 Test. accdb;

步骤 2:单击“外部数据”选项卡下的“Excel”(见图 6-21),打开如图 6-22 所示对话框;

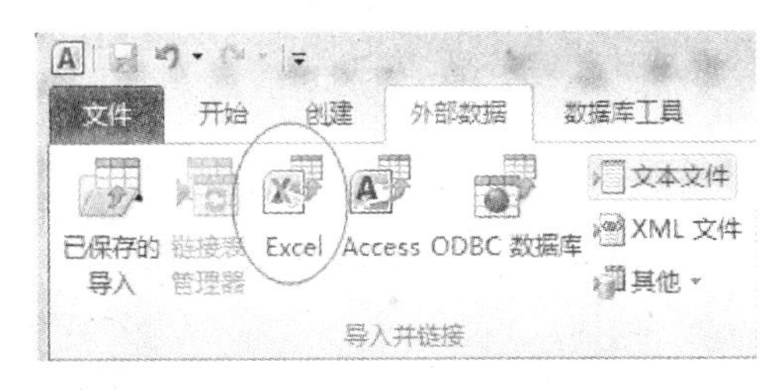

图 6-21 从 Excel 导入数据

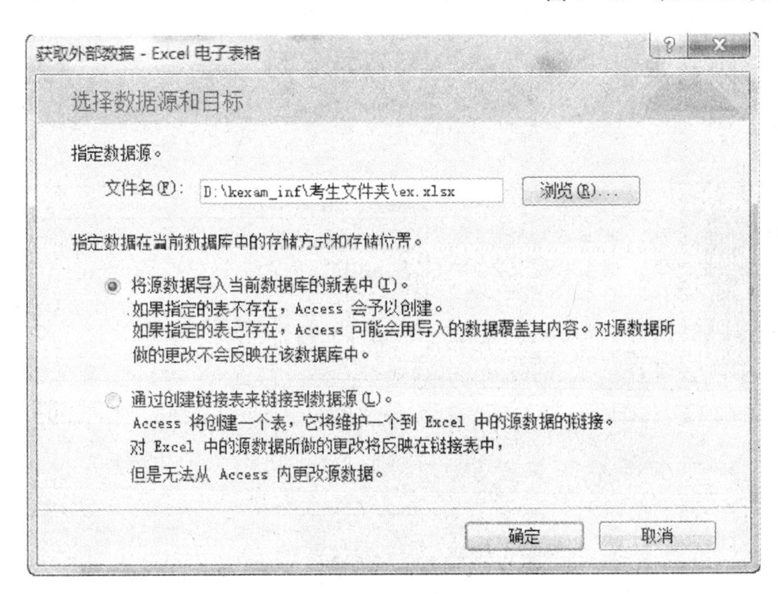

图 6-22 “获取外部数据—Excel 电子表格”对话框

步骤 3：图 6－22 所示的对话框，单击“浏览(R)...”按钮，选择 Excel 工作簿文件，然后单击“确定”，打开如图 6－23 所示的“导入数据表向导”对话框；

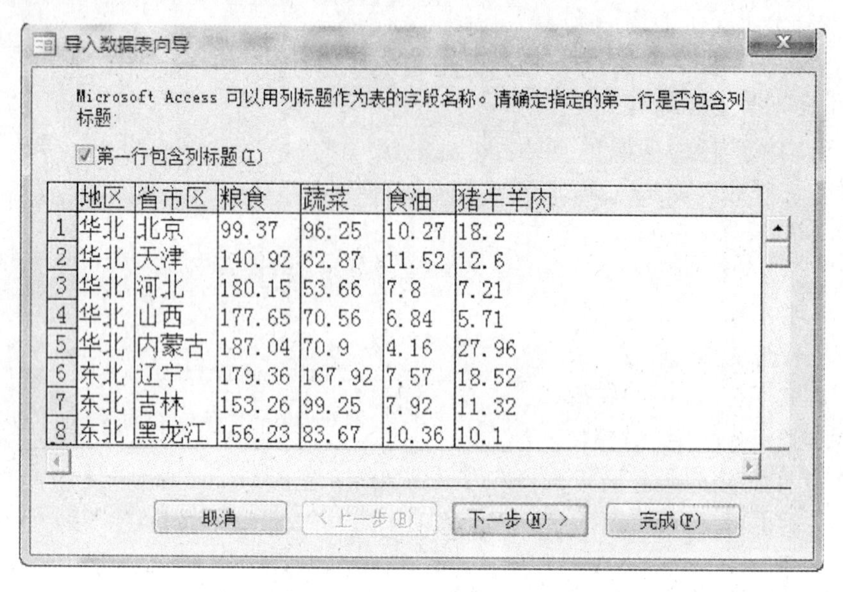

图 6－23 “导入数据表”之一

步骤 4：在图 6－23 对话框中，根据 Excel 工作表中第一行是否属于列标题，决定是否勾选上面的复选框，然后单面“下一步”，打开图 6－24 所示的对话框；

步骤 5：图 6－24 对话框中，可以更改列名(字段名)、字段的数据类型、是否创建索引等。通常情况下不用更改，直接单击“下一步”按钮，打开图 6－25 的对话框；

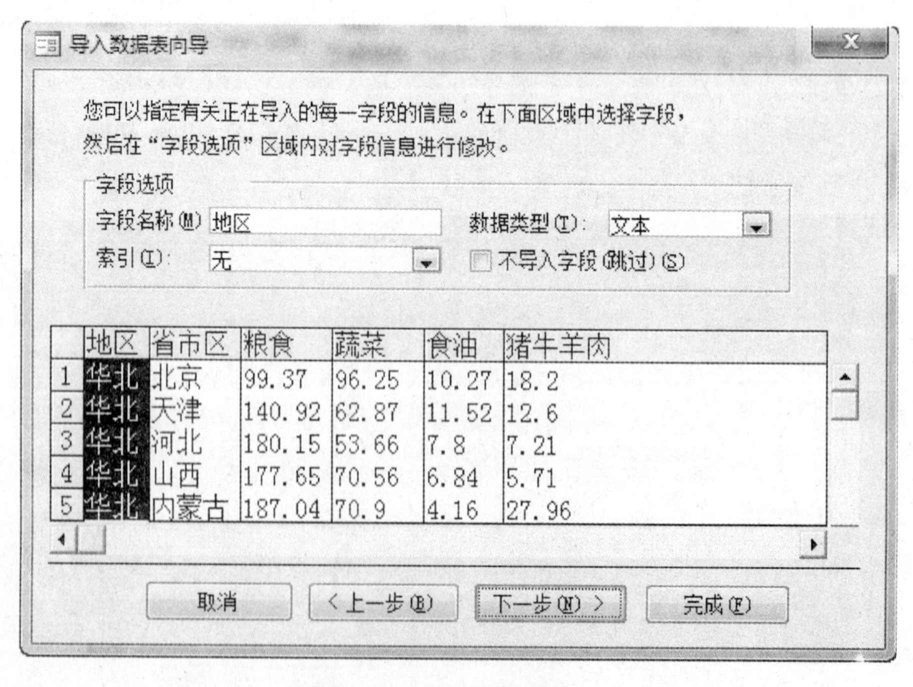

图 6－24 “导入数据表”之二

步骤 6:在图 6-25 所示的对话框中,可以选择是否添加一个字段名为“ID”的主键,或者由自己选择哪个字段作为主键。最后单击“下一步”,打开图 6-26 的“导入数据表向导”对话框;

步骤 7:在图 6-26 对话框,可以输入一个表名,如果不输,则沿用 Excel 中的工作表名称作为 Access 中的表名。最后单击“完成(F)”。

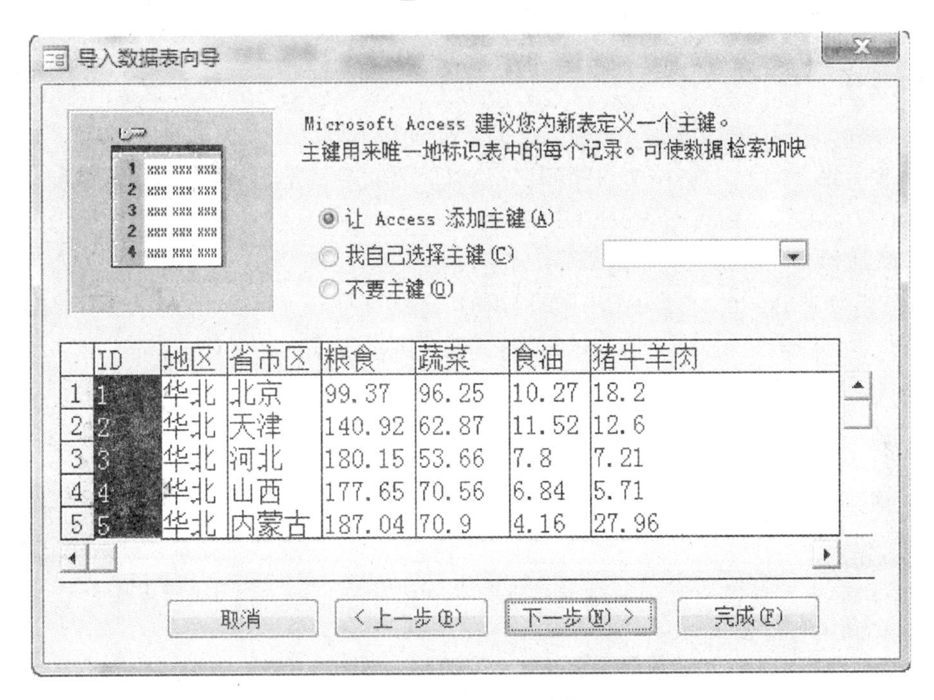

图 6-25　“导入数据表”之三

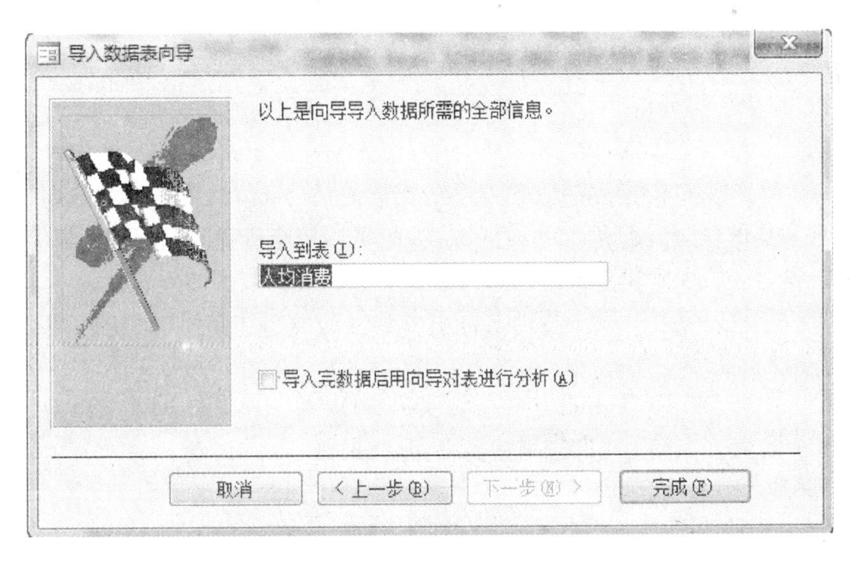

图 6-26　“导入数据表”之四

附 录

江苏省计算机等级考试"Office 高级应用(二级)"试题一

一、单选题

1. 在未进行数据压缩情况下，一幅图像的数据量与下列因素无关的是________。

A. 图像内容　B. 水平分辨率　C. 垂直分辨率　D. 像素深度

2. 以下有关无线通信技术的叙述中，错误的是________。

A. 无线通信不需要架设传输线路，节省了传输成本

B. 它允许通信终端在一定范围内随意移动，方便了用户

C. 电波通过自由空间传播时，能量集中，传输距离可以很远

D. 与有线通信相比，容易被窃听、也容易受干扰

3. 在一个部门应用系统中，其数据库中的每个二维表是用具体的"关系数据模式"说明。其形式为：R(A1，A2，…，Ai…，An)。其中 R 和 Ai 分别表示________。

A. 关系模式名和属性名　B. 关系联系名和属性名

C. 关系模式名和关系联系名　D. 关系约束名和属性名

4. 计算机硬盘存储器容量的计量单位之一是 TB，制造商常用 10 的幂次来计算硬盘的容量，那么 1TB 硬盘容量相当于________ 字节。

A. 10 的 3 次方　B. 10 的 6 次方　C. 10 的 9 次方　D. 10 的 12 次方

5. 制作 3—5 英寸以下的照片，中低分辨率(1600×1200)即可满足要求，所以对所用数码相机像素数目的最低要求是________。

A. 100 万　B. 200 万　C. 300 万　D. 400 万以上

6. 目前 PC 机中大多使用________接口把主机和显卡相互连接起来。

A. PCI - E　B. VGA　C. AGP　D. USB

7. 下列关于数据库技术主要特点的叙述中，错误的是________。

A. 能实现数据的快速查询　B. 可以完全避免数据存储的冗余

C. 数据为多个应用程序和多个用户所共享　D. 可以提高数据的安全性

8. Internet 上有许多应用，其中特别适合用来进行远程文件操作(如复制、移动、更名、创建、删除等)的一种服务是________。

A. Email　B. Telnet　C. WWW　D. FTP

9. 将十进制数 25.25 转换成二进制数表示，其结果是________。

A. 11001.01　B. 11011.01　C. 11001.11　D. 10011.00

10. 若 10000000 是采用补码表示的一个带符号整数，该整数的十进制数值为________。

A. 128　B. −127　C. −128　D. 0

11. 下面有关计算机输入输出操作的叙述中，错误的是________。

A. 计算机输入/输出操作比 CPU 的速度慢得多

B. 两个或多个输入输出设备可以同时进行工作

C. 在进行输入/输出操作时,CPU 必须停下来等候 I/O 操作的完成

D. 每个(或每类)I/O 设备都有各自专用的控制器

12. 销售广告标为"P4/1.5G/512MB/80G"的一台个人计算机,其 CPU 的时钟频率是________。

A. 512 MHz　　B. 1 500 MHz　　C. 80 000 MHz　　D. 4 MHz

13. 以下关于 IP 协议的叙述中,错误的是________。

A. IP 属于 TCP/IP 协议中的网络互连层协议

B. 现在广泛使用的 IP 协议是第 6 版(IPv6)

C. IP 协议规定了在网络中传输的数据包的统一格式

D. IP 协议还规定了网络中的计算机如何统一进行编址

14. 下列计算机语言中不使用于数值计算的是________。

A. FORTRAN　　B. C　　C. HTML　　D. MATLAB

15. 在 PowerPoint2010 中创建自定义版式时,可以添加多种类型占位符。下列不是系统支持的占位符是________。

A. 文本框　　B. 表格　　C. 图表　　D. 图片

16. 下列 VBA 程序段的执行结果为________。

```
I = 1
Do While I< = 10
  SUM = SUM + I
I = I + 1
Loop
Debug.Print SUM
```

A. 36　　B. 45　　C. 55　　D. 11

17. 在 Word 2010 中,要将文档中所有的“中国”和“美国”一次性替换成“中美”,在替换对话框的查找内容中输入的内容为________。

A. 中国 & 美国　　B. 中美国　　C. [中美]国　　D. <中美>国

18. PC 机加电启动时,计算机首先执行 BIOS 中的第一部分程序,其目的是________。

A. 读出引导程序,装入操作系统

B. 测试 PC 机各部件的工作状态是否正常

C. 从硬盘中装入基本外围设备的驱动程序

D. 启动 CMOS 设置程序,对系统的硬件配置信息进行修改

19. 网卡(包括集成网卡)是计算机连网的必要设备之一,以下关于网卡的叙述中,错误的是________。

A. 局域网中的每台计算机中都必须有网卡

B. 一台计算机中只能有一块网卡

C. 不同类型的局域网其网卡不同,通常不能交换使用

D. 网卡借助于网线(或无线电波)与网络连接

20. 使用以太网交换机构建以太网与使用以太网集线器相比,其主要优点在于________。

A. 扩大网络规模　　B. 降低设备成本　　C. 提高网络带宽　　D. 增加传输距离

21. 一本 100 万字(含标点符号)的现代中文长篇小说,以 txt 文件格式保存在 U 盘中时,需要占用的存储空间大约是________。

A. 512 kB　　B. 1 MB　　C. 2 MB　　D. 4 MB

22. 在 VBA 代码中,String 函数的作用为________。

A. 将数值数据转换成字符数据　　B. 将字符数据转换成数值数据

C. 产生若干个指定字符　　D. 产生若干个指定字符串

23. 计算机利用电话线上网时,需使用数字信号来调制载波信号的参数,才能远距离传输信息。所用的设备是________。

A. 调制解调器　　B. 多路复用器　　C. 编码解码器　　D. 交换器

24. 负责管理计算机中的硬件和软件资源,为应用程序开发和运行提供高效率平台的软件是________。

A. 操作系统　　B. 数据库管理系统　　C. 编译系统　　D. 实用程序

25. DVD 驱动器有两类:________ 和 DVD 刻录机。

A. DVD-RW　　B. DVD-RAM　　C. DVD-ROM　　D. DVD-R

26. 在 Excel 的 VBA 代码中,ActiveSheet. Range("A1"). ClearComments 的作用为________。

A. 清除活动工作表中单元格 A1 的内容

B. 清除活动工作表中单元格 A1 的格式

C. 清除活动工作表中单元格 A1 的批注

D. 清除活动工作表中单元格 A1 的内容、格式、批注

27. 下列有关身份鉴别(身份认证)的叙述中,错误的是________。

A. 有些 PC 机开机时需输入口令(密码),有些却不需要,可见身份鉴别对于 PC 机是可有可无的

B. 目前大多数银行的 ATM 柜员机是将银行卡和密码结合起来进行身份鉴别的

C. 指纹是一种有效的身份鉴别技术,目前已经得到应用

D. 安全性高的口令应当组合使用数字和大小写字母,使之难猜、抗分析能力强

28. 下面关于算法和程序关系的叙述中,正确的是________。

A. 算法必须使用程序设计语言进行描述

B. 算法与程序是一一对应的

C. 算法是程序的简化

D. 程序是算法的一种具体实现

29. 在带电脑控制的家用电器中,有一块用于控制家用电器工作流程的大规模集成电路芯片,它把处理器、存储器、输入/输出接口电路等都集成在一起,这块芯片称为________。

A. 芯片组　　B. 内存条

C. 嵌入式计算机(微控制器)　　D. ROM

30. 在 Word2010 中,包含多种视图,其中________视图方便长文档的处理。

A. 草稿　　B. 阅读板式　　C. 大纲　　D. Web 版式

31. 在 PC 机上利用摄像头录制视频时,视频文件的大小与________无关。

A. 图像分辨率　　B. 录制速度(每秒帧)

C. 录制时长　　D. 镜头视角

32. 在以符号名为代表的因特网主机域名中，代表企业单位的第 2 级域名是________。

A. COM　　B. EDU　　C. NET　　D. GOV

二、填空题

1. 国际标准的声音压缩编码按算法复杂程度分成 3 个层次，分别应用于不同场合，MP3 采用的是________其中的第 3 层次。

2. 无线局域网采用的通信协议主要是 802.11，通常英文简称为________。

3. 在 Windows 系统中，若应用程序出现异常而不响应用户的操作，可以利用系统工具"________"来结束该应用程序的运行。

4. 硬盘的平均等待时间是指数据所在扇区旋转到磁头下方所需要的平均时间，它是盘片旋转周期的________。

5. 若 A=1100，B=0010，A 与 B 运算的结果是 1110，则其运算可以是算术加，也可以是逻辑________。

6. 安装了 Windows 操作系统的计算机，可以将文件夹设置为"共享"，使网络上的同组成员可相互共享文件资源，这种工作模式称为________工作模式。

7. CPU 除了运算器和控制器外，还包括一组用来临时存放运算数据和中间结果的________。

8. 在 Excel 工作簿中，执行下列代码后，Sheet1 工作表 B8 单元格的值是________。

```
Sub 分段()
For i = 2 To 10 Step 3
  Sheet1.Cells(i, 1) = 8 * i
  Select Case Sheet1.Cells(i, 1)
      Case 0 To 30, 48
          Sheet1.Cells(i, 2) = Sheet1.Cells(i, 1) + 10
      Case 30 To 60
          Sheet1.Cells(i, 2) = Sheet1.Cells(i, 1) + 20
  Case Else
      Sheet1.Cells(i, 2) = Sheet1.Cells(i, 1) - 10
  End Select
Next i
End Sub
```

三、操作题

(一) Word 编辑：根据 T 盘提供的素材编辑文稿(15 分)

1. 打开文档"文件操作.docx"，参考样图制作文档，按下列要求操作：

(1) 设置上下页边距为 2.5 cm，左右页边距为 2 cm，页眉页脚边距为 2 cm，每页 48 行，每行 50 个字符，并添加水印文字为"样本"；

(2) 设置样式：将文档中"第 13 章 文件操作"设置为"标题 1"样式，"13.1 保存文件"等二级标题设置为"标题 2"样式，"13.1.1 第一次保存工作簿"等三级标题设置为"标题 3"样式；

(3) 为文档中所有图片插入题注，新建标签为"图"，并设置所有图片与题注居中显示；

(4) 在文档开头处建立图表目录，目录格式为正式、显示页码、页码右对齐，在生成的目录后插入分页符，将目录与正文分开；

(5) 设置页眉页脚：文档首页无页眉页脚；其余页面的页眉使用 StyleRef 域设置对章标题

的引用(即页眉可随章标题自动变化),插入"页面底端"的页码、页码格式为"普通数字 2"。

2. 保存文档"文件操作. docx",存放于 T 盘中。

样图:

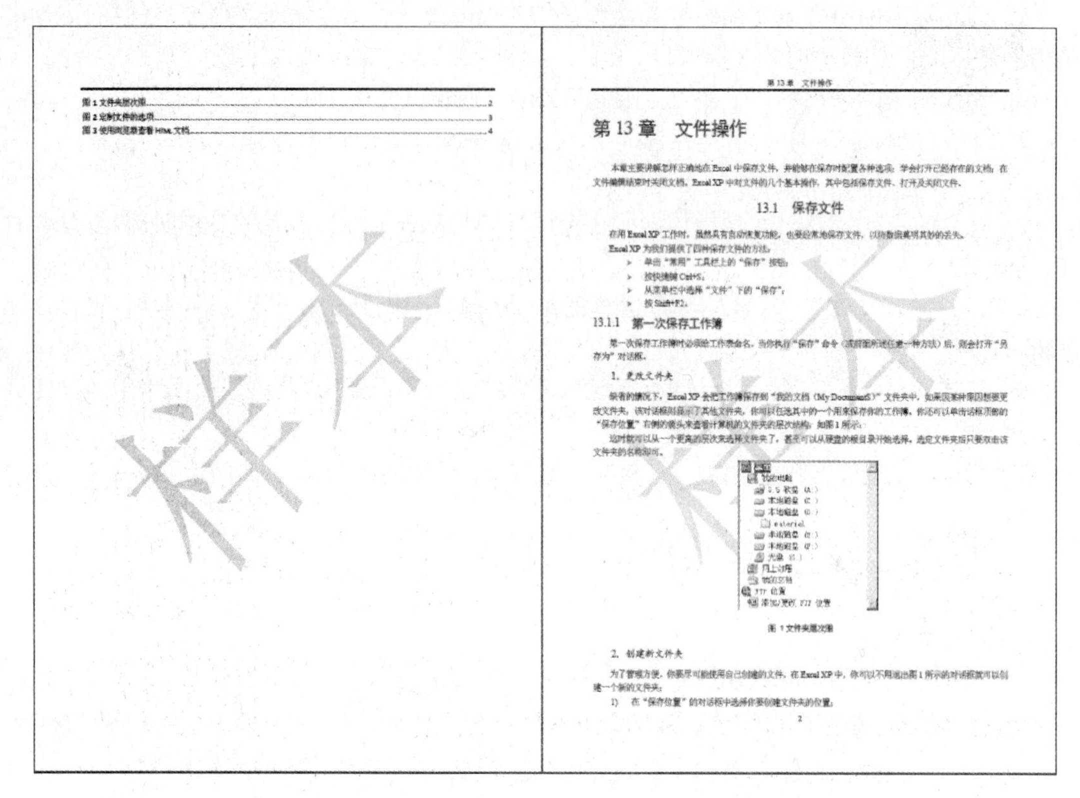

第 13 章　文件操作

第 13 章　文件操作

本章主要讲解怎样正确地在 Excel 中保存文件，并能够在保存时配置各种选项；学会打开已经存在的文档；在文件编辑结束时关闭文档。Excel XP 中对文件的几个基本操作，其中包括保存文件、打开及关闭文件。

13.1　保存文件

在用 Excel XP 工作时，虽然具有自动恢复功能，也要经常地保存文件，以防数据意外的丢失。

Excel XP 为我们提供了四种保存文件的方法：

- 单击"常用"工具栏上的"保存"按钮；
- 按快捷键 Ctrl+S；
- 从菜单栏中选择"文件"下的"保存"；
- 按 Shift+F2。

13.1.1　第一次保存工作簿

第一次保存工作簿时必须给工作表命名。当你执行"保存"命令（或前面所述任意一种方法）后，就会打开"另存为"对话框。

1. 更改文件夹

默认的情况下，Excel XP 会把工作簿保存到"我的文档（My Documents）"文件夹中。如果因某种原因想要更改文件夹，该对话框同时显示了其他文件夹，你可以任选其中的一个用来保存你的工作簿。你还可以单击话框顶部的"保存位置"右侧的箭头来查看计算机的文件夹的层次结构，如图 1 所示。

这时就可以从一个更高的层次来选择文件夹了，甚至可以从硬盘的根目录开始选择。选定文件夹后只要双击该文件夹的名称即可。

图 1 文件夹层次图

2. 创建新文件夹

为了管理方便，你要尽可能使用自己创建的文件。在 Excel XP 中，你可以不用退出图 1 所示的对话框就可以创建一个新的文件夹：

1)　在"保存位置"的对话框中选择你要创建文件夹的位置；

2

(二) PowerPoint 操作:根据 T 盘提供的素材制作演示文稿(10 分)

1. 打开"三峡大坝旅游区. pptx",参考样图,按下列要求操作:

(1) 在适当的位置添加"景点景观""旅游信息""景区美景"三节,并以此命名;设置"景区美景"幻灯片中的所有图片样式为"映像圆角矩形",并实现点击相关图片进入对应的幻灯片;

(2) 设置"景区美景"这节中的幻灯片为"跋涉"内置主题,切换效果为"旋转",并实现自动切换、换片时间为 3 秒;

(3) 将"景点景观"幻灯片中的内容转换成"六边形群集"的 SmartArt 图形,添加素材文件夹中的相应图片,设置进入动画为"缩放",动画效果为逐个出现 SmartArt 元素;

(4) 隐藏第一张幻灯片背景图形,添加幻灯片编号、标题幻灯片中不显示;

(5) 设置幻灯片放映类型为在展台浏览(全屏幕)。

2. 保存演示文稿"三峡大坝旅游区. pptx",存放于 T 盘中。

样图：

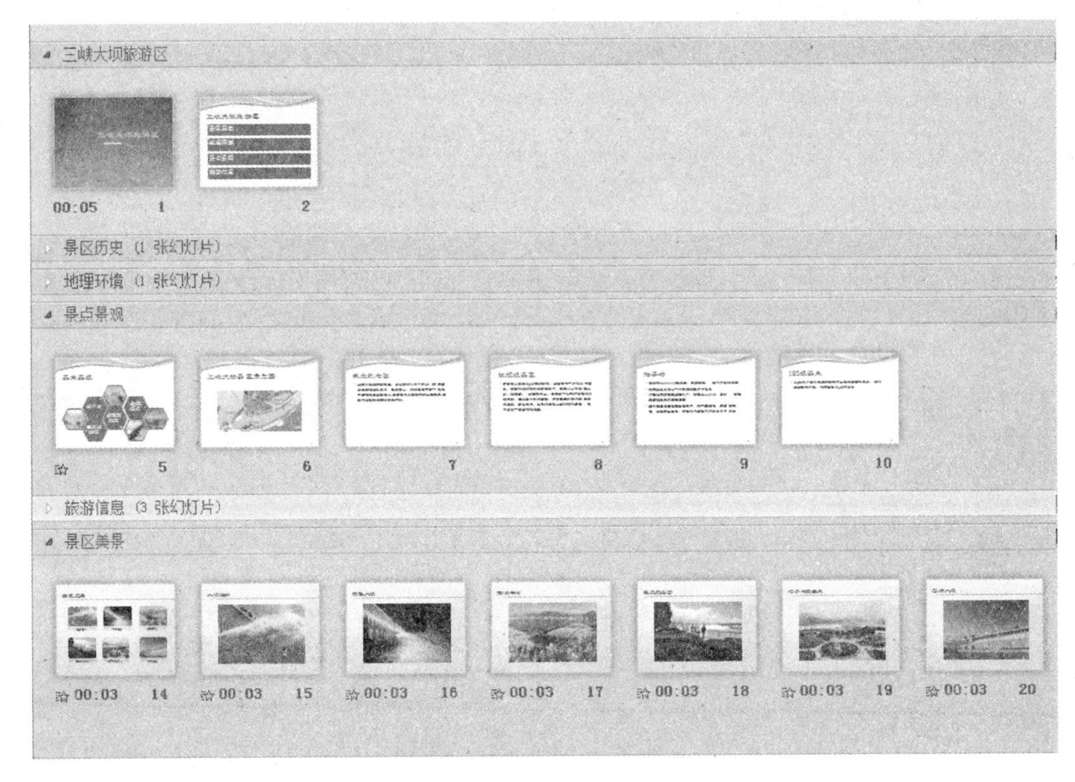

(三) Access:根据 T 盘提供的素材完成数据库的操作(15 分)

1. 打开“test2. accdb”数据库，涉及的表及联系如图所示，按下列要求操作：

(1) 在“院系”表中，设置字段“院系代码”为主键；

(2) 基于“学生”“成绩”表，查询所有总分大于等于 60 分且基础知识分小于 22 分的学生成绩，要求输出“学号”“姓名”“总分”和“基础知识”，查询保存为“CX1”；

(3) 基于“院系”“学生”“成绩”表，查询各学院成绩合格人数(总分大于等于 60 分且基础知识分大于等于 22 分为合格)，备注为“作弊”的成绩不参加统计(用 IS NULL 条件)，要求输出“院系代码”“院系名称”“合格人数”，查询保存为“CX2”。

2. 保存数据库“test2. accdb”，存放于 T 盘中。

样图：

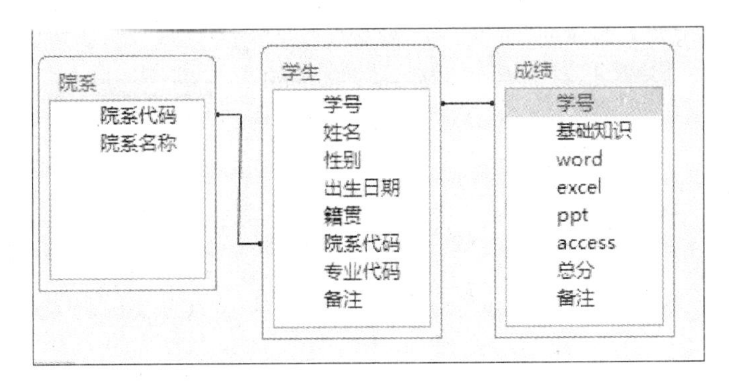

(四) EXCEL:根据 T 盘提供的素材处理工资数据(20 分)

1. 打开“工资. xlsm”,参考样图,按下列要求操作:

(1) 在工作表“奖金”的 E 列,利用公式计算奖金(奖金=工作量 * 20,但若违纪,奖金为零);

(2) 利用 VLOOKUP 函数,将“奖金”合并到工作表“工资表”的对应列;

(3) 根据工作表“工资表”数据,在工作表“职称分析”中,利用 COUNTIF 函数统计每类职称人数;

(4) 在工作表“工资表”中,按“部门”升序;

(5) 在模块 1 的“分页()”中,填充代码实现在工作表“工资表”中,自动插入分页符,使得每部门职工强制分页;

(6) 执行“分页()”过程,在工作表“工资表”中插入分页符。

2. 保存工作簿“工资. xlsm”及其代码,存放于 T 盘中。

样图:

	A	B
1	部门	教授
2	教授	26
3	副教授	62
4	讲师	17

	A	B	C	D	E	F	G
1	工号	姓 名	部门	职称	工资	奖金	实发
84	0423	李宗强	四系	教授	6300	880	
85	0413	冉田	四系	教授	5800	740	
86	0411	王兆钰	四系	教授	6300	1040	
87	0425	易小楠	四系	教授	5500	0	
88	0403	张鑫	四系	教授	5700	800	
89	0117	黄佳呈	一系	副教授	4858	880	
90	0105	凌飞	一系	副教授	4900	880	
91	0101	孙文晔	一系	副教授	4900	1040	
92	0104	钟永进	一系	副教授	4058	600	
93	0102	周文山	一系	副教授	5000	1080	
94	0116	周作冰	一系	副教授	4560	800	
95	0108	胡丹	一系	讲师	3904	660	
96	0107	蒋培	一系	讲师	3957	600	
97	0109	马继欣	一系	讲师	3786	0	
98	0113	汪红	一系	讲师	3865	1000	
99	0103	赵祥超	一系	讲师	3760	820	
100	0106	周小顺	一系	讲师	3815	800	
101	0111	朱祥云	一系	讲师	3860	800	
102	0110	朱志勇	一系	讲师	3747	730	
103	0114	李明	一系	教授	5700	900	
104	0112	刘觅	一系	教授	5500	960	
105	0118	彭军	一系	教授	5700	900	
106	0115	周子川	一系	教授	5800	820	

工资表 / 奖金 / 扣款 / 职称分析 / 工资分析

【微信扫码】

参考答案

江苏省计算机等级考试“Office 高级应用(二级)”试题二

一、单选题

1. 下列关于程序设计语言处理系统的叙述中,错误的是________。

A. 它用于把高级语言编写的程序转换成可在计算机上直接执行的二进制程序

B. 它本身也是一个(组)软件

C. 它可以分为编译程序、解释程序、汇编程序等不同类型

D. 用汇编语言编写的程序不需要处理就能直接由计算机执行

2. 硬盘存储器的平均存取时间与盘片的旋转速度有关,在其他参数相同的情况下,________转速的硬盘存取速度最快。

A. 10 000 转/分　　B. 7 200 转/分　　C. 4 500 转/分　　D. 3 000 转/分

3. 在幻灯片的放映过程中要中断放映,可以直接按________键。

A. Alt+F5　　B. Ctrl+X　　C. Esc　　D. End

4. 三个比特的编码可以表示________种不同的状态。

A. 3　　B. 6　　C. 8　　D. 9

5. 在 Windows 操作系统中,下列有关文件夹叙述错误的是________。

A. 网络上其他用户可以不受限制地修改共享文件夹中的文件

B. 文件夹为文件的查找提供了方便

C. 几乎所有文件夹都可以设置为共享

D. 将不同类型的文件放在不同的文件夹中,方便了文件的分类存储

6. 计算机局域网按拓扑结构进行分类,可分为环型、星型和________型等。

A. 电路交换　　B. 以太　　C. 总线　　D. TCP/IP

7. 下列关于打印机的叙述中,错误的是________。

A. 针式打印机只能打印汉字和 ASCII 字符,不能打印图像

B. 喷墨打印机是使墨水喷射到纸上形成图像或字符的

C. 激光打印机是利用激光成像、静电吸附碳粉原理工作的

D. 针式打印机属于击打式打印机,喷墨打印机和激光打印机属于非击打式打印机

8. 下列关于无线接入因特网方式的叙述中,错误的是________。

A. 采用无线局域网接入方式,可以在任何地方接入因特网

B. 采用 4G 移动电话上网较 3G 移动电话快得多

C. 采用移动电话网接入,只要有手机信号的地方,就可以上网

D. 目前采用 4G 移动电话上网的费用还比较高

9. 关于 PC 机主板上的 CMOS 芯片,下面说法中正确的是________。

A. 加电后用于对计算机进行自检

B. 它是只读存储器

C. 用于存储基本输入/输出系统程序

D. 需使用电池供电，否则主机断电后其中数据会丢失

10. 下列关于利用 ADSL 和无线路由器组建家庭无线局域网的叙述中，正确的是________。

A. 无线路由器无需进行任何设置

B. 无线接入局域网的 PC 机无需任何网卡

C. 无线接入局域网的 PC 机无需使用任何 IP 地址

D. 登录无线局域网的 PC 机，可通过密码进行身份认证

11. 在 Word2010 中，用某个新建样式替换文档中原有的样式，以下方法最快捷的是________。

A. 使用样式集　　B. 使用替换功能替换

C. 使用格式刷复制　　D. 使用 CTRL+SHIFT+S 快捷键

12. 下列有关我国汉字编码标准的叙述中，错误的是________。

A. GB18030 汉字编码标准与 GBK、GB2312 标准保持向下兼容

B. GB18030 汉字编码标准收录了包括繁体字在内的大量汉字

C. GB18030 汉字编码标准中收录的汉字在 GB2312 标准中一定能找到

D. GB2312 所有汉字的机内码都用两个字节来表示

13. 在带电脑控制的家用电器中，有一块用于控制家用电器工作流程的大规模集成电路芯片，它把处理器、存储器、输入/输出接口电路等都集成在一起，这块芯片称为________。

A. 芯片组　　B. 内存条

C. 嵌入式计算机(微控制器)　　D. ROM

14. 根据“存储程序控制”的原理，计算机硬件如何动作最终是由________决定的。

A. CPU 所执行的指令　　B. 算法

C. 用户　　D. 存储器

15. 下面 VBA 程序执行后，a 的值为________。

```
a = 10
If a < 8 Then
    a = a + 5
ElseIf a < 15 Then
    a = a + 9
Else
    a = a - 6
End If
```

A. 10　　B. 19　　C. 15　　D. 4

16. 在 Excel 的 VBA 代码中，对象描述 Worksheets("Sheet1"). Range("A2")与________等价。

A. Worksheets("Sheet1"). Range("2A")

B. Worksheets("Sheet1"). Cells(2,1)

C. Worksheets("Sheet1"). Cells(1,2)

D. Worksheets("Sheet1"). Range("A",2)

17. ODBC 是________，它可以连接一个或多个不同的数据库服务器。

A. 中间层与数据库服务器层的标准接口　　B. 数据库查询语言标准

C. 数据库应用开发工具标准　　D. 数据库安全标准

18. 目前在数据库系统中普遍采用的数据模型是________。

A. 关系模型　　B. 层次模型　　C. 网络模型　　D. 语义模型

19. 下图是某种 PC 机主板的示意图，其中(1)、(2)和(3)分别是________。

插图：

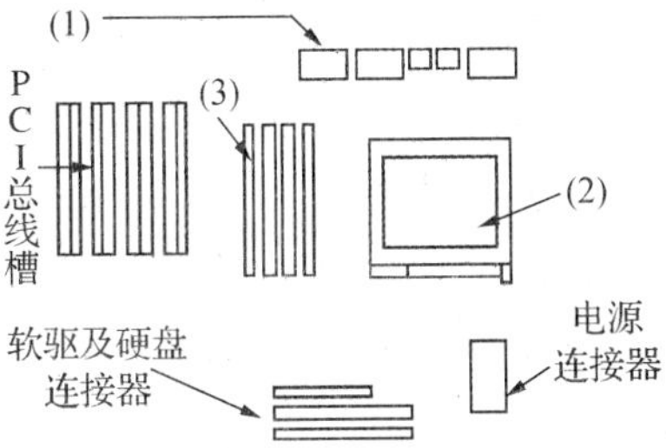

A. I/O 接口、CPU 插槽和 SATA 接口

B. SATA 接口、CPU 插槽和 CMOS 存储器

C. I/O 接口、CPU 插槽和内存插槽

D. I/O 接口、SATA 接口和 CPU 插槽

20. 在 Word 2010 中，下列内容________与域的应用无关。

A. 页码　　B. 项目编号　　C. 目录　　D. 文档加密密码

21. 下列不属于文字处理软件的是________。

A. Word　　B. Acrobat　　C. WPS　　D. Media Player

22. 下列有关网络两种工作模式(客户/服务器模式和对等模式)的叙述中，错误的是________。

A. 近年来盛行的"BT"下载服务采用的是对等工作模式

B. 基于客户/服务器模式的网络会因客户机的请求过多、服务器负担过重而导致整体性能下降

C. Windows XP 操作系统中的"网上邻居"是按客户/服务器模式工作的

D. 对等网络中的每台计算机既可以作为客户机也可以作为服务器

23. 从研究现状上看，下列不属于云计算特点的是________。

A. 云计算支持用户通过网络在任意位置、使用各种终端获取服务

B. “云”的规模可以动态伸缩，满足应用和用户规模增长的需要

C. 用户按需购买，像自来水、电和煤气那样收费

D. 价格极其昂贵，普通人还享受不了“云”服务

24. 下列有关因特网防火墙的叙述中，错误的是________。

A. 因特网防火墙可以是一种硬件设备

B. 因特网防火墙可以由软件来实现

C. 因特网防火墙也可以集成在路由器中

D. Windows XP 操作系统不带有软件防火墙功能

25. 在 Excel 的 VBA 代码中，Range("A1")＝Int(Rnd＊50)＋50 的作用为________。

A. 将 0 到 50 之间一个随机整数存储到 A1 单元格

B. 将 1 到 50 之间一个随机整数存储到 A1 单元格

C. 将 50 到 99 之间一个随机整数存储到 A1 单元格

D. 将 51 到 99 之间一个随机整数存储到 A1 单元格

26. 网络中的域名服务器存放着它所在网络中全部主机的________。

A. 域名　　B. IP 地址

C. 用户名和口令　　D. 域名和 IP 地址的对照表

27. 在计算机中通过描述景物的结构、形状与外貌，然后将它绘制成图在屏幕上显示出来，此类图像称为________。

A. 位图　　B. 点阵图像

C. 扫描图像　　D. 合成图像(矢量图形)

28. 下列关于操作系统多任务处理的说法中，错误的是________。

A. Windows 操作系统支持多任务处理

B. 多任务处理通常是将 CPU 时间划分成时间片，轮流为多个任务服务

C. 计算机中多个 CPU 可以同时工作，以提高计算机系统的效率

D. 多任务处理要求计算机必须配有多个 CPU

29. 若在一个空旷区域内无法使用任何 3G 手机进行通信，其原因最有可能是________。

A. 该区域的地理特征使手机不能正常使用

B. 该区域没有建立基站，或基站发生故障

C. 该区域没有建立移动电话交换中心

D. 该区域的信号被屏蔽

30. 下面关于分组交换机和转发表的说法中，错误的是________。

A. 分组交换网中的交换机称为分组交换机或包交换机

B. 每个交换机均有转发表，用于确定收到的数据包从哪一个端口转发出去

C. 交换机中转发表的路由信息是固定不变的

D. 交换机的端口有的连接计算机，有的连接其它交换机

31. 台式 PC 机中用于视频信号数字化的一种扩展卡称为________，它能将输入的模拟视频信号及伴音进行数字化后存储在硬盘上。

A. 视频采集卡　　B. 声卡　　C. 图形卡　　D. 网卡

32. 光盘片根据其制造材料和信息读写特性的不同,一般可分为________。

A. CD、VCD

B. CD、VCD、DVD、MP3

C. 只读光盘、可一次性写入光盘、可擦写光盘

D. 数据盘、音频信息盘、视频信息盘

二、填空题

1. 在计算机内部,8 位带符号二进制整数可表示的十进制最大值是________。

2. 计算机启动时,首先运行 BIOS 中的________程序,测试计算机中硬件的工作状态 。

3. 数码相机存放相片的存储器卡大多采用________存储器组成。

4. 在 PC 机中地址线数目决定了 CPU 可直接访问的存储空间大小,若计算机地址线数目为 20,则能访问的存储空间大小为________MB。

5. 在以太网中,如果要求连接在网络中的每一台计算机各自独享一定的带宽,则应选择________来组网。

6. MP3 音乐采用的声音数据压缩编码的国际标准是________中的第 3 层算法。

7. 在 Excel 工作簿中,执行下列代码后,Sheet1 工作表 D10 单元格的值是________。

```
Sub 偏移()
i = 2
Do
  i = i + 1
  Sheet1.Range("A" & CStr(i)) = i
  Sheet1.Range("A" & CStr(i)).Offset(i, 3) = Sheet1.Range("A" & CStr(i)) + 3
Loop Until i>= 10
End Sub
```

8. 发送电子邮件时如果把对方的邮件地址写错了,并且网络上没有此邮件地址,这封邮件将会(销毁、退回、丢失、存档)________。

三、操作题

(一) Word 编辑:根据 T 盘提供的素材编辑文稿(15 分)

1. 打开文档“印章管理办法.docx”,参考样图,按下列要求进行操作:

(1) 运用替换功能对除标题“印章管理办法”以外的正文文字自然分段(每个制表符替换为一个段落标记);

(2) 修改“标题 2”样式:字体为微软雅黑、三号、常规,段间距为 1.5 倍行距,段前、后均为 0.5 行,居中对齐,将所有章的标题应用该样式;

(3) 新建并应用“节标题”样式:字体为仿宋、小四号、常规,段间距为 1.5 倍行距,段前、段后均为 0 行,悬挂缩进 5 字符,设置编号格式为“第 X 条”,其中编号样式为“一、二、三(简)……”,将各章的标题下文字应用该样式;

(4) 在标题“印章管理办法”下建立目录,目录建自“标题 2”样式,页码右对齐,制表符前导符样式为“……”,并在生成的目录后插入“下一页”分节符,将目录与正文分开;

(5) 设置页眉页脚:文档目录页无页眉页脚;其余页面的页眉使用 StyleRef 域设置对“标题 2”的引用(即页眉可随章标题自动变化),插入“页面底端”的页码、页码格式为“普通数字 2”,起始页码为 1。

2. 保存文档“印章管理办法.docx”,存放于 T 盘中。

样图：

印章管理办法

第一章 总则

第一条　印章是公司经营管理活动中行使职权的重要凭证和工具，印章的管理，关系到公司正常的经营管理活动的开展，甚至影响到公司的生存和发展，为防止不必要事件的发生，维护公司的利益，制定本办法。

第二条　公司总经理授权由办公室全面负责公司的印章管理工作，发放、回收印章，监督印章的保管和使用。

第二章 印章的领取和保管

第三条　公司各类印章由各级和各岗位专人依职权领取并保管。

第四条　印章必须由各保管人妥善保管，不得转借他人。

第五条　公司建立印章管理卡，专人领取和归还印章情况在卡上予以记录。

第六条　印章持有情况纳入员工离职时移交工作的一部分，如员工持有公司印章，须办理归还印章手续后方可办理离职手续。

第三章 印章的使用

第七条　公司各级人员需使用印章须按要求填写印章使用单，将其与所需印的文件一并逐级上报，经公司有关人员审核。

第八条　经有关人员审核，并最终由具有该印章使用决定权的人员批准后方可交印章保管人盖章。

第九条　印章保管人应对文件内容和印章使用单上载明的签署情况予以核对，经核对无误的方可盖章。

第十条　在逐级审核过程中被否决的，该文件予以退回。

（二）PowerPoint 操作：根据 T 盘提供的素材制作演示文稿（10 分）

1. 打开“四纵四横. pptx”，参照样图，按下列要求操作：

（1）设置幻灯片主题为内置“主管人员”，调整主题颜色为“活力”，并修改其中超链接的颜色为“标准色－白色”；

（2）将幻灯片所有文字中的“里程”及“时速”参考样图设置成“标准色－红色”并加粗，并将里程数单位“公里”换成“km”；

(3) 在幻灯片母版中，通过复制“两栏内容”版式创建一个“上下两栏内容”版式，将内容占位符左右布局调整为上下布局(左边占位符调整后位于上方)，并适当调整大小，并将此版式应用到第8、9张幻灯片；

(4) 将第4张幻灯片中SmartArt对象的文字参考样图设置超链接到相应的幻灯片，并设置SmartArt动画为：逐个的浮入，方向为：上浮；

(5) 参考样图将第5张幻灯片内容部分转换成“基本矩阵”SmartArt，样式为“白色轮廓”，设置所有幻灯片的切换效果为：自右侧的旋转效果，自动换片时间参照样图，并设置放映方式为：循环放映，按ESC键终止。

2. 保存演示文稿“四纵四横.pptx”，存放于T盘中。

样图：

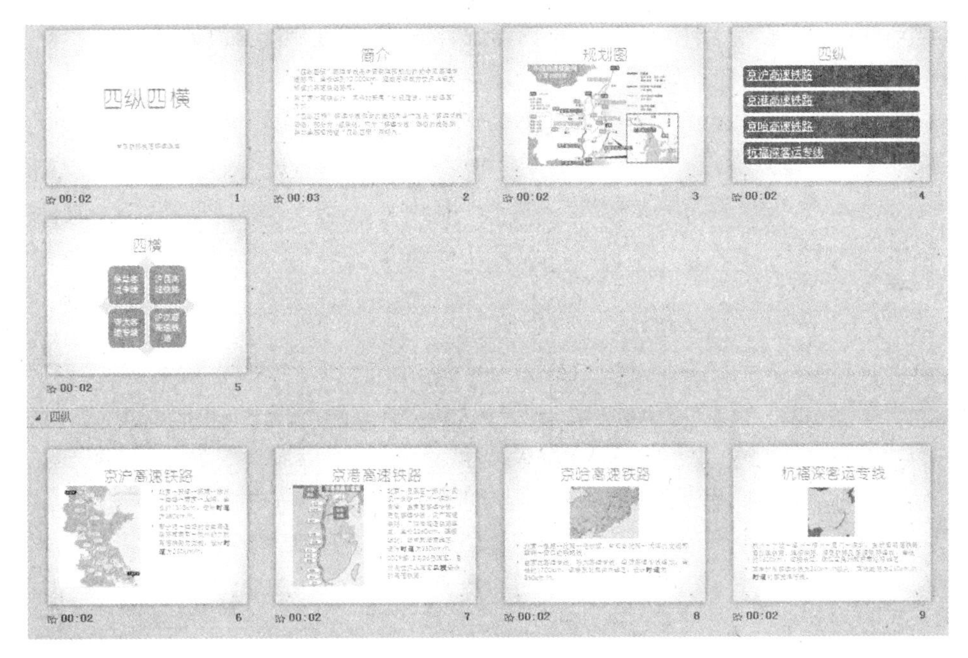

(三) Access：根据T盘提供的素材完成数据库的操作(15分)

1. 打开“test.accdb”数据库，涉及的表及联系如图所示，按下列要求操作：

(1) 在“图书”表中，设置字段“书编号”为主键；

(2) 基于“学生”“借阅”“图书”表，查询所有分类为“T”的图书借阅情况，要求输出“学号”“姓名”“书编号”和“书名”，查询保存为“CX1”；

(3) 基于“学生”“借阅”表，查询每位学生借阅图书次数，还未归还的图书不参加统计(用IS NULL条件)，要求输出“学号”“姓名”“借阅次数”，查询保存为“CX2”。

2. 保存数据库“test.accdb”，存放于T盘中。

样图：

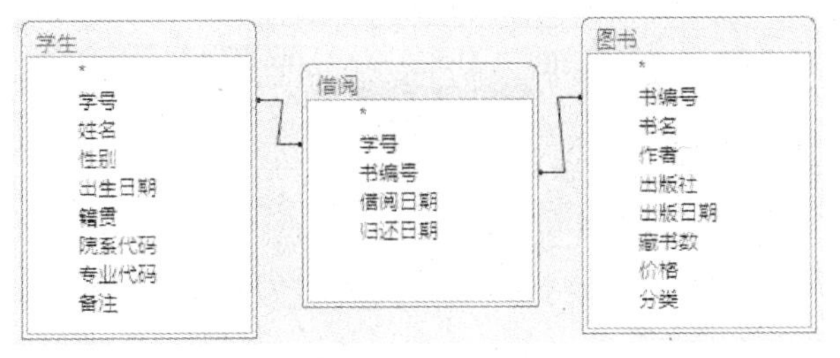

(四) EXCEL:根据 T 盘提供的素材处理工资数据(20 分)

1. 打开“工资.xlsm”,参考样图,按下列要求操作:

(1) 根据工作表“工资表”的数据,在工作表“补贴发放表”E 列中,利用 VLOOKUP 函数,计算应发补贴金额;

(2) 在工作表“补贴发放表”的 F 列,利用公式计算扣税额(离退休人员免税;应发金额小于等于 800 元免税,大于 800 元扣税额=(应发金额-800) * 0.2);

(3) 在工作表“补贴发放表”的 G 列,利用公式计算实发金额(实发金额=应发金额-扣税);

(4) 根据工作表“工资表”的数据,参考样图,利用数据透视功能,统计每个部门不同职称实发平均值,带 2 位小数显示,并将生成的新工作表命名为“部门实发统计”;

(5) 在模块 1 的“批注()”中,完成代码实现查找因离退休而扣税为 0 的单元格,并插入批注:"VBA:" & Chr(10) & "离退休免税!"(可用录制宏功能,获得所需代码);

(6) 执行“批注()”过程,插入批注。

2. 保存工作簿“工资.xlsm”及其代码,存放于 T 盘中。

	A	B	C	D	E	F	G	H
1	序号	姓 名	工号/学号	浦发银行卡号	应发金额①	扣 税②	实发金额③=①-②	备注
2	1	曹偲	0201	6225210404677217	1000	40	960	在职
3	2	陈序	0220	9843010401288557	1000	40	960	在职
4	3	顾里	0213	9843010401369880	1000	40	960	在职
5	4	何本超	0219	6217920401302138	1000	40	960	在职
6	5	侯春花	0226	9843010402353419	1000	40	960	在职
7	6	黄建军	0214	9843010401857604	1000	40	960	在职
8	7	刘伟	0204	6225210402974562	1000	40	960	在职
9	8	马彬焱	0216	6217920400167263	1000	40	960	在职
10	9	裴灵犀	0229	6225210402179372	1000	40	960	在职
11	10	司彦伟	0203	6225210404187305	1000	40	960	在职
12	11	王山花	0217	9843010402317597	1000	40	960	在职
13	12	王世栋	0218	6225210405595639	1000	40	960	在职
14	13	夏晓青	0228	9843010401466214	1000	40	960	在职
15	14	薛嫒	0202	6225210403497036	1000	40	960	在职
16	15	杨明旭	0223	6225210402822984	1000	40	960	在职
17	16	杨洋	0224	6225210402103397	1000	40	960	在职
18	17	袁文言	0227	6225210400417472	1000	40	960	在职
19	18	庄立恒	0230	6225230484132852	1000	40	960	在职
20	19	顾平	0302	6217920400411407	1000	40	960	在职
21	20	华顺美	0322	9843010401121486	1000	40	960	在职
22	21	黄一锋	0314	6217920474491511	1000	40	960	在职
23	22	江艳	0308	6225210404689498	1000	40	960	在职
24	23	姜玉娟	0303	6217920403401031	1000	40	960	在职
25	24	李粉华	0313	6225210402203575	1000	40		
26	25	刘利	0311	6222600210467595	1000	0	VBA: 离退休免税!	
27	26	刘明珠	0323	6225210404914598	1000	40		
28	27	钱园	0319	9843010401872043	1000	40		
29	28	阮开祥	0324	9843010401731499	1000	40		
30	29	尚明丰	0305	6217920401299952	1000	40	960	在职
31	30	汤志军	0325	9843010402869259	1000	40	960	在职

部门实发统计　工资表　银行卡号　补贴标准　补贴发放表

	A	B	C	D	E
2					
3	平均值项:实发	列标签			
4	行标签	副教授	讲师	教授	总计
5	二系	5658.22	4644.83	6933.33	5710.57
6	三系	5662.50	4692.00	6942.22	5949.37
7	四系	5655.95		7142.86	6041.44
8	一系	5712.67	4636.75	6875.00	5492.78
9	总计	5664.00	4649.35	6983.85	5826.54
10					

部门实发统计　工资表　银行卡号　补贴标准　补贴发放表

【微信扫码】
参考答案